国家示范性高等职业院校建设规划教材

电气控制与PLC应用

主　编　何国荣　郭东平
副主编　张争刚　牛　甲
主　审　龙建明

黄河水利出版社
·郑州·

内容提要

本书是国家示范性高等职业院校建设规划教材，是根据教育部制定的电气控制与PLC应用课程标准编写而成的。本书内容分为两篇。第一篇为电气控制技术，主要介绍了常用低压电器的工作原理、典型产品的特点以及如何选用、使用、维护、维修等内容，重点介绍了接触器、低压断路器、继电器、熔断器及其控制环节，电动机基本控制线路的分析、设计、故障排除等内容；第二篇为PLC应用技术，主要介绍了三菱FX系列PLC和欧姆龙CPM1A系列PLC，重点介绍了其指令系统、编程技巧与系统设计方法、系统的安装与接线、故障的诊断与排除等。

本书可供高职高专院校机电、电气等相关专业教学使用，也可作为相关专业工程技术人员的参考用书。

图书在版编目(CIP)数据

电气控制与PLC应用/何国荣，郭东平主编．—郑州：黄河水利出版社，2013．8

国家示范性高等职业院校建设规划教材

ISBN 978-7-5509-0517-7

Ⅰ．①电… Ⅱ．①何… ②郭… Ⅲ．①电气控制-高等职业教育-教材 ②PLC技术-高等职业教育-教材 Ⅳ．①TM571．2 ②TM571．6

中国版本图书馆CIP数据核字(2013)第170731号

组稿编辑：王路平　电话：0371-66022212　E-mail：hhslwlp@163．com

出 版 社：黄河水利出版社

地址：河南省郑州市顺河路黄委会综合楼14层　邮政编码：450003

发行单位：黄河水利出版社

发行部电话：0371-66026940、66020550、66028024、66022620(传真)

E-mail：hhslcbs@126．com

承印单位：郑州海华印务有限公司

开本：787 mm×1 092 mm　1/16

印张：15

字数：350千字　印数：1—3 100

版次：2013年8月第1版　印次：2013年8月第1次印刷

定价：33．00元

前 言

本书是根据《教育部关于全面提高高等职业教育教学质量的若干意见》(教高[2006]16号)、《教育部关于推进高等职业教育改革创新引领职业教育科学发展的若干意见》(教职成[2011]12号)等文件精神,在全国水利水电高职教研会指导下组织编写的教材。

本套教材以学生能力培养为主线,以工作任务为载体,融"教、学、练、做"为一体,适合开展项目化教学,体现实用性、实践性和创新性的特色,是一套紧密联系生产实际的高职高专教育精品规划教材。

电气控制与PLC应用是高职高专机电类专业的一门专业核心课程,本教材主要介绍由继电器、接触器、按钮、行程开关等电器构成的常规控制系统以及可编程控制器的应用技术。

传统的电气控制方式是断续的,所以又称为断续控制系统。该系统结构简单、价格低廉、抗干扰性强,至今仍是机床和其他机械设备、拖动系统广泛采用的基本电气控制形式。随着计算机技术的发展,特别是可编程控制器(PLC)的出现,对电气控制技术产生了重大影响。PLC(Programmable Logic Controller)即可编程控制器,是伴随计算机技术而迅速发展、广泛普及和应用的新型工业自动控制装置。它以微型计算机为基础,综合了计算机技术、自动控制技术和通信技术,在工业生产的程序控制和过程控制中显示出极大的优越性,是当今发达国家工业自动控制的标准设备。

在控制功能方面,可编程控制器与单片机或通用微机相比,其工作更可靠,且编程简单、使用方便、应用设计和调试周期短,能在恶劣的工业环境下和强电系统一起工作,很容易实现机电一体化。由于可编程控制器具有较大灵活性和可扩展性,因此被广泛应用在机械制造、冶金、化工、交通、电子、纺织、印刷、食品加工、建筑等工业领域。

本课程是机电专业的必修课,在学习了电气控制技术的内容后进入PLC知识学习阶段。本书以三菱FX系列机型和欧姆龙CPM1A系列机型为主,重点介绍其指令系统、编程技巧与系统设计方法、系统的安装与接线、故障的诊断与排除等。在教材编写上,我们以PLC在生产自动控制领域及电气控制领域两部分的应用为重点内容进行介绍,并融入生产实际,引入工程实际案例,做到理论联系实际。

本书由杨凌职业技术学院承担编写工作,编写人员及编写分工如下:第1、2章由郭东平编写,第3章由牛甲编写,第4章由何国荣编写,第5、6、7章由张争刚编写。本书由何国荣、郭东平担任主编并负责全书统稿,由张争刚、牛甲担任副主编,由龙建明担任主审。

因编者水平有限,书中错误和不妥之处在所难免,恳请广大读者批评指正。

编 者

2013年5月

目 录

前 言

第一篇 电气控制技术

第1章 常用低压电器及控制线路 …… (1)
1.1 低压电器的基本知识 …… (1)
1.2 绘制电气控制线路图 …… (4)
1.3 电气图的分类与作用 …… (8)
1.4 低压开关和低压断路器 …… (13)
1.5 接触器 …… (18)
1.6 控制按钮、熔断器、热继电器和中间继电器 …… (23)
1.7 长动与点动控制线路的设计 …… (31)
1.8 正、反转控制线路的设计 …… (35)
1.9 顺序和多点控制线路的设计 …… (38)
1.10 时间控制线路的设计 …… (40)
1.11 行程控制线路的设计 …… (43)
1.12 JYB－714 型液位继电器的使用 …… (45)
小 结 …… (48)
思考题与习题 …… (48)
第2章 电动机基本控制线路 …… (50)
2.1 电气控制常用的保护环节 …… (50)
2.2 三相异步电动机降压启动控制线路的设计 …… (52)
2.3 三相笼型异步电动机制动控制线路的设计 …… (58)
2.4 三相交流异步电动机调速控制线路的设计 …… (62)
2.5 常用电动机控制线路的分析 …… (66)
小 结 …… (74)
思考题与习题 …… (75)

第二篇 可编程控制器(PLC)应用技术

第3章 可编程控制器概述 …… (76)
3.1 可编程控制器的产生与发展 …… (76)
3.2 可编程控制器的分类及特点 …… (78)
3.3 可编程控制器的结构和组成 …… (83)
3.4 可编程控制器的硬件资源与编程语言 …… (86)

3.5　可编程控制器的工作原理 …………………………………………………… (92)
小　结 ……………………………………………………………………………… (95)
思考题与习题 …………………………………………………………………… (95)
第4章　三菱FX系列PLC及其指令应用 …………………………………… (97)
4.1　三菱FX系列PLC …………………………………………………………… (97)
4.2　FX系列PLC基本逻辑指令的使用 ………………………………………… (99)
4.3　FX系列PLC与、或指令的使用 …………………………………………… (105)
4.4　FX系列PLC中M元件与ANB和ORB指令的使用 ……………………… (110)
4.5　FX系列PLC的T元件的应用 ……………………………………………… (116)
4.6　FX系列PLC的C元件的应用 ……………………………………………… (121)
4.7　FX系列PLC的置位、复位、脉冲输出及空操作指令的应用 ………… (128)
4.8　FX系列PLC的常用应用指令 ……………………………………………… (135)
4.9　FX系列PLC的步进指令 …………………………………………………… (160)
小　结 ……………………………………………………………………………… (163)
思考题与习题 …………………………………………………………………… (163)
第5章　OMRON(欧姆龙)CPM1A系列PLC的应用 ………………………… (165)
5.1　CPM1A系列PLC ……………………………………………………………… (165)
5.2　CPM1A系列PLC指令系统的应用 ………………………………………… (174)
小　结 ……………………………………………………………………………… (198)
思考题与习题 …………………………………………………………………… (198)
第6章　可编程控制器的应用系统设计 …………………………………… (200)
6.1　PLC控制系统设计的基本原则与内容 …………………………………… (200)
6.2　如何选择PLC ……………………………………………………………… (203)
6.3　如何减少I/O点数的使用 …………………………………………………… (208)
6.4　如何提高PLC控制系统的可靠性 ………………………………………… (211)
6.5　如何维护和诊断PLC控制系统 …………………………………………… (214)
小　结 ……………………………………………………………………………… (215)
思考题与习题 …………………………………………………………………… (216)
第7章　PLC应用系统的项目设计实例 …………………………………… (217)
综合项目一　机床工作台的PLC控制 ………………………………………… (217)
综合项目二　交通信号灯的PLC控制 ………………………………………… (219)
综合项目三　深孔钻的PLC控制 ……………………………………………… (221)
综合项目四　两台电动机的PLC控制 ………………………………………… (222)
综合项目五　机械手的PLC控制 ……………………………………………… (223)
小　结 ……………………………………………………………………………… (230)
思考题与习题 …………………………………………………………………… (230)
参考文献 ……………………………………………………………………… (231)

第一篇　电气控制技术

第1章　常用低压电器及控制线路

电器分为高压电器和低压电器。低压电器一般是指在交流50 Hz、额定电压1 200 V，直流额定电压1 500 V及以下的电路中起通断、保护、控制或调节作用的电器产品。由于在大多数用电行业及人们的日常生活中一般都使用低压设备，采用低压供电，而低压供电的输送、分配和保护，以及设备的运行和控制是靠低压电器来实现的，因此低压电器的应用十分广泛，直接影响低压供电系统和控制系统的质量。本章主要介绍用于电力拖动及控制系统领域中的常用低压电器及基本控制线路。

1.1　低压电器的基本知识

低压电器是构成控制系统最常用的器件，了解它的分类、作用和结构特点，对设计、分析和维护控制系统都是十分必要的。

1.1.1　电器的分类

电器的用途广泛，功能多样，种类繁多，结构各异，工作原理也各不相同。电器有多种分类方法：按工作电压的等级可分为高压电器和低压电器；按动作原理可分为手动电器（依靠外力直接操作进行切换的电器，如刀开关、按钮等）和自动电器（依靠指令或物理量的变化而自动动作的电器，如交流接触器、继电器）；按工作原理可分为电磁式电器和非电量控制电器；按执行机理分为有触点电器和无触点电器；按用途可分为以下几类。

1.1.1.1　配电电器

配电电器主要用于供、配电系统中，进行电能输送和分配。这类电器有刀开关、自动开关、隔离开关、转换开关以及熔断器等。对这类电器的主要技术要求是分断能力强，限流效果好，动稳定及热稳定性能好。

1.1.1.2　控制电器

控制电器主要用于各种控制电路和控制系统。这类电器有接触器、继电器、转换开关、电磁阀等。对这类电器的主要技术要求是有一定的通断能力，操作频率要高，电气寿命和机械寿命要长。

1.1.1.3 主令电器

主令电器主要用于发送控制指令。这类电器有按钮、主令开关、行程开关和万能转换开关等。对这类电器的主要技术要求是操作频率要高,抗冲击,电气寿命和机械寿命要长。

1.1.1.4 保护电器

保护电器主要用于对电路和电气设备进行安全保护。这类低压电器有熔断器、热继电器、安全继电器、电压继电器、电流继电器和避雷器等。对这类电器的主要技术要求是有一定的通断能力,反应要灵敏,可靠性要高。

1.1.1.5 执行电器

执行电器主要用于执行某种动作和传动功能。这类低压电器有电磁铁、电磁离合器等。

随着电子技术和计算机技术的进步,近几年又出现了利用集成电路或电子元件构成的电子式电器,利用单片机构成的智能化电器,以及可直接与现场总线连接的具有通信功能的电器。

1.1.2 电器的作用

电器是构成控制系统的最基本元件,它的性能将直接影响控制系统能否正常工作。电器能够依据操作信号或外界现场信号的要求,自动或手动地改变系统的状态、参数,实现对电路或被控对象的控制、保护、测量、指示、调节。它的工作过程是将一些电量信号或非电信号转变为非通即断的开关信号或随信号变化的模拟量信号,实现对被控对象的控制。电器的主要作用如下:

(1)控制作用。如电梯的上下移动、快慢速自动切换与自动停层等。

(2)保护作用。能根据设备的特点,对设备、环境以及人身安全实行自动保护,如电动机的过热保护、电网的短路保护、漏电保护等。

(3)测量作用。利用仪表及与之相适应的电器,对设备、电网或其他非电参数进行测量,如电流、电压、功率、转速、温度、压力等。

(4)调节作用。低压电器可对一些电量和非电量进行调整,以满足用户的要求,如电动机速度的调节、柴油机油门的调整、房间温度和湿度的调节、光照度的自动调节等。

(5)指示作用。利用电器的控制、保护等功能,显示检测出的设备运行状况与电气电路工作情况。

(6)转换作用。在用电设备之间转换或对低压电器、控制电路分时投入运行,以实现功能切换,如被控装置操作的手动与自动的转换、供电系统的市电与自备电源的切换等。

当然,电器的作用远不止这些,随着科学技术的发展,新功能、新设备会不断出现。

常用低压电器的主要种类及用途见表1-1。

1.1.3 低压电器的基本结构特点

低压电器一般都有两个基本部分:一个是感测部分,它感测外界的信号,作出有规律的反应,在自控电器中,感测部分大多由电磁机构组成,在手控电器中,感测部分通常为操作手柄等；另一个是执行部分，如触点是根据指令进行电路的接通或切断的。

表 1-1　常用低压电器的主要种类及用途

序号	类别	主要品种	主要用途
1	断路器	框架式断路器	主要用于电路的过载、短路、欠电压、漏电保护，也可用于不需要频繁接通和断开的电路
		塑料外壳式断路器	
		快速直流断路器	
		限流式断路器	
		漏电保护式断路器	
2	接触器	交流接触器	主要用于远距离频繁控制负载，切断带负荷电路
		直流接触器	
3	继电器	电磁式继电器	主要用于控制电路中，将被控量转换成控制电路所需电量或开关信号
		时间继电器	
		温度继电器	
		热继电器	
		速度继电器	
		干簧继电器	
4	熔断器	瓷插式熔断器	主要用于电路短路保护，也用于电路的过载保护
		螺旋式熔断器	
		有填料封闭式熔断器	
		无填料封闭式熔断器	
		快速熔断器	
		自复式熔断器	
5	主令电器	控制按钮	主要用于发布控制命令，改变控制系统的工作状态
		位置开关	
		万能转换开关	
		主令控制器	
6	刀开关	胶盖闸刀开关	主要用于不频繁地接通和分断电路
		封闭式负荷开关	
		熔断器式刀开关	
7	转换开关	组合开关	主要用于电源切换，也可用于负荷通断或电路切换
		换向开关	
8	控制器	凸轮控制器	主要用于控制回路的切换
		平面控制器	
9	启动器	电磁启动器	主要用于电动机的启动
		星形/三角形启动器	
		自耦减压启动器	
10	电磁铁	制动电磁铁	主要用于起重、牵引、制动等场合
		起重电磁铁	
		牵引电磁铁	

1.2　绘制电气控制线路图

电气控制线路图是工程技术的通用语言，为了便于交流与沟通，在电气控制线路中，各种电气元件的图形、文字符号必须符合国家的标准。为了便于掌握引进技术和先进设备，便于国际交流和满足国际市场的需要，国家标准局参照国际电工委员会(IEC)公布的有关文件，制定了我国电气设备有关国家标准，采用新的图形和文字符号及回路标号，颁布了 GB/T 4728—2008《电气简图用图形符号》、GB/T 6988—2008《电气技术用文件的编制》。表 1-2 列出了常用电气图形、文字符号，以供参考。

表 1-2　常用电气图形、文字符号

名称	图形符号	文字符号	名称	图形符号	文字符号
三极电源开关	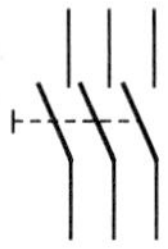	QS	速度继电器 常开触头	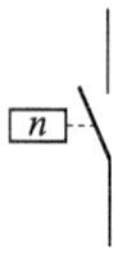	KS
低压断路器	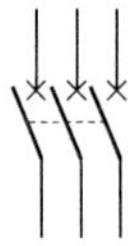	QF	速度继电器 常闭触头	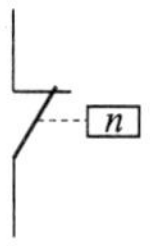	KS
位置开关 常开触头		SQ	时间继电器 线圈	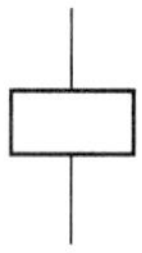	KT
位置开关 常闭触头		SQ	时间继电器 常开延时闭合触头（动合触头）	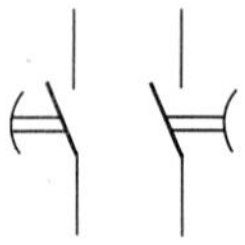	KT
位置开关 复合触头	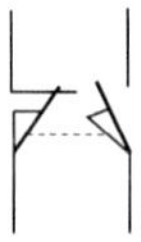	SQ	时间继电器 常闭延时打开触头（动断触头）	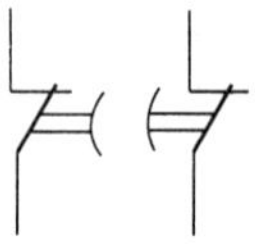	KT
熔断器		FU	时间继电器 常开延时打开触头（动合触头）	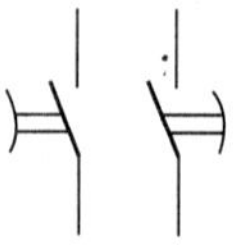	KT
转换开关	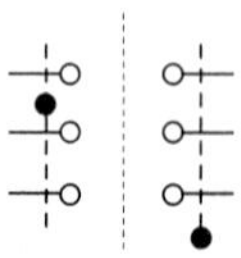	SA	时间继电器 常闭延时闭合触头（动断触头）	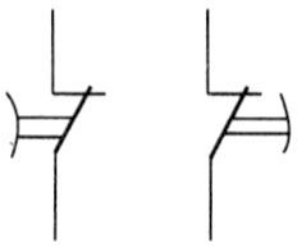	KT

续表 1-2

名称		图形符号	文字符号	名称		图形符号	文字符号
按钮	启动		SB	制动电磁铁		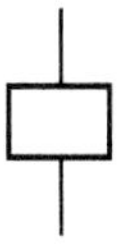	YB
	停止			继电器	中间继电器线圈	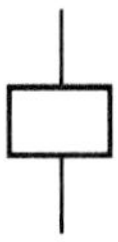	KA
	复合				过流继电器线圈	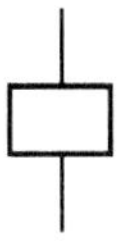	
接触器	线圈	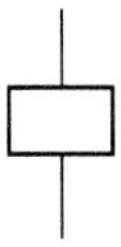	KM		欠压继电器线圈	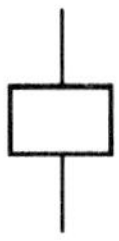	KU
	主触头				常开触头		相应线圈符号
	常开辅助触头				常闭触头		
	常闭辅助触头	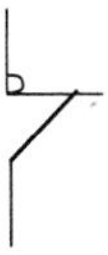			欠流继电器线圈	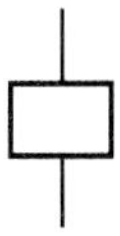	KI
热继电器	热元件	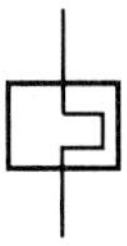	FR	串励直流电动机		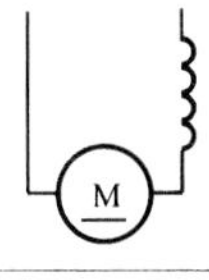	M
	常闭触头			并励直流电动机		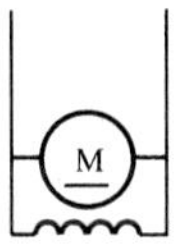	
电磁离合器		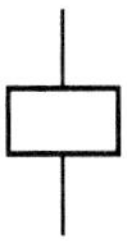	YC	他励直流电动机		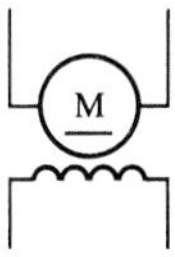	

续表 1-2

名称	图形符号	文字符号	名称	图形符号	文字符号
电位器	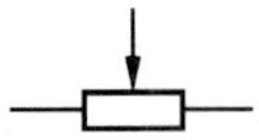	RP	复励直流电动机	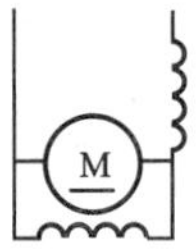	M
整流桥	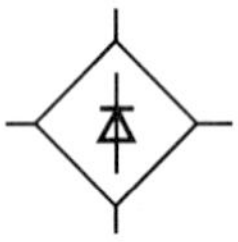	VC	直流发电机	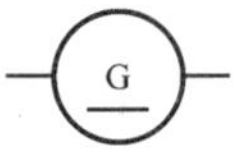	G
照明灯	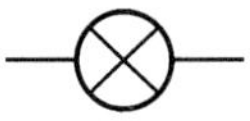	EL	三相笼型异步电动机	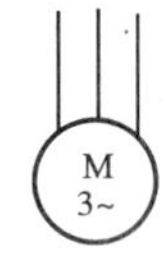	M
信号灯	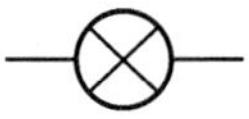	HL	三相绕线异步电动机	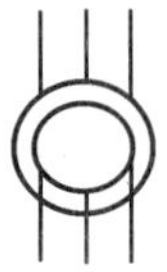	M
电阻		R	单相变压器		T
插座	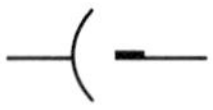	X	三相自耦变压器	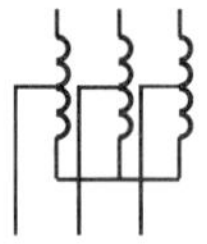	T
电磁铁	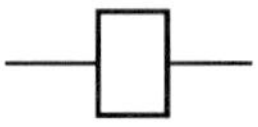	YA	二极管		V

1.2.1　图形符号

图形符号通常是指用于图样或其他，表示一个设备概念的图形、标记或字符。图形符号由符号要素、一般符号及限定符号构成。

(1)符号要素。符号要素是一种具有确定意义的简单图形，必须同其他图形组合才能构成一个设备或概念的完整符号。例如，三相绕线式异步电动机是由定子、转子引线等几个符号要素构成的，这些符号要求有确切的含义，但一般不能单独使用，其布置也不一定与符号所表示设备的实际结构相一致。

(2)一般符号。用于表示同一类产品和此类产品特性的一种很简单的符号，它们是各类元器件的基本符号，例如，一般电阻器、电容器和具有一般单向导电性的二极管的符号。一般符号不但广义上代表各类元器件，也可以表示没有附加信息或功能的具体元件。

(3)限定符号。限定符号是用以提供附加信息的一种加在其他符号上的符号。例如，在电阻器一般符号的基础上，加上不同的限定符号就可以组成可变电阻器、光敏电阻器、热敏电阻器等具有不同功能的电阻器。也就是说,使用限定符号以后可以使图形符号具有多样性。

限定符号一般不能单独使用。一般符号有时也可以作为限定符号。例如,电容器的一般符号加到二极管的一般符号上就构成变容二极管的符号。

使用图形符号时应注意以下几点:

(1)所有符号均应按无电压、无外力作用的正常状态(常态)绘出。例如,按钮未按下、闸刀未合闸等。

(2)某些设备元件有多个图形符号,在选用时,应选用优选形。在能够表达其含义的情况下,尽可能采用最简单的形式;在同一图中使用时,应采用同一形式。图形符号的大小和线条的粗细应基本一致。

(3)为适应不同需求,可将图形符号根据需要放大或缩小,但各符号相互间的比例应该保持不变;图形符号绘制时方位不是强制的,在不改变符号本身含义的前提下,可将图形符号根据需要旋转或镜像放置。

(4)图形符号中的导线符号可以用不同宽度的线条表示,以突出和区分某些电路或连接线。一般常将电源或主信号导线用加粗的实线表示。

1.2.2 文字符号

电气图中的文字符号用于标明电气设备、装置和元器件的名称、功能、状态和特征,可在电气设备、装置和元器件上或其近旁使用,包括表明电气设备、装置和元器件种类的字母代码和功能字母代码。电气技术中的文字符号分为基本文字符号和辅助文字符号。

(1)基本文字符号。基本文字符号分为单字母符号和双字母符号两种。

单字母符号是用拉丁字母将各种电气设备、装置和元器件划分为23大类,每一类用一个字母表示。例如,“R”代表电阻器,“M”代表电动机,“C”代表电容器等。

双字母符号是由一个代表种类的单字母符号与另一字母组成的,并且是单字母符号在前,另一字母在后。双字母符号中在后的字母通常选用该类设备、装置和元器件的英文单词的首字母,这样,双字母符号可以较详细和更具体地描述电气设备、装置和元器件的名称。例如“RP”代表电位器,“RT”代表热敏电阻。

(2)辅助文字符号。辅助文字符号是用以表示电气设备、装置和元器件以及线路的功能、状态和特征的,通常也是由英文单词的前一两个字母构成的。例如,“DC”代表直流,“IN”代表输入,“S”代表信号。

辅助文字符号一般放在单字母文字符号后面,构成组合双字母符号,例如,“Y”是电器操作机械装置的单字母符号,“B”是代表制动的辅助文字符号,“YB”是代表制动电磁铁的组合符号。辅助文字符号也可单独使用,例如,“ON”代表闭合,“N”代表中性线。

主电路标号由文字符号和数字标号组成。文字符号用以标明主电路的元件或线路的主要特征,数字标号用以区别电路的不同线段。三相交流电源引入线采用L1、L2、L3标号,电源开关之后的三相交流电源主电路分别标U、V、W。

控制电路标号由3位以上的数字组成。交流控制电路的标号一般以主要压降元件(如线圈)为分界,左侧用奇数标号,右侧用偶数标号。直流控制电路中正极按奇数标号,负极按偶数标号。

1.3 电气图的分类与作用

电气图是用电气图形绘制的图,用来描述电气控制设备结构、工作原理和技术要求,它必须符合国家电气制图标准及IEC颁布的有关文件要求,用统一标准的图形符号、文字符号及规定的画法绘制。

1.3.1 电气图的分类

电气图包括电气原理图、电气安装图、电气互连图等。

1.3.2 电气图的作用

1.3.2.1 电气原理图

电气原理图是说明电气设备工作原理的线路图。在电气原理图中并不考虑电气元件的实际安装位置和实际连线情况,只是把各元件按接线顺序用符号展开在平面图上,用直线将各元件连接起来。图1-1为三相笼型异步电动机控制电气原理图。

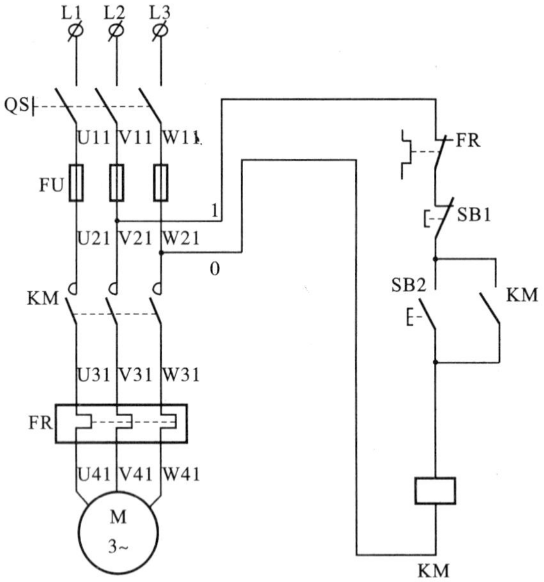

图1-1 三相笼型异步电动机控制电气原理图

在阅读和绘制电气原理图时应注意以下几点:

(1)电气原理图中各元器件的文字符号和图形符号必须按标准绘制和标注。同一电器的所有元件必须用同一文字符号标注。

(2)电气原理图应按功能来组合,同一功能的电气相关元件应画在一起,但同一电器的各部件不一定画在一起。电路应按动作顺序和信号流程自上而下或自左向右排列。

(3)电气原理图分主电路和控制电路,一般主电路在左侧,控制电路在右侧。

(4)电气原理图中各电器应该是未通电或未动作的状态,二进制逻辑元件应是置零的状态,机械开关应是循环开始的状态,即按电路"常态"画出。

1.3.2.2 电气安装图

电气安装图表示各种电气设备在机械设备和电气控制柜中的实际安装位置。它将提供电气设备各个单元的布局和安装工作所需数据的图样。例如,电动机要和被拖动的机械装置在一起,行程开关应画在获取信息的地方,操作手柄应画在便于操作的地方,一般电气元件应放在电气控制柜中。图 1-2 为三相笼型异步电动机控制线路的电气安装图。

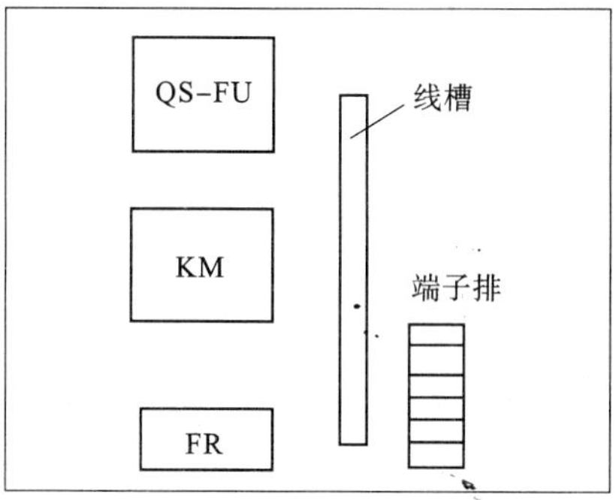

图 1-2 三相笼型异步电动机控制线路电气安装图

在阅读和绘制电气安装图时应注意以下几点:

(1)按电气原理图要求,应将动力、控制和信号电路分开布置,并各自安装在相应的位置,以便于操作和维护。

(2)电气控制柜中各元件之间,上、下、左、右之间的连线应保持一定间距,并且应考虑元器件的发热和散热因素,应便于布线、接线和检修。

(3)给出部分元器件型号和参数。

(4)图中的文字符号应与电气原理图和电气设备清单一致。

1.3.2.3 电气互连图

电气互连图用来表明电气设备各单元之间的接线关系,一般不包括单元内部的连接,着重表明电气设备外部元件的相对位置及它们之间的电气连接。图 1-3 为三相笼型异步电动机控制线路电气互连图。

在阅读和绘制电气互连图时应注意以下几点:

(1)外部单元同一电器的各部件画在一起,其布置应该尽量符合电器的实际情况。

(2)不在同一控制柜或同一配电屏上的各电气元件的连接,必须经过接线端子板进行。图中文字符号、图形符号及接线端子板编号,应与电气原理图相一致。

(3)电气设备的外部连接应标明电源的引入点。

1.3.3 示例

笼型电动机连续运转控制线路的电气原理图,如图 1-4 所示。

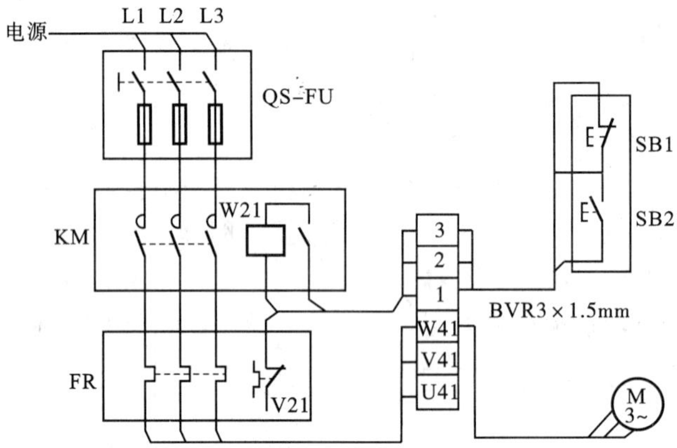

图1-3 三相笼型异步电动机控制线路电气互连图

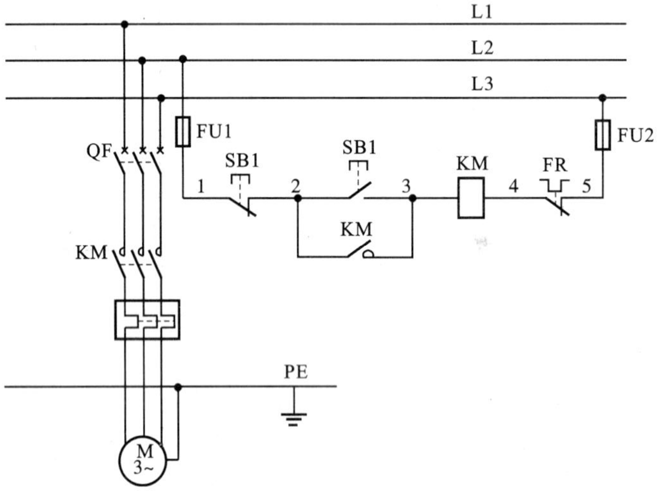

图1-4 笼型电动机连续运转控制线路的电气原理图

电气原理图坐标图示法是在上述电气原理图基础上发展而来的，分为轴坐标标注和横坐标标注两种方法。

1.3.3.1 轴坐标标注法

首先根据线路的繁简程度以及线路中各部分线路的性质、作用和特点，将线路分为交、直流主电路，交、直流控制电路及辅助电路等。图1-5为造纸机辅助传动两个张紧器轴坐标标注法电气原理图，图中根据线路性质、作用和特点分为交流主电路、交流控制电路、交流辅助电路和直流控制电路四部分。为便于标注坐标，将线路各电气元件均按纵向画法排列。每一条纵向线路为一线路单元，而每一个线路单元给定一个轴坐标，并用数字表示。这样每一线路单元中的各电气元件具有同一轴坐标。在对线路单元进行坐标标号时，为标明各线路性质、作用和特点，往往对同一系统的线路单元用一定的数字来标注轴坐标。在图1-5中，交流主电路轴坐标标号为100~108，交流控制电路轴坐标标号为200~211，直流控制电路轴坐标标号为300~309，交流辅助电路轴坐标标号为400~406。在轴坐标标号

202 的线路单元中有 SB1、KM1 等元件。在选定坐标系统与给定坐标后，下一步就是标注图示坐标。为了阅读、查找方便，可在线路图下方标注“正序图示坐标”和“逆序图示坐标”。

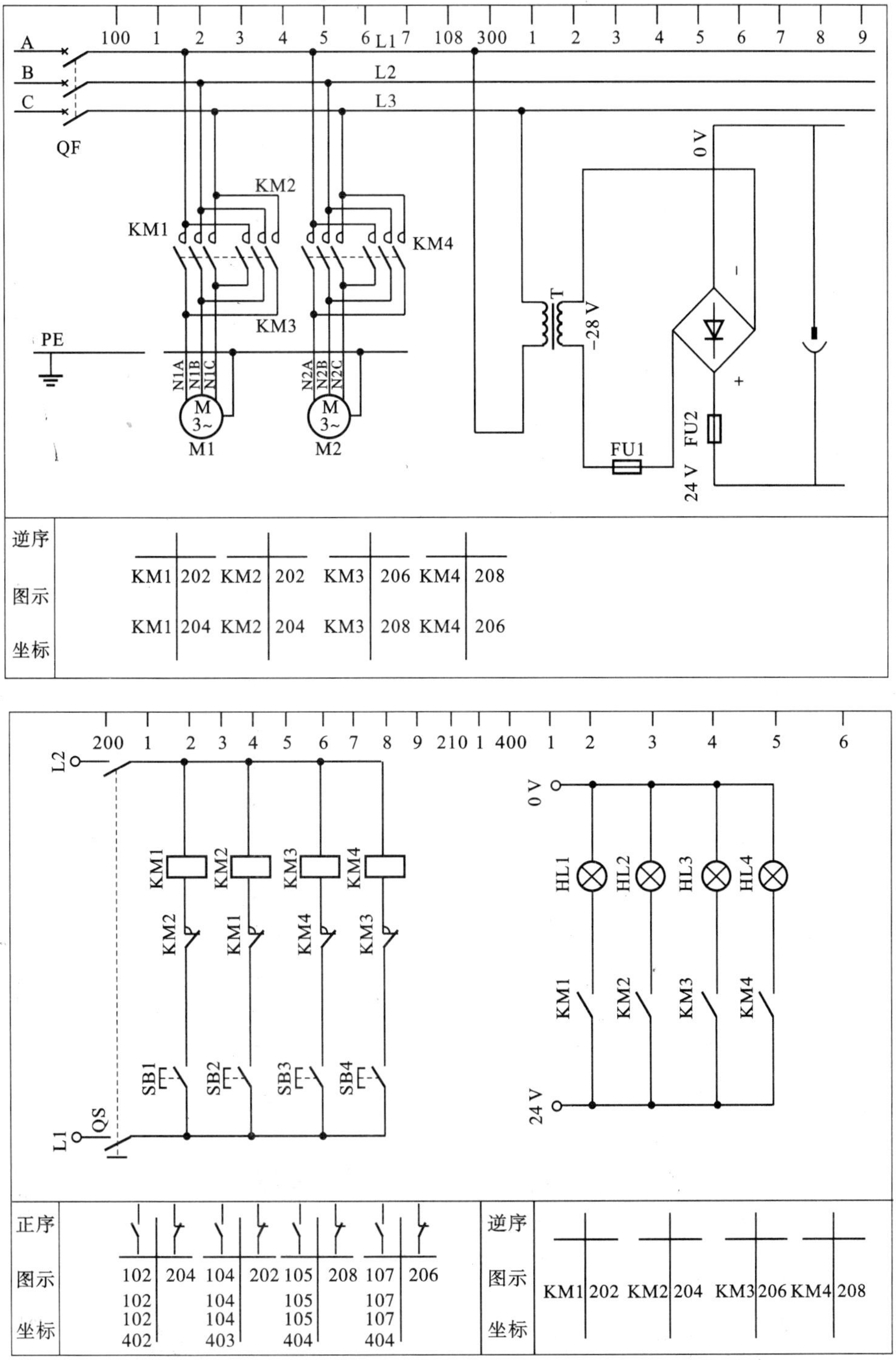

图 1-5　造纸机辅助传动两个张紧器轴坐标标注法电气原理图

正序图示坐标一般标注在含有接触器或继电器线圈的线路单元的下方。在图 1-5 中标注了 KM1 ~ KM4 的正序图示坐标，在该线路单元的下方标注该继电器或接触器各触头的分布位置。如接触器 KM1 在线路中用了 4 对常开触头、1 对常闭触头，它们分别位于 102、102、102、402、204 号线路单元中。这样，各对触头的位置和作用就一目了然了。

逆序图示坐标一般标在各线路单元的下方，用来标注该线路单元中的触头和受控制线圈所在的轴坐标标号。如在图 1-5 中的 202 线路单元中含有触头 SB1、KM1，其中元件 KM1 在 202 和 204 线路单元中（对于按钮 SB1、SB2，因不受其他单元元件的控制，故无需标注）。

由上可知，正序图示坐标是以线圈为据找触头，而逆序图示坐标则是以触头为据找线圈。图示坐标的标注采用与否，可根据线路图的繁简程度决定。线路简单、一目了然的，正、逆序图示坐标均可不标注；线路不算很复杂的，一般只标注正序图示坐标即可；比较复杂的线路，可根据需要标注正、逆序图示坐标。线路越复杂，越能体现标注坐标的优越性。

1.3.3.2 横坐标标注法

造纸机辅助传动多电机状态控制横坐标标注法电气原理图如图 1-6（a）、（b）所示。采用横坐标标注法，线路上的各电气元件均按横向画法排列。各电气元件线圈的右侧，由上到下标明各支路的序号 1，2，…，并在该电气元件线圈旁标明其常开触头（标在横线上方）、常闭触头（标在横线下方）在电路中所在支路的标号，以便阅读和分析电路时查找。例如接触器 KM1 常开触头在主电路有 3 对，控制回路 2 支路中有 1 对；而 KM2、KM3 所实现的是点动控制功能，常开触头在主电路各有 3 对，常闭触头 KM2 在控制电路 4 支路中有 1 对，常闭触头 KM3 在控制电路 3 支路中有 1 对。KM4 的用法与 KM1 相同，这里不再详述。

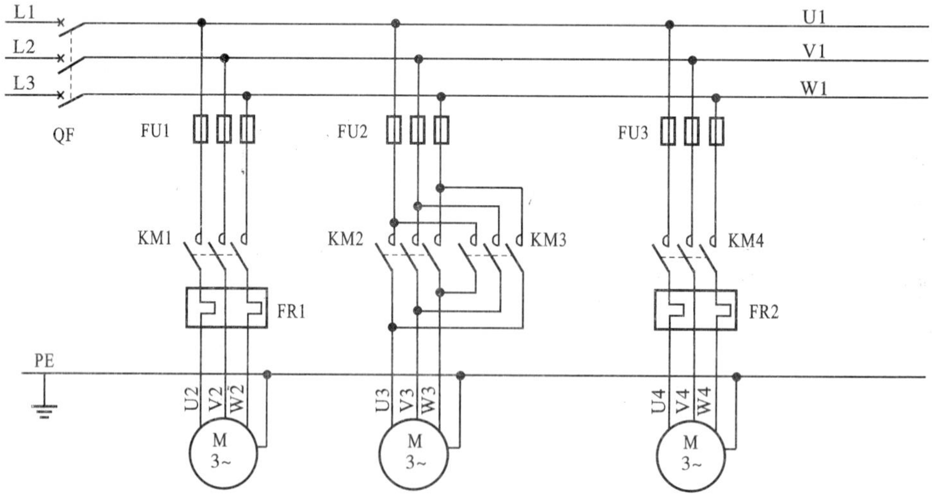

（a）

图 1-6　多电机状态控制横坐标标注法电气原理图

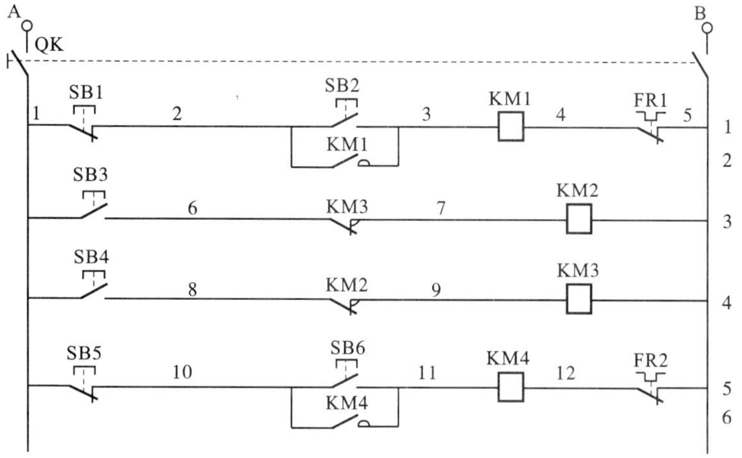

（b）

续图 1-6

1.4 低压开关和低压断路器

开关是最为普通的电器之一，其作用是分合电路，开断电流。常用的开关有刀开关、隔离开关、负荷开关、转换开关、组合开关、空气断路器等。

开关可分为有载运行操作、无载运行操作、选择性运行操作三种；也可分为正面操作、侧面操作和背面操作的开关；还可分为带灭弧和不带灭弧的开关。开关刀口接触有面接触和线接触两种，线接触形式的刀开关，刀片易插入，接触电阻小，制造方便。开关常采用弹簧片，以保证接触良好。

1.4.1 低压开关

低压开关也称低压隔离器。以刀开关为例，它是低压电器中结构比较简单、应用较广的一类手动电器，主要用于隔离电源，也可用来非频繁地接通和分断容量较小的低压配电电器。

1.4.1.1 塑壳刀开关

塑壳刀开关由瓷柄、触头、瓷底座、进线座、胶盖等组成，其结构和图形文字符号如图 1-7 和图 1-8 所示。

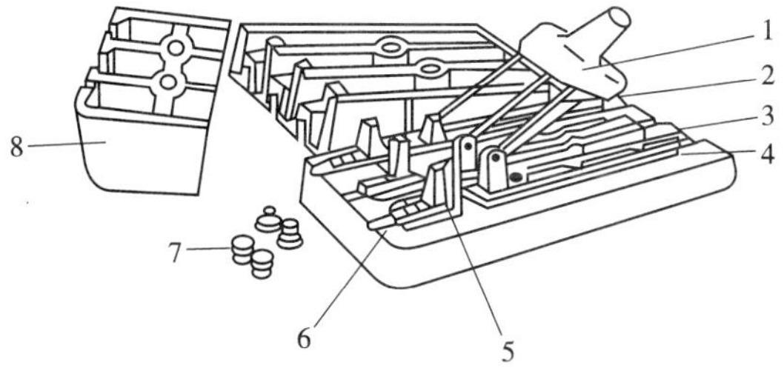

1—瓷柄；2—动触头；3—出线座；4—瓷底座；5—静触头；6—进线座；7—胶盖紧固螺钉；8—胶盖

图 1-7 塑壳刀开关的结构图

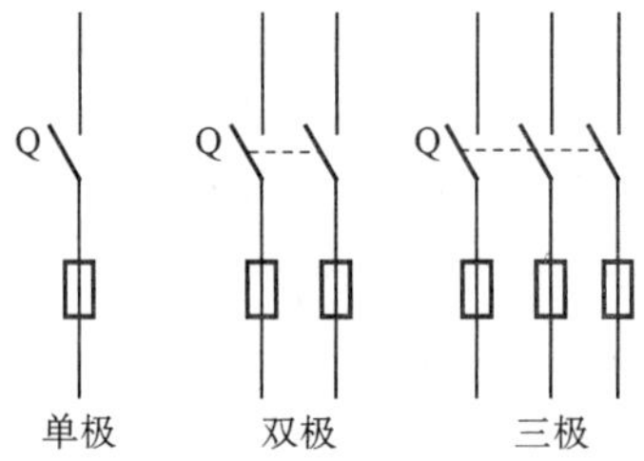

图 1-8　刀开关的图形及文字符号

在使用时,进线座接电源端的进线,出线座接负载端导线,靠触刀与触头座的分合来接通和分断电路。塑壳使电弧不致飞出灼伤操作人员,防止极间电弧造成电源短路。熔丝起短路保护作用。

安装刀开关时,合上开关时手柄在上方,不得倒装或平装。倒装时手柄有可能因自重下滑而引起误合闸,造成安全事故。接线时,将电源线接在熔丝上端,负载线接在熔丝下端,拉闸后刀开关与电源隔离,便于更换熔丝。HK2 系列刀开关的技术数据见表 1-3。

表 1-3　HK2 系列刀开关的技术数据

额定电压(V)	额定电流(A)	极数	熔体极限分断能力(A)	控制电动机最大容量(kW)	机械寿命(次)	电气寿命(次)
250	10	2	500	1.1	10 000	2 000
	15		500	1.5		
	30		1 000	3.0		
500	15	3	500	2.2	10 000	2 000
	30		1 000	4.0		
	60		1 000	5.5		

1.4.1.2　刀开关的选择

(1)结构形式的选择。应根据刀开关的作用和装置的安装形式来选择是否带灭弧装置。如开关用于分断负载电流,应选择带灭弧装置的刀开关。可根据装置的安装形式来选择正面、背面、侧面操作形式,以及是直接操作还是杠杆操作,是板前接线还是板后接线。

(2)额定电流的选择。一般应等于或大于所分断电路中各个负载电流的总和。对于电动机负载,应考虑其启动电流,所以应选额定电流大一级的刀开关。若考虑电路出现的短路电流,还应选择额定电流更大一级的刀开关。

1.4.1.3　万能转换开关

万能转换开关是一种多挡式、控制多回路的主令电器,主要用于低压断路操作机构的合闸与分闸控制、各种控制线路的转换、电压和电流表的换相测量控制、配电装置线路的转换和遥控等。万能转换开关还可以直接控制小容量电动机的启动、调速和换向。图 1-9所示为万能转换开关外形结构及原理图。

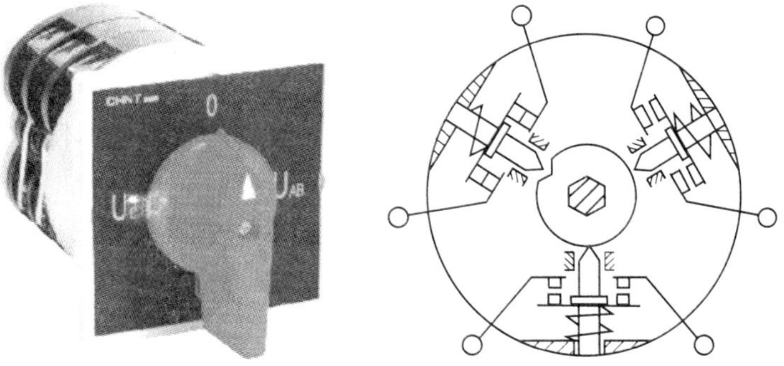

（a）外形结构　　（b）原理图

图 1-9　万能转换开关外形结构及原理图

常用万能转换开关有 LW5 和 LW6 系列。LW5 系列可控制 5.5 kW 及以下的小容量电动机；LW6 系列只能控制 2.2 kW 及以下的小容量电动机。用于可逆运行控制时，只有在电动机停车后才允许反向启动。LW5 系列万能转换开关按手柄的操作方式可分为自复式和自定位式两种。所谓自复式是指用手拨动手柄于某一挡位时，手松开后，手柄自动返回原位；自定位式则是指手柄被置于某挡位时，不能自动返回原位而停在该挡位。

万能转换开关的手柄操作位置是以角度表示的。不同型号的万能转换开关的手柄有不同的触头，电路图中的图形符号如图 1-10 所示。但由于其触头的分合状态与操作手柄的位置有关，所以除在电路图中画出触头图形符号外，还应画出操作手柄与触头分合状态的关系。

根据图 1-10(a)和(b)可知，当万能转换开关打向左 45°时，触头 1－2、3－4、5－6 闭合，触头 7－8 打开；打向 0°时，只有触头 5－6 闭合；打向右 45°时，触头 7－8 闭合，其余打开。

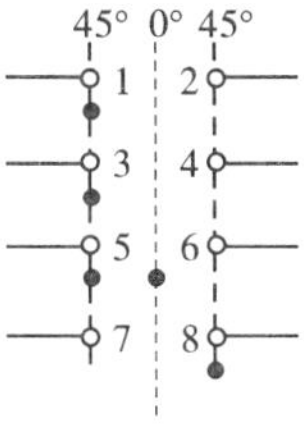

（a）图形符号

LW5-15D0403/2				
触头编号		45°	0°	45°
—⁄—	1-2	×		
—⁄—	3-4	×		
—⁄—	5-6	×	×	
—⁄—	7-8			×

（b）触头闭合表

图 1-10　万能转换开关的图形符号

1.4.2　低压断路器

低压断路器过去称为自动空气开关，为了与 IEC 标准一致，故改用此名。它是一种既有手动开关作用，又能进行自动失压、欠压、过载和短路保护的电器，应用极为广泛。

低压断路器可用来分配电能、不频繁地启动异步电动机、对电动机及电源线路进行保护，当电路发生严重过载、短路或欠压等故障时能自动切断电源，其功能相当于熔断式断路器与过流、过压、热继电器等的组合，而且在分断故障电流后，一般不需要更换零部件。

1.4.2.1　低压断路器的工作原理

低压断路器工作原理如图 1-11 所示，图形及文字符号如图 1-12 所示。

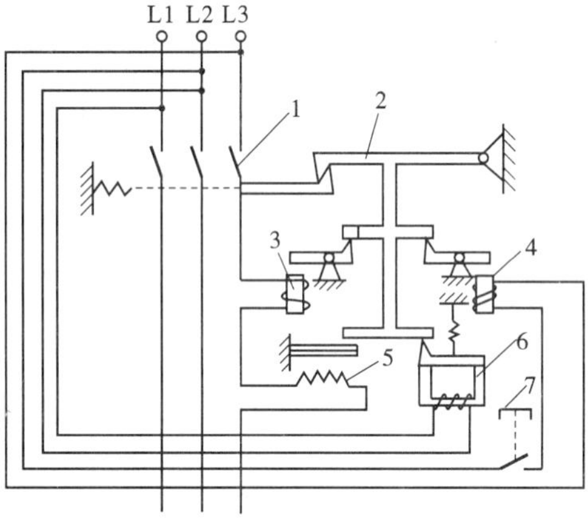

1—主触头；2—自由脱扣机构；3—过流脱扣器；
4—分励脱扣器；5—热脱扣器；6—欠压脱扣器；
7—停止按钮

图 1-11　低压断路器工作原理

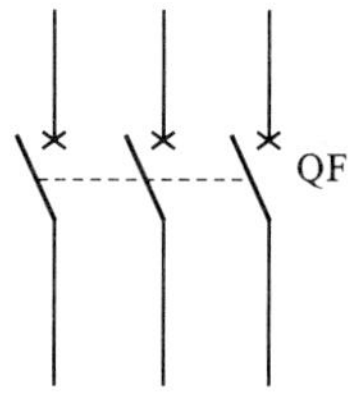

图 1-12　低压断路器的图形及文字符号

低压断路器的主触头 1 靠手动操作或自动合闸。主触头 1 闭合后，自由脱扣机构 2 将主触头锁在合闸位置上。过流脱扣器 3 的线圈和电源并联。当电路发生短路或严重过载时，过流脱扣器 3 的衔铁吸合，使自由脱扣机构 2 动作，主触头 1 断开主电路。当电路过载时，热脱扣器 5 的热元件发热使双金属片向上弯曲，推动自由脱扣机构 2 动作。当电路欠压时，欠压脱扣器 6 的衔铁释放，也使自由脱扣机构动作。分励脱扣器 4 则作为远距离控制用，在正常工作时，其线圈是断电的。在需要远距离控制时，按下停止按钮 7，使线圈得电，衔铁带动自由脱扣机构动作，使主触头断开。

1.4.2.2　低压断路器的类型

（1）万能式低压断路器。又称开启式低压断路器，如图 1-13 所示。容量较大，具有较高的短路分断能力和较高的动稳定性。适用于交流 50 Hz、额定电压 380 V 的配电网中作为配电干线的主保护，主要型号有 DW10 和 DW15 两个系列。

（2）装置式低压断路器。又称塑料外壳式低压断路器，如图 1-14 所示。内装触头系统、灭弧室及脱扣器等，有手动和电动合闸两种。适用于配电网的保护和电动机、照明电路及电热器等的控制开关，主要型号有 DZ5、DZ10 和 DZ20 等系列。

（3）快速断路器。具有快速电磁铁和强有力的灭弧装置，最快动作时间可在 0.02 s 以内，用于半导体整流元件和整流装置的保护。主要型号有 DS 系列。

（4）限流断路器。利用短路电流产生的巨大吸力，使触头迅速断开，能在交流短路电流尚未达到峰值之前就把故障电路切断，用于短路电流相当大（高达 70 kA）的电路中。主要型号有 DWX15 和 DZX10 两种系列。

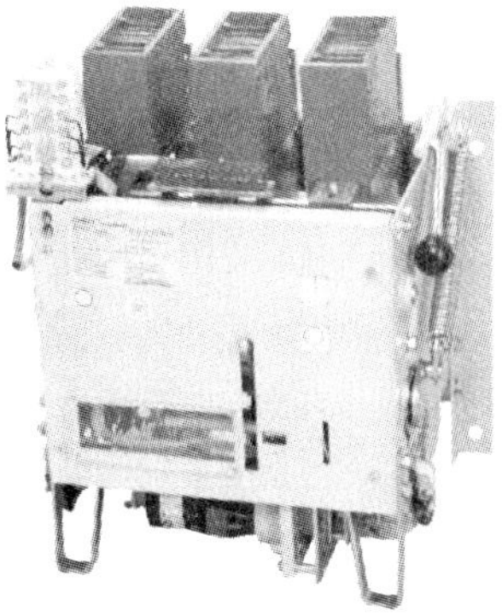

图 1-13 DW15 系列万能式低压断路器

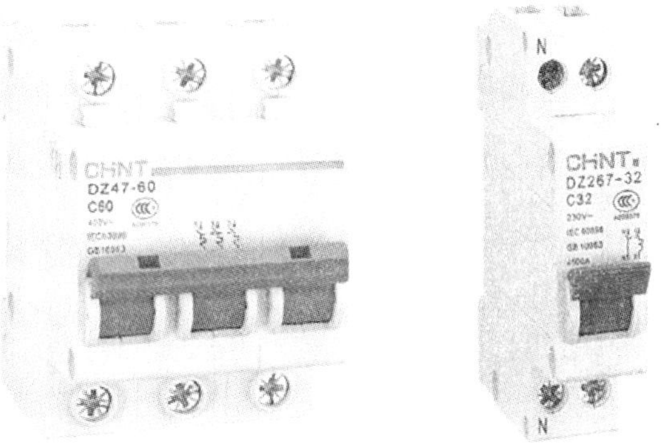

图 1-14 DZ 系列小型装置式低压断路器

（5）智能化断路器。目前国产的智能化断路器有框架式和塑料外壳式两种。前者主要用作智能化自动配电系统中的主断路器，后者主要用于配电网中，分配电能和作为电路及电源设备的控制和保护。智能化断路器的控制核心采用了微处理器或单片机技术，它不仅具有普通断路器的各种保护功能，同时还具有实时显示电路中的电气参数（电流、电压、功率、功率因数等），对电路进行在线监视、自动调节、测量、试验、自诊断和通信等功能。智能化断路器能够对各种保护功能的动作参数进行显示、设定和修改，保护电路动作时的故障参数能够存储，以便查询。

1.4.2.3 低压断路器的选择

选择低压断路器时应注意以下几方面：

（1）低压断路器的额定电压和额定电流应大于或等于线路、设备的正常工作电压和工作电流。

（2）低压断路器的极限分断能力应大于或等于电路最大短路电流。

（3）欠压脱扣器的额定电压等于线路的额定电压。

（4）过流脱扣器的额定电流大于或等于线路的最大负载电流。

1.4.2.4 使用低压断路器的注意事项

（1）低压断路器投入使用时应先进行整定，按照要求整定热脱扣器的动作电流，以后就不应随意旋动有关的螺丝和弹簧。

（2）在安装低压断路器时，应注意把来自电源的母线接到灭弧罩一侧的端子上。

（3）在正常情况下，每 6 个月应对断路器进行一次检修，清除灰尘。

（4）发生断路、短路事故，断路器动作后，应立即对触头进行清理，检查有无熔坏，清除金属熔粒、粉尘，特别要把散落在绝缘体上的金属粉尘清除掉。

使用低压断路器来实现短路保护比熔断器要好，因为三相电路短路时，很可能只有一相熔断器熔断，造成缺相运行。对于低压断路器来说，只要造成短路就会使开关跳闸，将三相同时切断。低压断路器还有其他自动保护作用，性能优越，但其结构复杂、操作频率低，价格高，因此适合于要求较高的场合，如电源总配电盘。

1.4.3 示例

利用刀开关直接启动电动机的控制线路如图1-15所示。

图1-15所示线路的动作原理为：闭合刀开关QS，电动机M启动旋转；断开刀开关QS，电动机M断电减速直至停转。线路只用一个刀开关和一个熔断器，是最简单的电动机启停控制线路，但有以下几点不足：

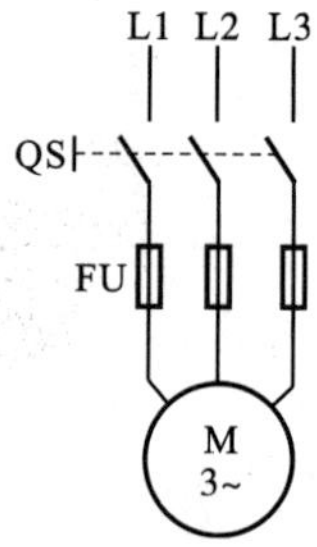

图1-15 利用刀开关直接启动电动机的控制线路

（1）只能适用于不需要频繁启停的小容量电动机。

（2）只能就地操作，不便于远距离控制。

（3）无失压保护和欠压保护功能。

所谓失压保护或欠压保护是指电动机运行后，由于外界原因突然断电或电压下降太多后又重新恢复正常供电，电动机不会自行运转。

1.5 接触器

接触器是一种用来自动接通或断开大电流电路的电器。它可以频繁地接通或分断交直流负载电路，并可实现中远距离控制。其主要控制对象是电动机，也可用于电热设备、电焊机、电容器组等其他设备。它还具有低电压释放保护功能。接触器具有控制容量大、过载能力强、寿命长、设备简单经济等特点，是电力拖动自动控制电路中使用最广泛的电气元件之一。

接触器按操作方式分为电磁接触器、气动接触器和电磁气动接触器；按灭弧介质分为空气电磁接触器、油浸式接触器和真空接触器等。

最常用的分类是按照接触器主触头控制的电路种类来划分，即将接触器分为交流接触器和直流接触器两大类，目前在控制电路中多数采用交流接触器。

1.5.1 接触器的结构及原理

1.5.1.1 交流接触器的结构

交流接触器由以下4部分组成，它的外形结构和符号如图1-16所示。

（1）电磁机构。电磁机构由线圈、动铁芯（衔铁）和静铁芯组成，其作用是将电磁能转换成机械能，产生电磁吸力，带动触头动作。

（2）触头系统。包括主触头和辅助触头。主触头用于接通或断开主电路，通常为3对常开触头。辅助触头用于控制电路，起控制其他元件接通或分断及电气联锁作用，故又称为联锁触头，一般有多对常开、常闭触头。

（3）灭弧装置。容量在10 A以上的接触器都有灭弧装置，对于小容量的接触器，常采用双断口触头灭弧、电动力灭弧、相间弧板隔弧及陶土灭弧罩灭弧。对于大容量的接触器，采用窄缝灭弧及栅片灭弧。

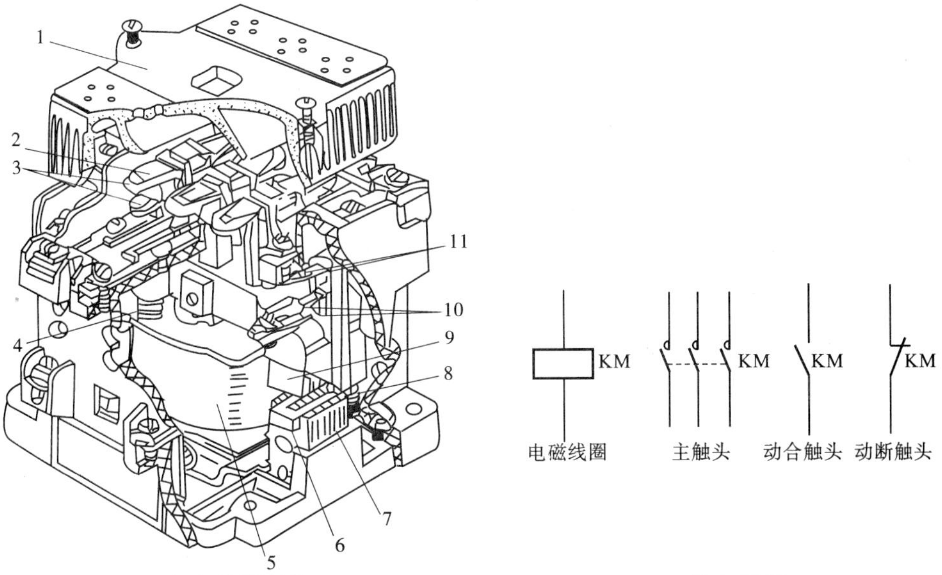

(a) 外形结构　　(b) 符号

1—灭弧罩；2—触头压力弹簧片；3—主触头；4—反作用弹簧；5—线圈；6—短路环；
7—静铁芯；8—弹簧；9—动铁芯；10—辅助动合触头；11—辅助动断触头

图 1-16　交流接触器外形结构及符号

(4)其他辅助部件。包括反作用弹簧、缓冲弹簧、触头压力弹簧、传动机构、支架及外壳等。

1.5.1.2　交流接触器的动作原理

交流接触器动作原理如图 1-17 所示。线圈得电以后,产生的磁场将铁芯磁化,吸引动铁芯,克服反作用弹簧的弹力,使它向着静铁芯运动,拖动触头系统运动,使得动合触头闭合、动断触头断开。一旦电源电压消失或者显著降低,以致电磁线圈没有激磁或激磁不足,动铁芯就会因电磁吸力消失或过小而在反作用弹簧的弹力作用下释放,使得动触头与静触头脱离,触头恢复线圈未通电时的状态。

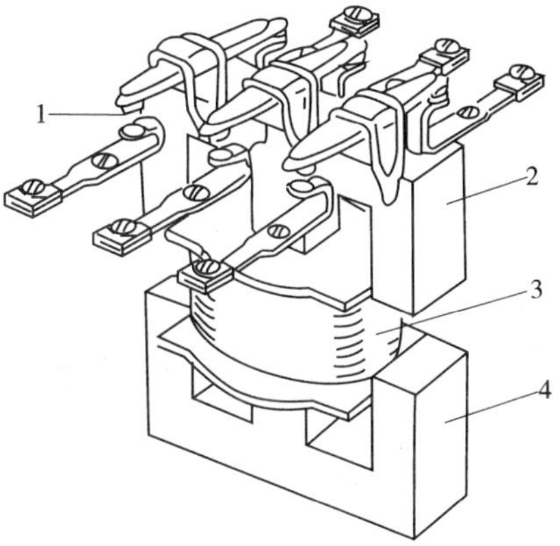

1—动触头；2—动铁芯；3—电磁线圈；4—静铁芯

图 1-17　交流接触器动作原理

1.5.1.3 直流接触器

直流接触器的结构和动作原理基本上与交流接触器相同,结构上也是由电磁机构、触头系统和灭弧装置等部分组成的,但在电磁机构方面有所不同。由于直流电弧比交流电弧难以熄灭,直流接触器常采用磁吹式灭弧装置灭弧。

1.5.2 接触器的主要技术参数

接触器的主要技术参数有极数和电流种类、额定工作电压、额定电流、通断能力、线圈额定电压、允许操作频率、寿命、使用类别等。

(1)接触器的极数和电流种类。按接触器主触头的个数确定其极数,有两极、三极和四极接触器;按主电路的电流种类分有交流接触器和直流接触器。

(2)额定工作电压。指主触头之间正常工作的电压值,也就是主触头所在电路的电源电压。直流接触器的额定工作电压有110 V、220 V、440 V、660 V,交流接触器的额定工作电压有220 V、380 V、500 V、660 V等。

(3)额定电流。指接触器触头在额定工作条件下的电流值。直流接触器的额定电流有40 A、80 A、100 A、150 A、250 A、400 A及600 A,交流接触器的额定电流有10 A、20 A、40 A、60 A、100 A、150 A、250 A、400 A及600 A。

(4)通断能力。指接触器主触头在规定条件下能可靠接通和分断的电流值。在此电流值下接通电路时,主触头不应造成熔焊。在此电流值下分断电路时,主触头不应发生长时间燃弧。一般通断能力是额定电流的5~10倍。这一数值与通断电路的电压等级有关,电压越高,通断能力越小。

(5)线圈额定电压。指接触器正常工作时线圈上所加的电压值。选用时,一般交流负载用交流接触器,直流负载用直流接触器,但对动作频繁的交流负载可采用使用直流线圈的交流接触器。

(6)允许操作频率。指接触器每小时允许操作次数的最大值。

(7)寿命。包括电气寿命和机械寿命。目前接触器的机械寿命已达一千万次以上,电气寿命是机械寿命的5%~20%。

(8)使用类别。接触器用于不同负载时,其对主触头的接通与分断能力要求不同,按不同使用条件来选用相应使用类别的接触器便能满足其要求。根据低压电器基本标准的规定,接触器的使用类别比较多,其中,用于电力拖动控制系统中的接触器常见的使用类别及典型用途见表1-4。

表1-4 接触器使用类别及典型用途

电流种类	使用类别	典型用途
AC(交流)	AC1	无感或微感负载、电阻炉
	AC2	绕线式电动机的启动和中断、笼型电动机的启动和中断
	AC3	笼型电动机的启动、反接制动、反向和点动
	AC4	
DC(直流)	DC1	无感或微感负载、电阻炉
	DC2	并励电动机的启动、反接制动、反向和点动
	DC3	串励电动机的启动、反接制动、反向和点动

1.5.3 接触器的型号

接触器的型号表示如图 1-18 所示。

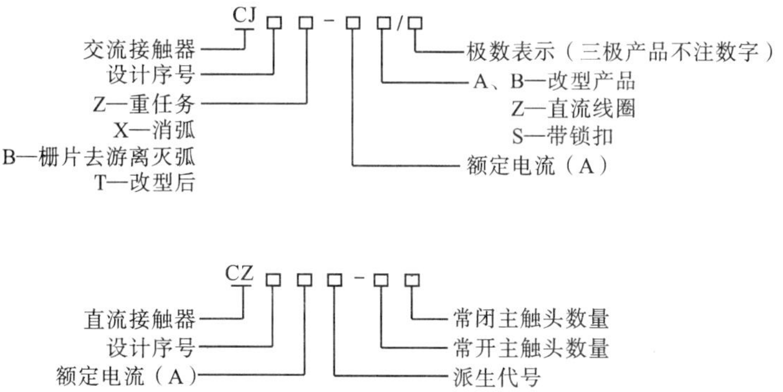

图 1-18 接触器型号表示

例如，CJ10Z－40/3 为交流接触器，设计序号 10，重任务型，额定电流 40 A，主触头为三极；CJ12T－250/3 为改型后的交流接触器，设计序号 12，额定电流 250 A，3 个主触头。

我国常用的交流接触器主要有 CJ10、CJ12、CJX1、CJ20、CJX2、CJT1 等系列及其派生系列产品。直流接触器有 CZ18、CZ21、CZ22、CZ10 和 CZ2 等系列。除以上常用系列外，我国近年来还引进了一些生产线，生产了一些满足 IEC 标准的交流接触器，例如 CJ12B－S 系列锁扣接触器，主要用于交流 50 Hz、电压 380 V 及以下、电流 600 A 及以下的配电电路中，供远距离接通和分断电路用，并适宜于不频繁启动和停止的交流电动机，具有正常工作时吸引线圈不通电、无噪声等特点。其锁扣机构位于电磁系统的下方。锁扣机构靠吸引线圈自通电，吸引线圈断电后靠锁扣机构保持在锁住位置。CJX2、CJT1 系列交流接触器见图 1-19、图 1-20。

图 1-19 CJX2 系列交流接触器

图 1-20 CJT1 系列交流接触器

引进的产品应用较多的有德国西门子公司的 3TB 系列和 BBC 公司的 B 系列，法国

TE 公司的 LC1 系列等，主要供远距离接通和分断电路用，并适用于频繁启动及控制的交流电动机。3TB 系列产品具有结构紧凑、机械寿命和电气寿命长、安装方便、可靠性高等特点，额定电压为 220 ~ 660 V，额定电流为 9 ~ 630 A。

常用交流接触器的主要技术数据见表 1-5。

表 1-5　常用交流接触器的主要技术数据

<table>
<tr><th rowspan="2">型号</th><th colspan="3">主触头</th><th colspan="3">辅助触头</th><th colspan="2">线圈</th><th colspan="2">可控制电器的最大功率(kW)</th><th rowspan="2">允许操作频率(次/h)</th></tr>
<tr><th>对数</th><th>额定电流(A)</th><th>额定电压(V)</th><th>对数</th><th>额定电流(A)</th><th>额定电压(V)</th><th>电压(V)</th><th>功率(kW)</th><th>220 V</th><th>380 V</th></tr>
<tr><td>CJ0 - 10</td><td>3</td><td>10</td><td rowspan="8">380</td><td rowspan="8">2对常开2对常闭</td><td rowspan="8">5</td><td rowspan="8">380</td><td rowspan="8">36、110、220、380、</td><td>14</td><td>2.5</td><td>4</td><td rowspan="8">≤600</td></tr>
<tr><td>CJ0 - 20</td><td>3</td><td>20</td><td>33</td><td>5.5</td><td>10</td></tr>
<tr><td>CJ0 - 40</td><td>3</td><td>40</td><td>33</td><td>11</td><td>20</td></tr>
<tr><td>CJ0 - 75</td><td>3</td><td>75</td><td>55</td><td>22</td><td>40</td></tr>
<tr><td>CJ10 - 10</td><td>3</td><td>10</td><td>11</td><td>2.2</td><td>4</td></tr>
<tr><td>CJ10 - 20</td><td>3</td><td>20</td><td>22</td><td>5.5</td><td>10</td></tr>
<tr><td>CJ10 - 40</td><td>3</td><td>40</td><td>32</td><td>11</td><td>20</td></tr>
<tr><td>CJ10 - 60</td><td>3</td><td>60</td><td>70</td><td>17</td><td>30</td></tr>
</table>

1.5.4　接触器的选用

(1)接触器极数与电流种类的确定。接触器由主电路电流种类来决定是选择直流接触器还是交流接触器。三相交流系统中一般选用三极交流接触器，当需要同时控制中性线时，则选用四极交流接触器。单相交流和直流系统中常选用两极或三极并联，一般场合选用电磁式接触器，易燃易爆场合应选用防爆型及真空接触器。

(2)根据接触器所控制的负载的类型选择相应使用类别的接触器。如负载是一般任务则选用 AC3 类别；负载为重任务则应选用 AC4 类别；如负载是一般任务与重任务混合，则可根据实际情况选用 AC3 或 AC4 类接触器，如选 AC3 类别，应降级使用。

(3)根据负载功率和操作情况来确定接触器主触头的电流等级。当接触器使用类别与所控制负载的工作任务相对应时，一般按控制负载电流值来决定接触器主触头的额定电流值；若不对应，应降低接触器主触头电流等级使用。

(4)根据接触器主触头接通与分断主电路电压等级来决定接触器的额定电压。

(5)接触器吸引线圈的额定电压应由所连接的控制电路确定。

(6)接触器的触头数(主触头和辅助触头)和种类(常开或常闭)应满足主电路和控制电路的要求。

1.6 控制按钮、熔断器、热继电器和中间继电器

1.6.1 控制按钮

1.6.1.1 控制按钮的结构与符号

控制按钮简称按钮，是一种结构简单、使用广泛的手动主令电器，它可以与接触器或继电器配合，通常用来短时间地接通或断开小电流的控制电路，从而控制电动机或其他电气设备的运行。

控制按钮一般由按钮、复位弹簧、触头和外壳等部分组成，其结构如图 1-21 所示。它既有常开触头，也有常闭触头。常态时在复位的作用下，由桥式动触头将静触头 1、2 闭合，静触头 3、4 断开；当按下按钮时，桥式动触头将静触头 1、2 断开，静触头 3、4 闭合。静触头 1、2 被称为常闭触头或动断触头，静触头 3、4 被称为常开触头或动合触头。

按钮的外形结构和文字符号如图 1-22 所示。

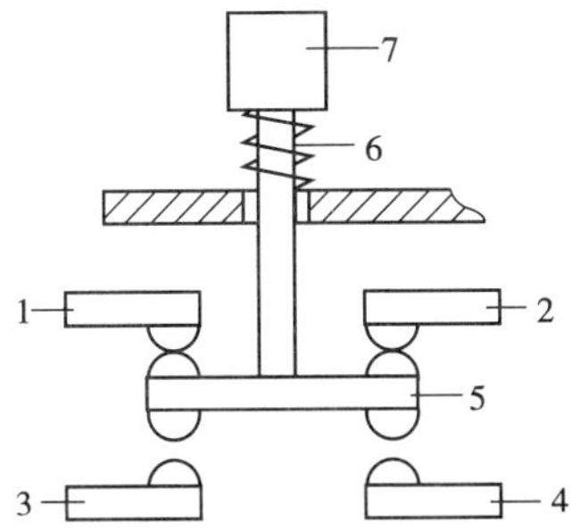

1、2—常闭触头；3、4—常开触头；5—桥式动触头；6—复位弹簧；7—按钮

图 1-21 典型控制按钮的结构示意图

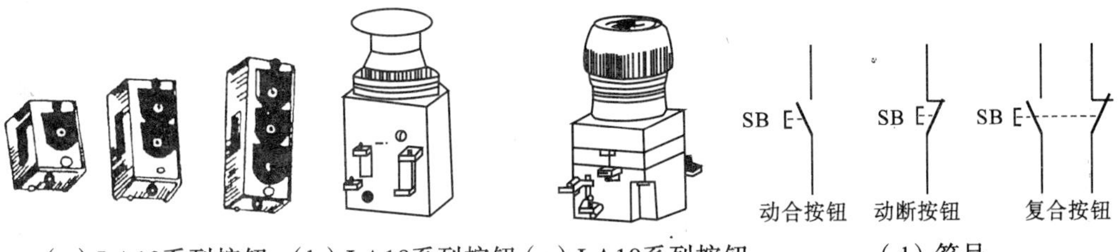

（a）LA10系列按钮 （b）LA18系列按钮（c）LA19系列按钮 （d）符号

图 1-22 按钮的外形结构和文字符号

1.6.1.2 控制按钮的种类及动作

1. 按结构形式分

（1）旋钮式——用手动旋钮进行操作。

（2）指示灯式——按钮内装入信号灯显示信号。

（3）紧急式——装有蘑菇形钮帽，以示紧急动作。

2. 按触头形式分

(1)动合按钮——外力未作用(手未按下)时,触头是断开的,外力作用时,触头闭合,但外力消失后,在复位弹簧作用下自动恢复到原来的断开状态。

(2)动断按钮——外力未作用(手未按下)时,触头是闭合的,外力作用时,触头断开,但外力消失后,在复位弹簧作用下自动恢复到原来的闭合状态。

(3)复合按钮——既有动合按钮,又有动断按钮的按钮组,称为复合按钮。按下复合按钮时,所有的触头都改变状态,即动合触头要闭合,动断触头要断开。但是,这两对触头的变化是有先后次序的,按下按钮时,动断触头先断开,动合触头后闭合;松开按钮时,动合触头先复位(断开),动断触头后复位(闭合)。

1.6.2 熔断器

1.6.2.1 熔断器的结构与分类

熔断器是一种简单而有效的保护电器,在电路中主要起短路保护作用,其外形结构如图1-23所示。熔断器主要由熔体和安装熔体的绝缘管(或盖、座)等部分组成。其中熔体是主要部分,它既是感测元件又是执行元件。熔体由不同金属材料(铅锡合金、锌、铜或银)制成,呈丝状、带状、片状或笼状,串接于被保护电路。当电路发生短路或过载故障时,通过熔体的电流使其发热,当达到熔化温度时,熔体自行熔断,从而分断故障电路。熔断管一般是由硬质纤维或瓷质绝缘材料制成的半封闭式或封闭式管状外壳,熔体装于其中。熔断管的作用是便于安装熔体和有利于熔体熔断时熄灭电弧。

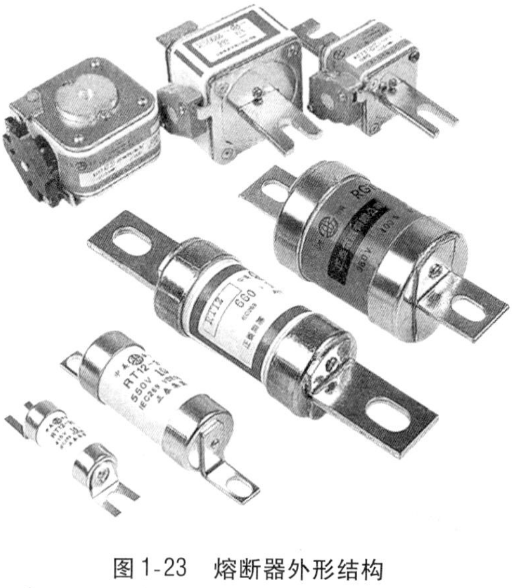

图1-23 熔断器外形结构

熔断器的种类很多,按结构可分为半封闭插入式、螺旋式、无填料封闭式和有填料封闭式。按用途可分为一般工业用熔断器、半导体器件保护用快速熔断器和特殊熔断器(如具有两段保护特性的快慢动作熔断器、自复式熔断器)。常用的熔断器有以下几种。

1. 插入式熔断器

插入式熔断器如图 1-24 所示，常用于 380 V 及以下电压等级的电路末端，作为配电支线或电气设备的短路保护来使用。

2. 螺旋式熔断器

螺旋式熔断器如图 1-25 所示。熔体的上端盖有一熔断指示器，一旦熔体熔断，指示器马上弹出，可透过瓷帽上的玻璃孔观察到，它常用于机床电气控制设备中。螺旋式熔断器分断电流较大，可用于电压等级 500 V 及以下、电流等级 200 A 以下的电路中，作短路保护。

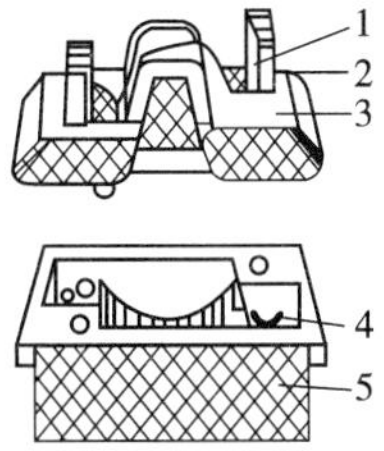

1—动触头；2—熔体；3—瓷插件；4—静触头；5—瓷座

图 1-24　插入式熔断器

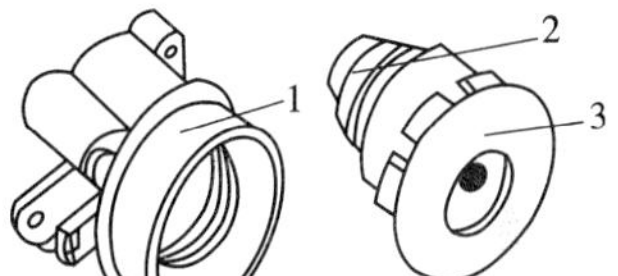

1—底座；2—熔体；3—瓷帽

图 1-25　螺旋式熔断器

3. 封闭式熔断器

封闭式熔断器分为有填料熔断器和无填料熔断器两种。有填料封闭式熔断器如图 1-26所示，一般用方形瓷管，内装石英砂及熔体，分断能力强，用于电压等级 500 V 以下、电流等级 1 kA 以下的电路中。无填料封闭式熔断器如图 1-27 所示，将熔体装入密闭式圆筒中，分断能力稍小，用于 500 V 以下、600 A 以下电力网或配电设备中。

4. 快速熔断器

快速熔断器主要用于半导体整流元件或整流装置的短路保护。由于半导体元件的过载能力很低，只能在极短时间内承受较大的过载电流，因此要求短路保护具有快速熔断的能力。快速熔断器的结构和有填料封闭式熔断器基本相同，但熔体材料和形状不同，它是以银片冲制的有 V 形深槽的变截面熔体。

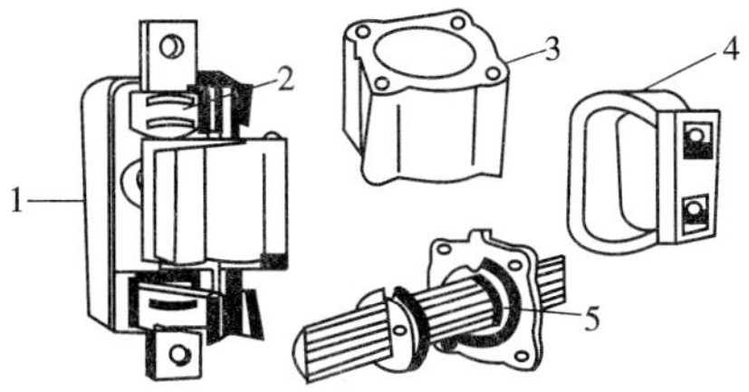

1—瓷底座；2—弹簧片；3—管体；
4—绝缘手柄；5—熔体

图 1-26　有填料封闭式熔断器

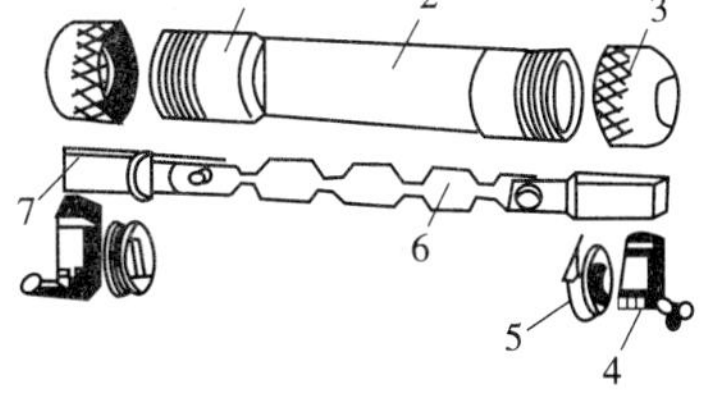

1—铜圈；2—熔断管；3—管帽；4—插座；
5—特殊垫圈；6—熔体；7—熔片

图 1-27　无填料封闭式熔断器

5. 自复式熔断器

自复式熔断器采用金属钠作熔体，在常温下具有高电导率。当电路发生短路故障时，短路电流产生高温使钠迅速汽化，气态钠呈现高阻态，从而限制了短路电流。当短路电流消失后，温度下降，金属钠恢复原来的良好导电性能。自复式熔断器只能限制短路电流，不能真正分断电路。其优点是不必更换熔体，能重复使用。

1.6.2.2 熔断器的选用

1. 熔断器的保护特性

熔断器的动作是靠熔体的熔断来实现的，当电流较大时，熔体熔断所需的时间就较短；而电流较小时，熔体熔断所需的时间就较长，甚至不会熔断。这一特性可用“时间—电流特性”曲线来描述，称为熔断器的保护特性，如图 1-28 所示。

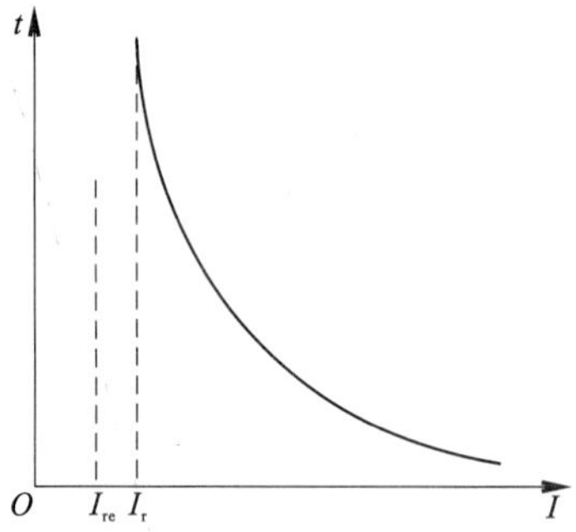

图 1-28 熔断器的保护特性

图 1-28 中 I_r 为最小融化电流或称临界电流，I_{re} 为熔体额定电流。当熔体电流小于 I_r 时，会熔断。I_r 与熔体额定电流 I_{re} 之比称为熔断器的熔化系数，即 $K=I_r/I_{re}$，K 的值小对小倍数过载保护有利，但 K 也不宜接近于 1，否则不仅熔体在 I_{re} 下工作温度会过高，而且还有可能因保护特性本身的误差而发生熔体在 I_{re} 下也熔断的现象，影响熔断器工作的可靠性。

2. 熔断器的主要参数

(1) 额定电压。指熔断器长期工作时和分断后能够承受的电压。

(2) 额定电流。指熔断器长期工作时，电器设备升温不超过规定值时所能承受的电流。熔断器的额定电流有两种：一种是熔断管额定电流，也称熔断器的额定电流；另一种是熔体的额定电流。厂家为减少熔断管规格，熔断管额定电流等级少，而熔体额定电流等级较多，在一种电流规格的熔断管内，可适用几种电流规格的熔体，但熔体的额定电流最大不能超过熔断管的额定电流。

(3) 极限分断能力。指熔断器在规定的额定电压和功率因数（或时间常数）条件下，能可靠分断的最大短路电流。

(4) 熔断电流。指通过熔体并能使其熔化的最小电流。

3. 熔断器的选择

选择熔断器时主要考虑熔断器的种类、额定电压、额定电流和熔体额定电流等。

(1) 熔断器类型的选择。熔断器的类型主要依据负载的保护特性和短路电流的大小选择。对于容量小的电动机和照明支线，常采用熔断器作为过载及短路保护，因此熔体的熔化系数可适当小些;对于较大容量的电动机和照明干线,则应着重考虑短路保护和分断能力,通常选用具有较强分断能力的熔断器;当短路电流很大时,宜采用具有限流作用的熔断器。

(2)熔断器额定电压的选择。熔断器额定电压的选择值一般应等于或大于被保护电气设备的额定电压。

(3)熔体额定电流的选择。

①对于负载平稳无冲击的照明电路、电阻、电炉等,熔体额定电流略大于或等于负荷电路中的额定电流。即

$$I_{re} \geqslant I_e$$

式中　I_{re}——熔体额定电流;

I_e——负载的额定电流。

②对于单台长期工作的电动机,熔体额定电流可按最大启动电流选取,也可按下式选取

$$I_{re} \geqslant (1.5 \sim 2.5) I_e$$

式中　I_{re}——熔体额定电流;

I_e——电动机的额定电流。

如果电动机频繁启动,式中系数可适当加大至3~3.5,具体应根据实际情况而定。

③对于多台长期工作的电动机(供电干线),熔体额定电流应满足下列关系

$$I_{re} \geqslant (1.5 \sim 2.5) I_{emax} + \sum I_e$$

式中　I_{emax}——多台电动机中容量最大的一台电动机额定电流;

$\sum I_e$——其余电动机额定电流之和。

当熔体额定电流确定后,根据熔断器额定电流大于或等于熔体额定电流来确定熔断器额定电流。

④熔断器级间的配合。为防止发生越级熔断,上、下级(即供电干、支线)的熔断器之间应有良好的配合。选用时,应使上级(供电干线)熔断器的熔体额定电流比下级(供电支线)的大1~2个级差。

1.6.3　热继电器

1.6.3.1　热继电器的外形结构及符号

电路中串入热继电器FR,是对电动机起过载保护作用的。电动机若遇到频繁启停操作或运转过程中负载过重或缺相,都可能引起电动机定子绕组中的负载电流长时间超过额定工作电流,而熔断器的保护特性使得它可能暂时不会熔断,所以必须采用热继电器对电动机实行过载保护。

电动机过载时,过载电流将使热继电器中的双金属片弯曲动作,使串联在控制电路的动断触头断开,从而切断接触器KM线圈的电路,主触头断开,电动机脱离电源停转。热继电器的外形结构及符号如图1-29所示。

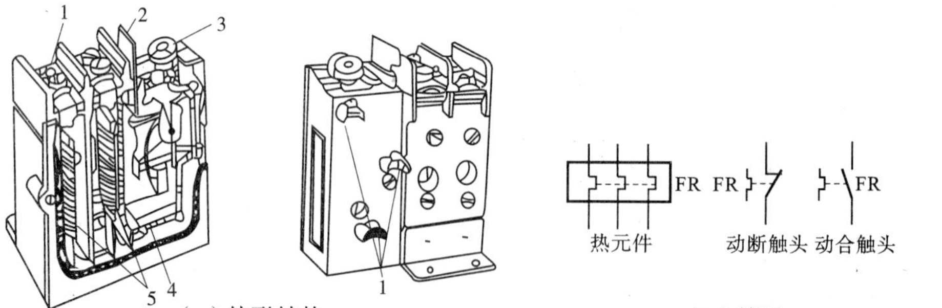

（a）外形结构　　　　（b）符号

1—接线柱；2—复位按钮；3—调节旋钮；4—动作机构；5—热元件

图 1-29　热继电器的外形结构及符号

1.6.3.2　热继电器的动作原理

当电动机过载时，流过电阻丝（热元件）的电流增大，电阻丝产生的热量使金属片弯曲，经过一定时间后，弯曲位移增大，因而脱扣，使其动断触头断开，动合触头闭合。热继电器动作原理如图 1-30 所示。

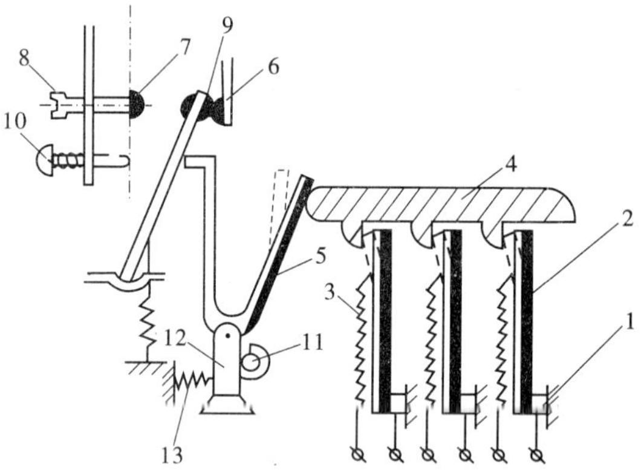

1—推杆；2—主双金属片；3—加热元件；4—导板；5—补偿双金属片；6—静触头（动断）；7—静触头（动合）；8—复位调节螺钉；9—动触头；10—复位按钮；11—调节旋钮；12—支撑件；13—弹簧

图 1-30　热继电器动作原理

热继电器触头动作切断电路后，电流为零，则电阻丝不再发热，双金属片冷却到一定值时恢复原状，于是动合和动断触头可以复位。另外，也可通过调节螺钉，使触头在动作后不自动复位，而必须按动复位按钮才能使触头复位。这很适用于某些要求故障未排除而防止电动机再启动的场合。不能自动复位对检修时确定故障范围也是十分有利的。

1.6.3.3　热继电器的型号及选用

1. 热继电器的型号

热继电器的型号表示如下：

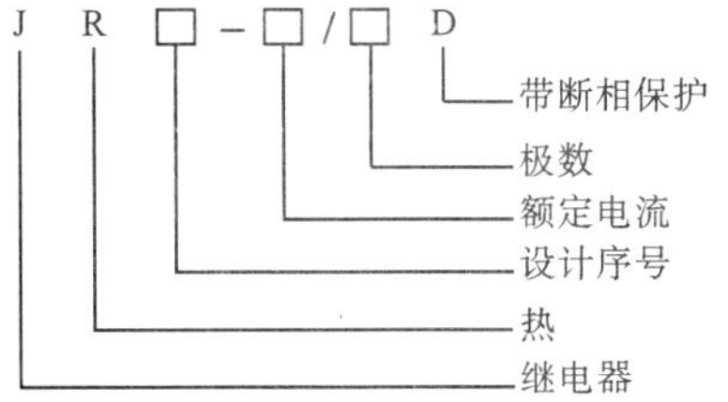

我国常用的热继电器主要有 JR20、JRS1(见图 1-31)、JR16 等系列。引进产品有 T 系列(德国 BBC 公司)、3UA(德国西门子公司)、LR1－D(法国 TE 公司)。JRS1、JR20 系列具有断电保护、温度补偿、整定电流可调、能手动脱扣及手动断开动断触头等功能。三相交流电动机的过载保护均采用三相式热继电器,尤其是 JR16 和 JR20 系列三相式热继电器得到广泛应用。这两种系列的热继电器按其职能又分为带断相保护和不带断相保护两种类型。

图 1-31　JRS1 系列热过载继电器

在电气原理图中,热继电器的发热元件和触头的图形符号如图 1-32 所示。

常用的 JRS1 和 JR20 系列热继电器的符号含义如图 1-33 所示。

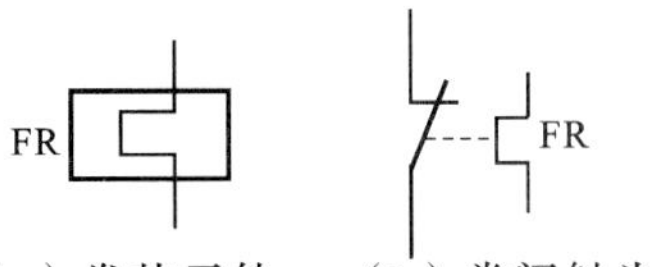

(a) 发热元件　(b) 常闭触头

图 1-32　热继电器的图形符号

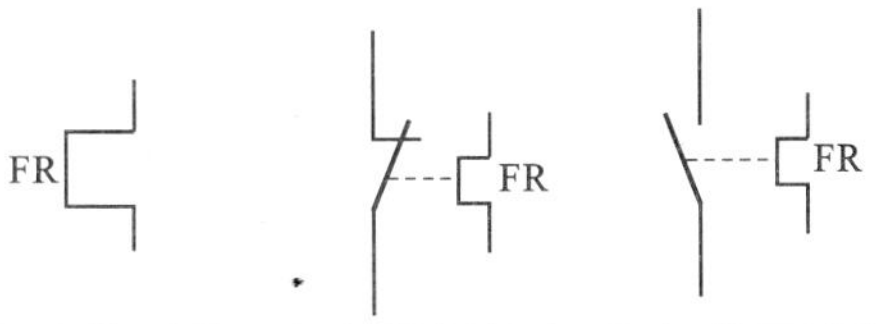

(a) 发热元件　(b) 常闭触头　(c) 常开触头

图 1-33　JRS1 和 JR20 系列热继电器的符号含义

常用的 JR16、JR20、JRS1、T 系列热继电器的技术参数见表 1-6。

2. 热继电器的选用

通常选用时应从电动机形式、工作环境、启动情况及负荷情况等几方面综合加以考虑。

(1)原则上热继电器的额定电流应按电动机的额定电流选择。对于过载能力较差的电动机,其配用的热继电器(主要是发热元件)的额定电流可适当小些。通常,选取热继电器的额定电流(实际上是选取发热元件的额定电流)为电动机额定电流的 60% ~80%。

表1-6　常用热继电器的技术参数

型号	额定电压(V)	额定电流(A)	相数	热元件			断相保护	温度补偿	触头数量
				最小规格(A)	最大规格(A)	挡数			
JR16	380	20	3	0.25~0.35	14~22	12	有	有	一动合一动断
		60		14~22	40~63	4			
		150		40~63	100~160	4			
JR20	660	6.3	3	0.1~0.15	5~7.4	14	无	有	一动合一动断
		16		3.5~5.3	14~18	6			
		32		8~12	28~36	6			
		63		16~24	55~71	6			
		160		33~47	144~176	9			
		250		83~125	167~250	4			
		400		130~195	267~400	4			
		630		200~300	420~630	4			
JRS1	380	12	3	0.11~0.15	9.0~12.5	13	有	有	一动合一动断
		25		9.0~12.5	18~25	3			
T	660	16	3	0.11~0.16	12~17.6	22	有	有	一动合一动断
		25		0.17~0.25	26~32	21			
		45		0.28~0.40	30~45	21			一动合或一动断
		85		6~10	60~100	8			一动合一动断
		105		27~42	80~115	6			
		170		90~130	140~220	3			
		250		100~160	250~400	3			
		370		100~160	310~500	4			

(2)在不频繁启动场合，要保证热继电器在电动机的启动过程中不产生误动作，通常要求电动机启动电流低于其额定电流的6倍，且启动时间不超过6 s，热继电器的额定电流按1.3~2倍电动机额定电流选取。

(3)当电动机为重复短时工作时，首先注意确定热继电器的允许操作频率。因为热继电器的操作频率是很有限的，如果用它保护操作频率较高的电动机，效果很不理想，有时甚至不能使用。

(4)在三相异步电动机电路中，对于定子绕组为星形连接的电动机，应选用两相或三相结构的热继电器；对于定子绕组为三角形连接的电动机，必须采用带断相保护的热继电器。

1.6.4　中间继电器

中间继电器主要在电路中起信号的传递与转换作用。中间继电器可以实现多路控制，并可将小功率的控制信号转换为大容量的触头动作，以驱动电气执行元件工作。有时也可用中间继电器控制小容量电动机的启停。

中间继电器也可分为直流与交流两种，其结构一般由电磁机构和触头系统组成。电磁机构与接触器相似，其触头因为通过控制电路的电流容量较小，所以不需加装灭弧装置。它的特点是触头数量较多(可达 8 对),触头容量较大(5 ~ 10 A),动作灵敏,在电路中起增加触头数量和中间放大作用。由于中间继电器只要求线圈电压为零时能可靠释放,对动作参数无要求,故中间继电器没有调节装置。

1.6.4.1 中间继电器的外形结构与符号

中间继电器的外形结构及符号如图 1-34 所示,其文字符号为 KA。

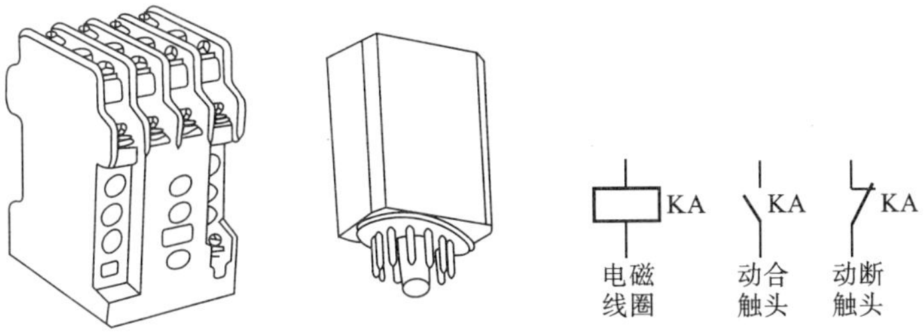

(a) 外形　　(b) 符号

图 1-34 中间继电器的外形结构及符号

中间继电器的结构和交流接触器基本一样,其外壳一般由塑料制成,为开启式。外壳上的相间隔板将各对触头隔开,以防止因飞弧而发生短路事故。触头一般有 8 动合、6 动合 2 动断、4 动合 4 动断三种组合形式。

1.6.4.2 中间继电器的动作原理

中间继电器与交流接触器相似,动作原理也相同,当电磁线圈得电时,铁芯被吸合,触头动作,即动合触头闭合,动断触头断开;电磁线圈断电后,铁芯释放,触头复位。

1.6.4.3 中间继电器的型号含义

中间继电器的型号含义如下:

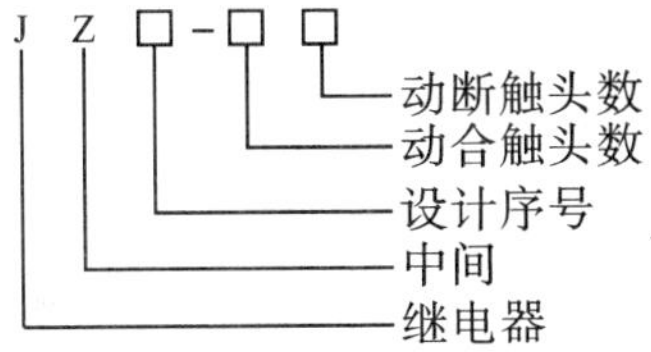

1.7 长动与点动控制线路的设计

1.7.1 示例

1.7.1.1 电动机的点动控制线路

点动控制是指按下按钮电动机得电启动运转,松开按钮电动机失电直至停转。点动控制线路如图 1-35 所示。

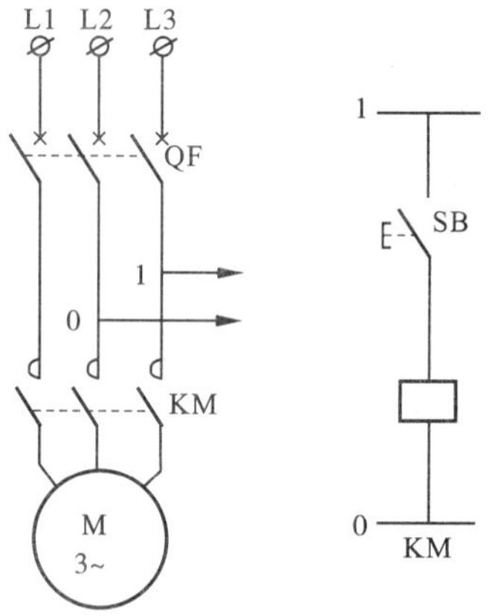

图1-35　点动控制线路

图1-35左侧部分为主回路，三相电源经刀开关QS、熔断器FU和接触器KM的三对主触头，接到电动机M的定子绕组上。主电路中流过的电流是电动机的工作电流，电流值较大。右侧部分为控制电路，由按钮SB和接触器KM线圈串联而成，控制电路电流较小。

线路动作原理：

(1)合上刀开关QS后，因没有按下点动按钮SB，接触器KM线圈没有得电，KM的主触头断开，电动机M不得电，所以不会启动。

(2)按下点动按钮SB后，控制回路中接触器KM线圈得电，其主回路中的动合触头闭合，电动机得电启动运行。

(3)松开按钮SB，按钮在复位弹簧作用下自动复位，断开控制电路KM线圈，主电路中KM触头恢复原来断开状态，电动机断电直至停止转动。

控制过程也可以用符号来表示，其方法规定为：各种电器在没有外力作用或未通电的状态记为“－”，电器在受到外力作用或通电的状态记为“＋”，并将它们的相互关系用线段“——”表示，线段的左边符号表示原因，线段的右边符号表示结果，自锁状态用在接触器符号右下角写“自”表示。那么，三相异步电动机直接启动控制线路控制过程就可表示如下：

启动过程：SB^+—— KM^+—— M^+（启动）

停止过程：SB^-—— KM^-—— M^-（停止）

其中，SB^+表示按下，SB^-表示松开。

该控制电路中，QS为刀开关，不能直接给电动机M供电，只起到电源引入的作用。主回路熔断器FU起短路保护作用，如发生三相电路的任两相电路短路，短路电流将使熔断器迅速熔断，从而切断主电路电源，实现对电动机的短路保护。

1.7.1.2　**电动机的长动控制线路**

长动控制是指按下启动按钮后，电动机通电启动运转，松开启动按钮后，电动机仍继续运行，只有按下停止按钮，电动机才失电直至停转。长动与点动的主要区别在于松开启动按钮后，电动机能否继续保持得电运转的状态。如果所设计的控制线路能满足松开启动按钮后，电动机仍然保持运转，即完成了长动控制，否则就是点动控制。长动控制线路如图 1-36 所示。

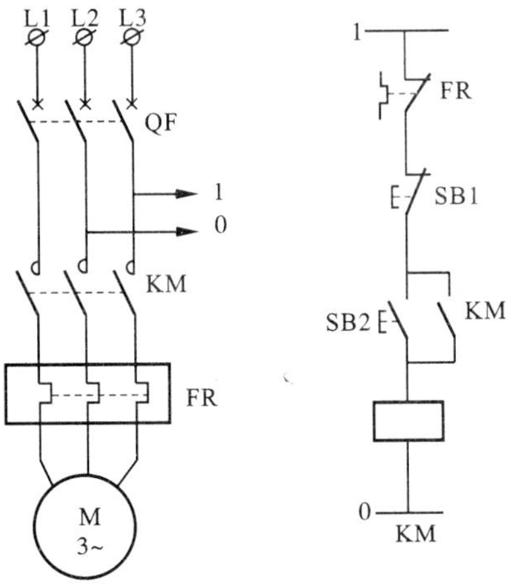

图 1-36 长动控制线路

比较图 1-35 点动控制线路和图 1-36 长动控制线路可见，长动控制线路是在点动控制线路的启动按钮两端并联一个接触器的辅助动合触头 KM，再串联一个动断（停止）按钮 SB1。

线路动作原理为：

合上刀开关 QS。

$$启动：SB2^{\pm}——KM^{+}_{自}——M^{+}（启动）$$

$$停止：SB1^{\pm}——KM^{-}——M^{-}（停止）$$

其中，“±”表示先按下，后松开；$KM^{+}_{自}$表示“自锁”。

所谓“自锁”，是依靠接触器自身的辅助动合触头来保证线圈继续通电的现象。带有“自锁”功能的控制线路具有失压（零压）和欠压保护作用。即：一旦发生断电或电源电压下降到一定值（一般降低到额定值 85% 以下），自锁触头就会断开，接触器 KM 线圈就会断电，不重新按下启动按钮 SB2，电动机将无法自动启动。只有在操作人员有准备的情况下再次按下启动按钮 SB2，电动机才能重新启动，从而保证了人身和设备的安全。

1.7.2 长动与点动控制线路

有些生产机械要求电动机既可以长动又可以点动，如一般机床在正常加工时，电动机是连续转动的，即长动，而在试车调整时，则往往需要点动。下面分别介绍几种不同的既可长动又可点动的控制线路。

1.7.2.1 利用开关控制的长动和点动控制线路

利用开关控制的既能长动又能点动的控制线路如图 1-37 所示。

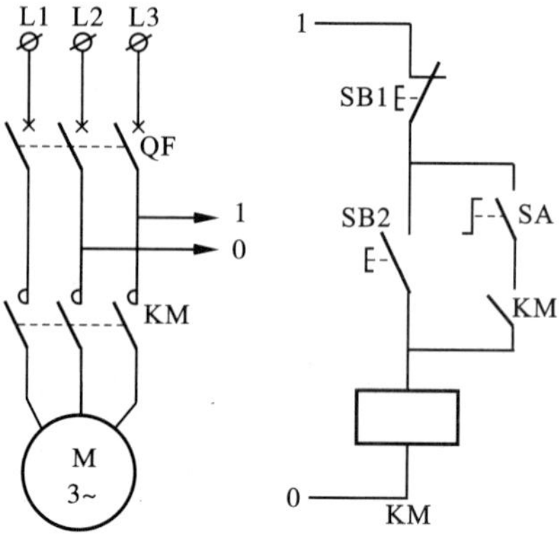

图 1-37　利用开关控制长动、点动线路

图 1-37 中 SA 为选择开关，当 SA 断开时，按 SB2 为点动操作；当 SA 闭合时，按 SB2 为长动操作。线路动作原理为：

点动（SA 断开）：$SB2^{+}$——KM^{+}——M^{+}（运转）

$SB2^{-}$——KM^{-}——M^{-}（停车）

长动（SA 闭合）：$SB2^{\pm}$——$KM^{+}_{自}$——M^{+}（运转）

$SB1^{\pm}$——KM^{-}——M^{-}（停车）

1.7.2.2　利用复合按钮控制的长动和点动控制线路

利用复合按钮控制的既能长动又能点动的控制线路如图 1-38 所示，动作原理请读者自行分析。

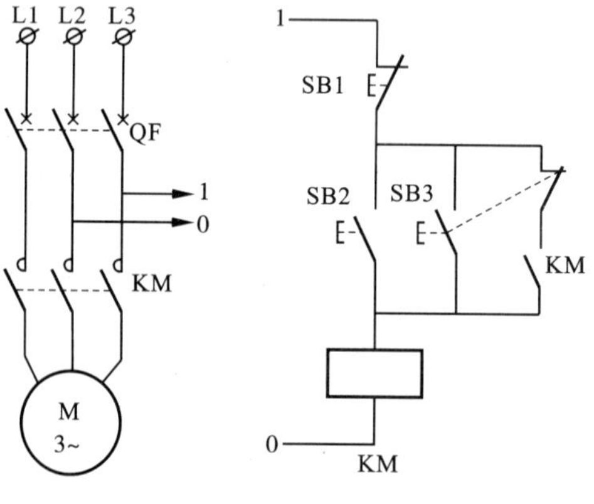

图 1-38　利用复合按钮控制长动、点动线路

图 1-38 中 SB2 为长动按钮。SB3 为点动按钮，但需注意它是一个复合按钮，使用了一对动合触头和一对动断触头。

在点动控制中，按下点动按钮 SB3，它的动断触头先断开接触器的自锁电路；动合触头后闭合，接通接触器线圈。松开 SB3 按钮时，它的动合触头先恢复断开，切断了接触器线圈电源，使其断电；而 SB3 的动断触头后闭合。

1.7.2.3 利用中间继电器控制的长动和点动控制线路

利用中间继电器控制的既能长动又能点动的控制线路如图 1-39 所示。图 1-39 中的 KA 为中间继电器。动作原理请读者自行分析。

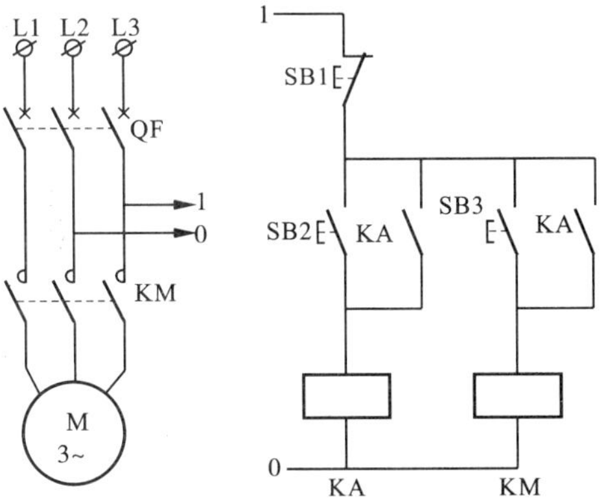

图 1-39 利用中间继电器控制长动、点动线路

综上所述,上述线路能够实现长动和点动控制的根本原因,在于能否保证 KM 线圈得电后自锁支路被接通。能够接通自锁支路就可以实现长动,否则只能实现点动。

1.8 正、反转控制线路的设计

正、反转控制也称可逆控制,它在生产中可实现生产部件向正、反两个方向运动。对于三相笼型异步电动机来说,实现正、反转控制只要改变其电源相序,即将主回路中的三相电源线任意两相对调即可。改变电源相序常用两种控制方式:一种是利用倒顺开关(或组合开关)改变相序,另一种是利用接触器的主触头改变相序。前者主要适用于不需要频繁正、反转的电动机,而后者则主要适用于需要频繁正、反转的电动机。

1.8.1 接触器互锁正、反转控制线路

接触器互锁正、反转控制线路如图 1-40 所示。

图 1-40 中 KM1 为正转接触器,KM2 为反转接触器。显然 KM1 和 KM2 两组主触头不能同时闭合,即 KM1 和 KM2 两接触器线圈不能同时通电,否则会引起电源短路。

控制线路中,正、反转接触器 KM1 和 KM2 线圈支路都分别串联了对方的动断触头,任何一个接触器接通的条件是另一个接触器必须处于断电释放的状态。例如正转接触器 KM1 线圈被接通得电,它的辅助动断触头被断开,将反转接触器 KM2 线圈支路切断,KM2 线圈在 KM1 接触器得电的情况下是无法接通得电的。两个接触器之间的这种相互关系称为"互锁"(连锁)。在图 1-40 所示线路中,互锁是依靠电气元件来实现的,所以也称为电气互锁。实现电气互锁的触头称为互锁触头。

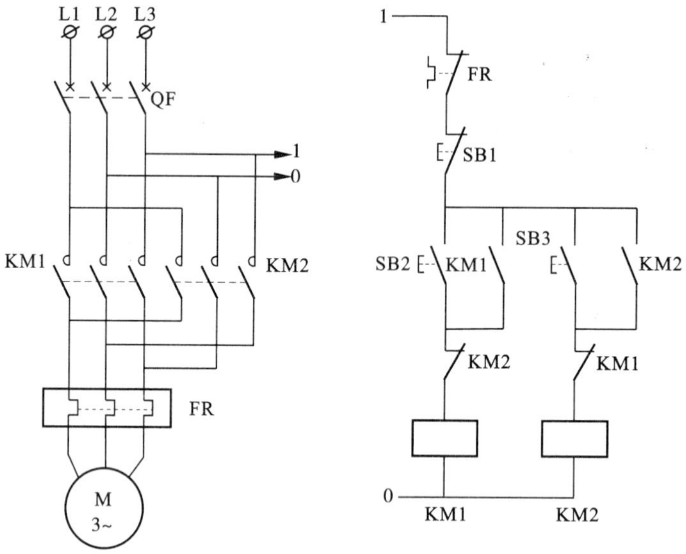

图 1-40　接触器互锁正、反转控制线路

线路动作原理为：

正转：$SB2^{\pm}$——$KM1^{+}_{自}$┬—— M^{+}（正转）
　　　　　　　　　　　　└$KM2^{-}$（互锁）

停止：$SB1^{\pm}$——$KM1^{-}$——M^{-}（停车）

反转：$SB3^{\pm}$——$KM2^{+}_{自}$┬—— M^{+}（反转）
　　　　　　　　　　　　└$KM1^{-}$（互锁）

接触器互锁正、反转控制线路存在的主要问题是从一个转向过渡到另一个转向时，要先按停止按钮 SB1，不能直接过渡，显然这是十分不方便的。

1.8.2　按钮互锁正、反转控制线路

按钮互锁正、反转控制线路如图 1-41 所示。

图 1-41 中 SB2、SB3 为复合按钮，各有一对动断触头和动合触头，其中动断触头分别串联在对方接触器线圈支路中，这样只要按下按钮，就自然切断了对方接触器线圈支路，实现互锁。这种互锁是利用按钮来实现的，所以称为按钮互锁。

线路动作原理为：

正转：$SB2^{\pm}$┬—— $KM2^{-}$（互锁）
　　　　　　└$KM1^{+}_{自}$—— M^{+}（正转）

反转：$SB3^{\pm}$┬—— $KM1^{-}$（互锁）
　　　　　　└$KM2^{+}_{自}$—— M^{-}（反转）

由此可见，按钮互锁正、反转控制线路可以从正转直接过渡到反转，即可实现“正—反—停”控制。

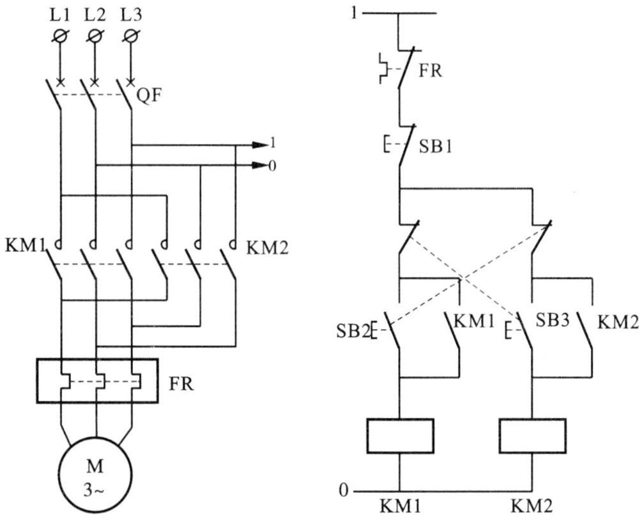

图 1-41 按钮互锁正、反转控制线路

按钮互锁正、反转控制线路存在的主要问题是容易产生短路事故。例如，电动机正转接触器 KM1 主触头因弹簧老化或剩磁的原因而延迟释放，或者被卡住而不能释放时，如按下反转按钮 SB3，KM2 接触器又得电使其主触头闭合，电源会在主电路短路。

1.8.3 双重互锁正、反转控制线路

双重互锁正、反转控制线路如图 1-42 所示。

该线路结合了接触器互锁和按钮互锁的优点，是一种比较完善的既能实现正、反转直接启动的要求，又具有较高安全可靠性的线路。

动作原理请读者自行分析，并考虑控制线路的优缺点。

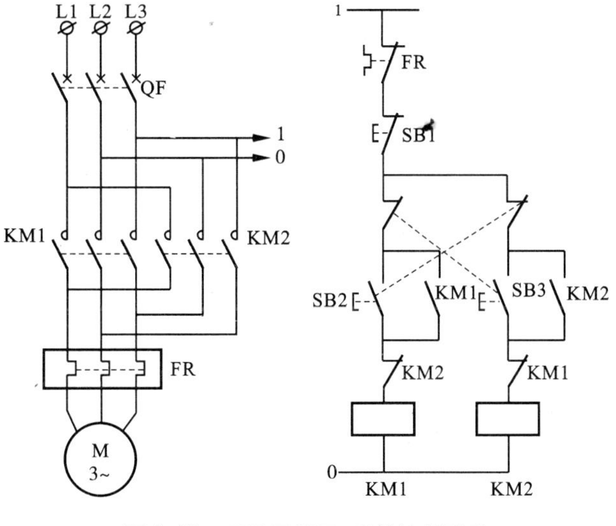

图 1-42 双重互锁正、反转控制线路

1.9　顺序和多点控制线路的设计

顺序控制是指生产机械中多台电动机按预先设计好的次序先后启动或停止的控制。多点控制是指为了操作方便，在多个地点对同一台电动机进行启动或停止的控制。

1.9.1　顺序控制线路

1.9.1.1　同时启动、同时停止的控制线路

同时启动、同时停止的控制线路如图 1-43 所示。

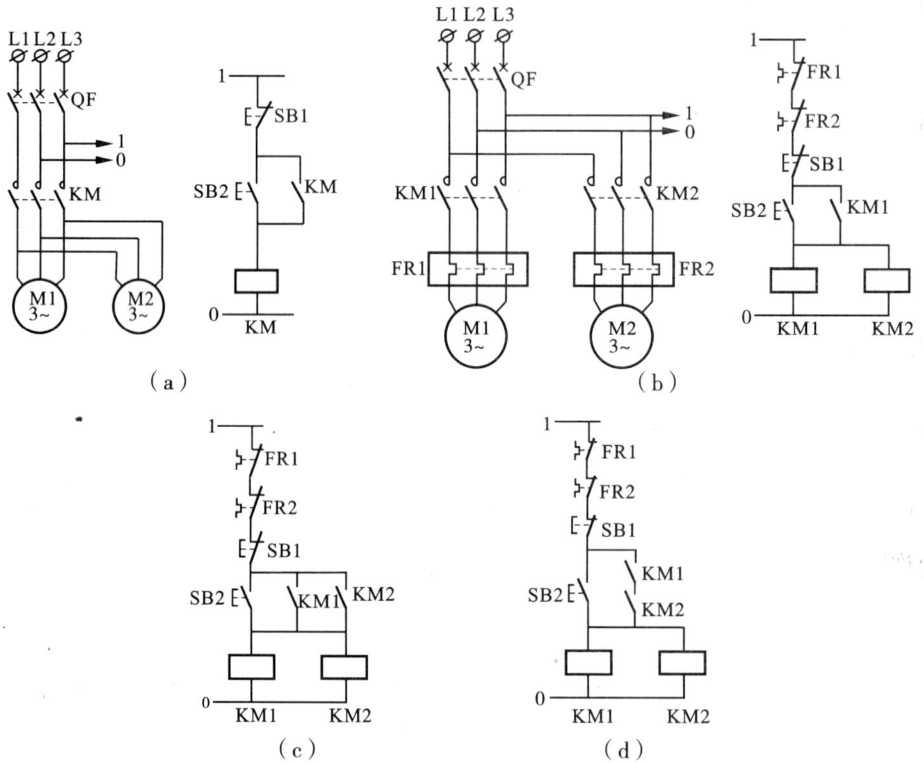

图 1-43　同时启动、同时停止的控制线路

图 1-43(a)为一个接触器控制两台(或多台)电动机的同时启动、同时停止控制线路，不足之处是接触器的主触头通过两台(或多台)电动机的定子电流，因而对其容量有一定的要求。图 1-43(b)、(c)、(d)为两个(或多个)接触器分别控制两台(或多台)电动机的同时启动、同时停止控制线路。其中，图(b)中只用一对接触器动合触头作“自锁”，图(c)中用两对(或多对)接触器动合触头并联作“自锁”，图(d)中用两对(或多对)接触器动合触头串联作“自锁”。

1.9.1.2　顺序启动、同时停止的控制线路

顺序启动、同时停止的控制线路如图 1-44 所示。电动机 M1 启动运行之后电动机

M2 才允许启动。

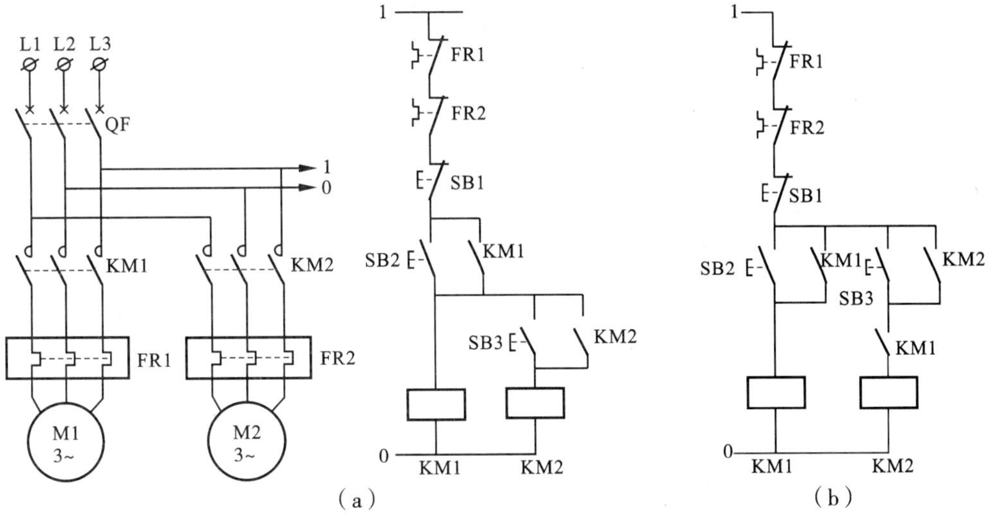

图 1-44 顺序启动、同时停止的控制线路

其中,图 1-44(a)控制线路是通过接触器 KM1 的“自锁”触头来制约接触器 KM2 的线圈的。只有在 KM1 动作后,KM2 才允许动作。

图 1-44(b)控制线路是通过接触器 KM1 的“连锁”触头来制约接触器 KM2 的线圈的,也只有在 KM1 动作后,KM2 才允许动作。

1.9.1.3 同时启动、顺序停止的控制线路

同时启动、顺序停止的控制线路如图 1-45 所示。电动机 M1 断电停车后电动机 M2 才允许断电停车。

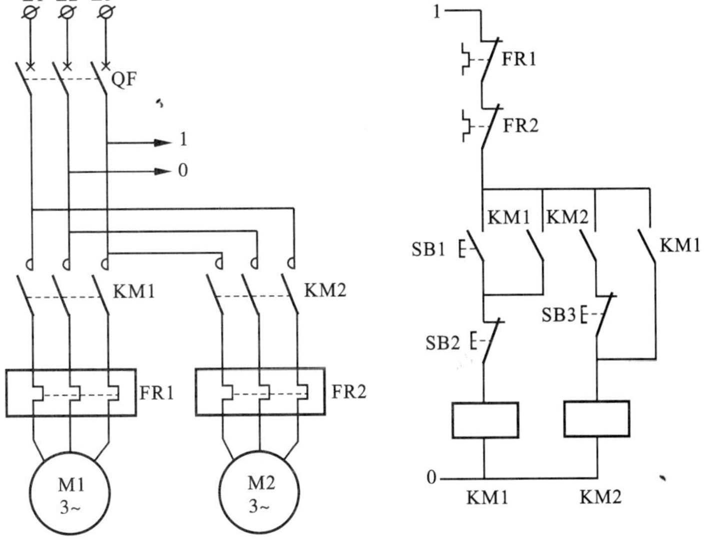

图 1-45 同时启动、顺序停止的控制线路

图 1-45 中接触器 KM1 的动合触头串联在接触器 KM2 的线圈支路。不仅使接触器 KM1 与接触器 KM2 同时动作，而且只有 KM1 断电释放后，按下按钮 SB3 才可使接触器 KM2 断电释放。

1.9.2　多点控制线路

多点控制的特点是所有启动按钮（SB3 和 SB4）全部并联在“自锁”触头两端，按下任何一个都可以启动电动机；所有停止按钮（SB1 和 SB2）全部串联在接触器线圈回路，按下任何一个都可以停止电动机的工作。多点控制线路如图 1-46 所示，动作原理请读者自行分析。

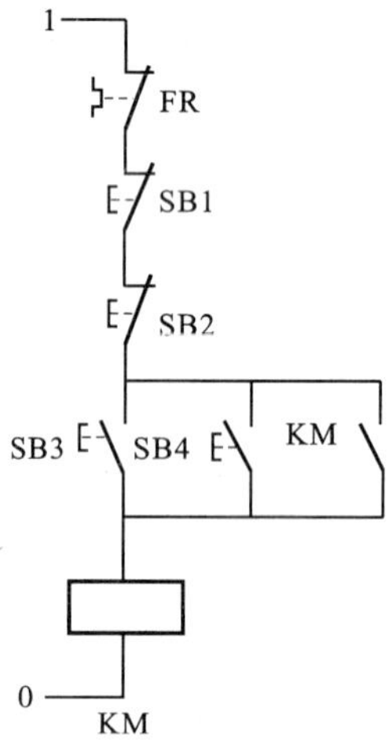

图 1-46　多点控制线路

1.10　时间控制线路的设计

1.10.1　时间继电器

时间继电器也称为延时继电器，是一种用来实现触头延时接通或断开的控制电器。时间继电器种类繁多，但目前常用的时间继电器主要有空气阻尼式、电动式、晶体管式及直流电磁式等几大类。

时间继电器按延时方式可分为通电延时型和断电延时型两种。通电延时型时间继电器在其感测部分接收信号后开始延时，一旦延时完毕，就通过执行部分输出信号以操纵控制电路，当输入信号消失时，继电器就立即恢复到动作前的状态（复位）。断电延时型与通电延时型相反。断电延时型时间继电器在其感测部分接收输入信号后，执行部分立即动作，但当输入信号消失后，继电器必须经过一定的延时，才能恢复到原来（即动作前）的状态（复位），并且有信号输出。

1.10.1.1　时间继电器的外形结构及符号

空气阻尼式时间继电器的外形结构如图 1-47(a)所示。图 1-47(b)为时间继电器的符号,其文字符号为 KT。

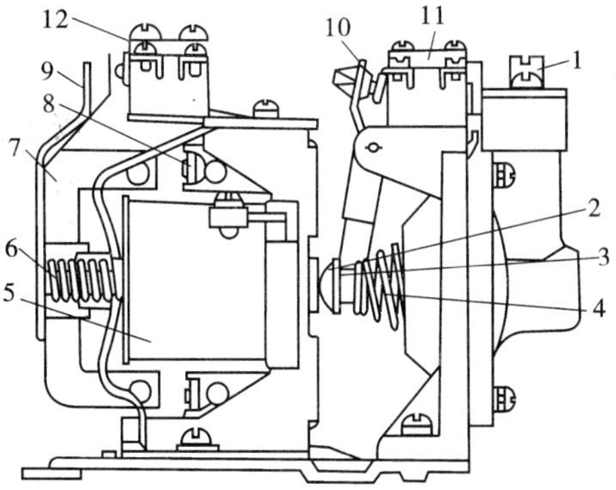

1—调节螺钉；2—推板；3—推杆；4—塔形弹簧；5—电磁线圈；6—反作用弹簧；7—衔铁；8—铁芯；9—弹簧片；10—杠杆；11—延时触头；12—瞬动触头

(a) 外形结构

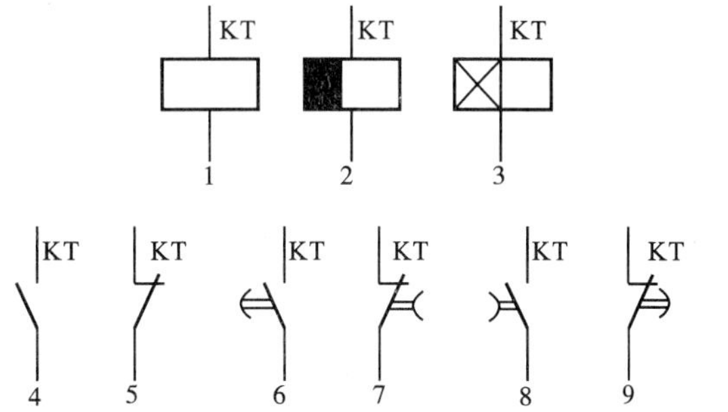

1—线圈一般符号；2—断电延时型线圈；3—通电延时型线圈；4—瞬动动合触头；5—瞬动动断触头；6—通电延时动合触头；7—通电延时动断触头；8—断电延时动合触头；9—断电延时动断触头

(b) 符号

图 1-47　时间继电器的外形结构及符号

1.10.1.2　时间继电器的结构

图 1-48 所示为 JS7 – A 系列时间继电器的结构示意图。

时间继电器由电磁系统、延时机构和工作触头三部分组成。将电磁机构翻转 180°安装后,通电延时型可以改换成断电延时型,同样,断电延时型也可改换成通电延时型。

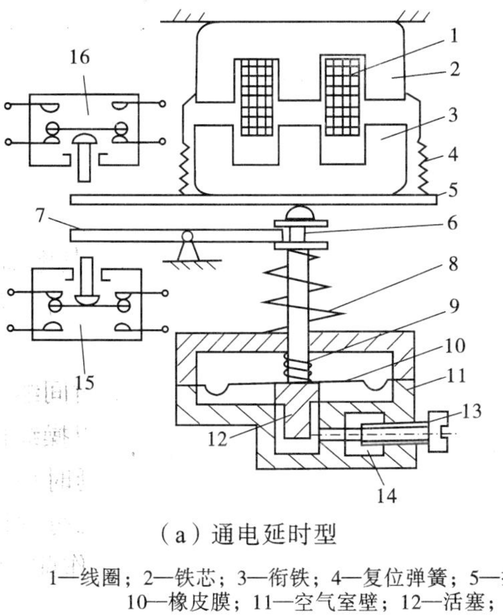

(a) 通电延时型

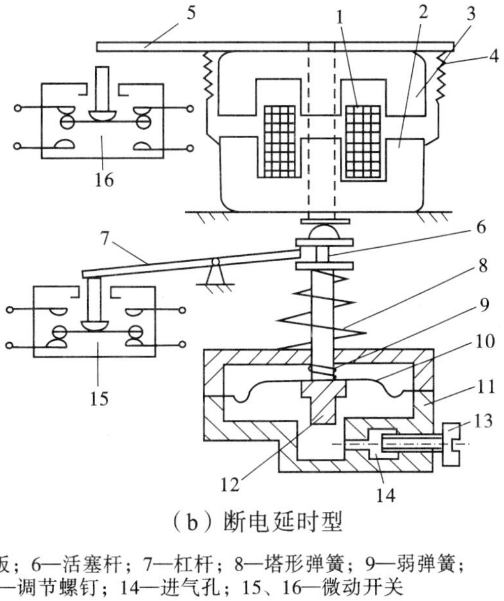

(b) 断电延时型

1—线圈；2—铁芯；3—衔铁；4—复位弹簧；5—推板；6—活塞杆；7—杠杆；8—塔形弹簧；9—弱弹簧；10—橡皮膜；11—空气室壁；12—活塞；13—调节螺钉；14—进气孔；15、16—微动开关

图 1-48　时间继电器结构示意图

1.10.1.3　时间继电器的型号含义

JS7 - A 系列时间继电器外形如图 1-49 所示，JS20 系列晶体管时间继电器外形如图 1-50所示。

时间继电器的型号含义为：

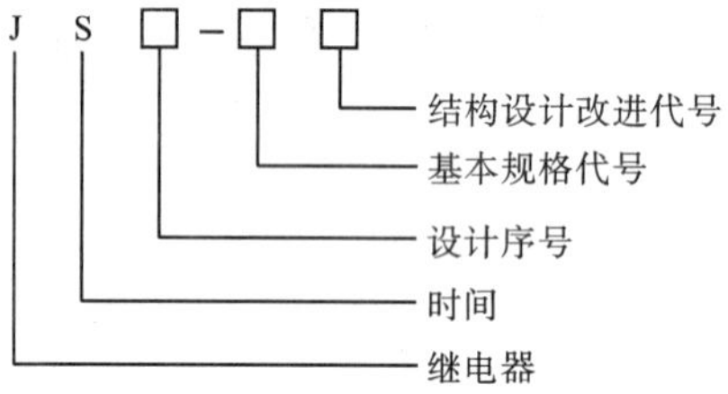

图 1-49　JS7 - A 系列时间继电器

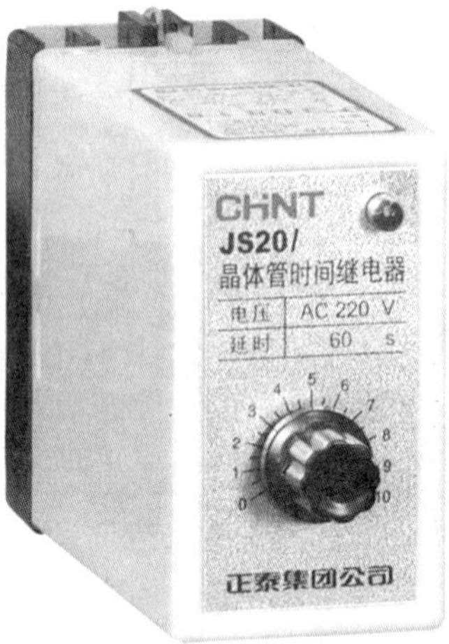

图 1-50　JS20 系列晶体管时间继电器

1.10.2　通电型时间继电器控制线路

通电型时间继电器控制线路如图 1-51 所示。

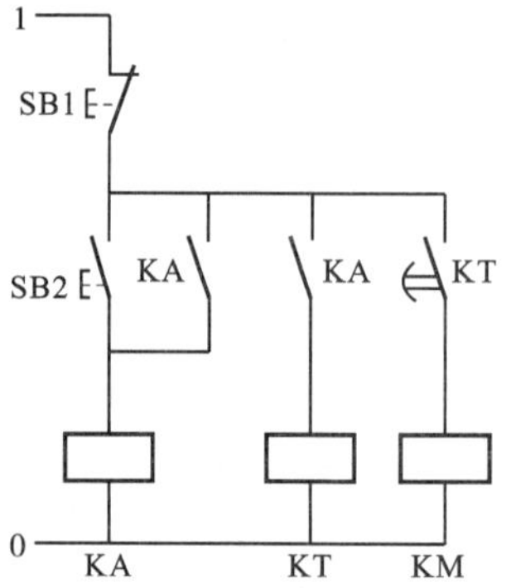

图 1-51　通电型时间继电器控制线路

线路动作原理为：

按下启动按钮 SB2，中间继电器 KA 与时间继电器 KT 同时通电，经过一定的延时后，时间继电器 KT 动作，接触器 KM 通电。

1.10.3 断电型时间继电器控制线路

断电型时间继电器控制线路如图 1-52 所示。图中时间继电器 KT 为断电延时型时间继电器，其延时断开动合触点在 KT 线圈得电时闭合，KT 线圈断电时，经延时后该触点断开。

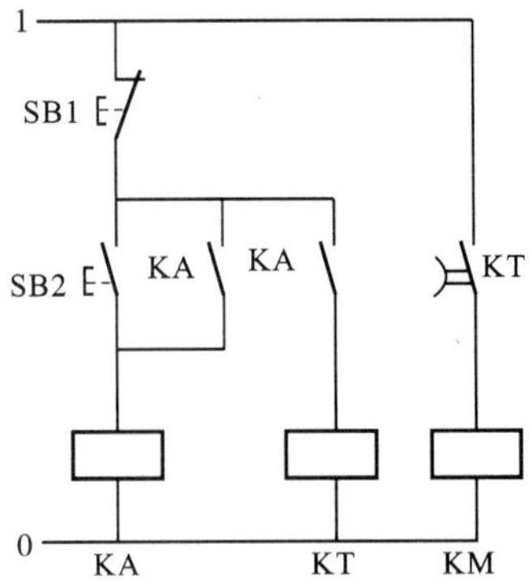

图 1-52 断电型时间继电器控制线路

1.11 行程控制线路的设计

某些生产机械的运动状态的转换，是靠部件运行到一定位置时由行程开关（位置开关）发出信号进行自动控制的。例如，行车运动到终端位置自动停车，工作台在指定区域内的自动往返移动，都是由运动部件运动的位置或行程来控制的，这种控制称为行程控制。

行程控制以行程开关代替按钮用以实现对电动机的启动和停止控制，可分为限位断电、限位通电和自动往复循环等控制。

1.11.1 行程开关

行程开关又称限位开关或位置开关，它是根据运动部件的位置自动切换电路的控制电器，可以将机械位移信号转换成电信号，常用来作程序控制、自动循环控制、定位、限位及终端保护。

行程开关有机械式、电子式两种，机械式又有按钮式和滑轮式两种。机械式行程开关与按钮相同，一般都由一对或多对动合触头、动断触头组成，但不同之处在于按钮是由人手指“按”，而行程开关是由机械“撞”来完成。

1.11.1.1 行程开关的外形结构及符号

机械式行程开关的外形结构如图 1-53（a）所示，图 1-53（b）为行程开关的符号，其文字符号为 SQ。

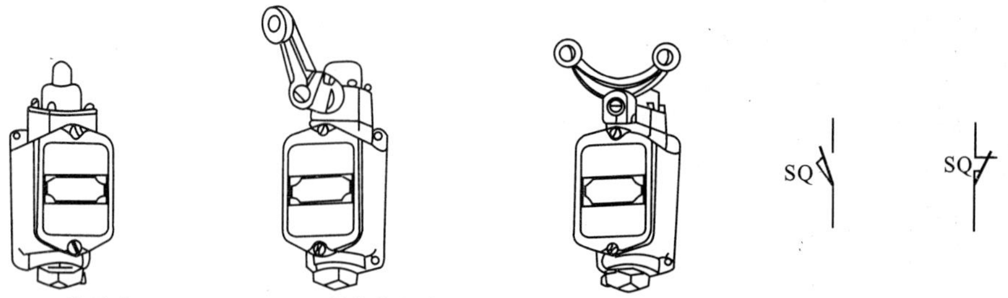

JLXK1-311按钮式　JLXK1-111单轮按钮式　JLXK1-121双轮按钮式

（a）外形　（b）符号

图 1-53　机械式行程开关

1.11.1.2　行程开关的型号含义

行程开关的型号含义如下：

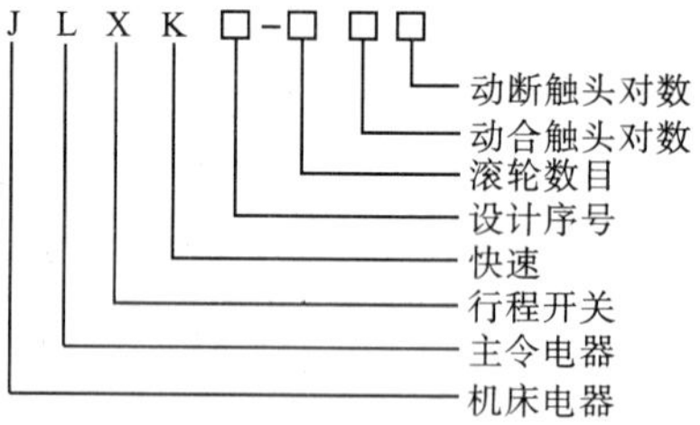

1.11.2　行程控制线路

1.11.2.1　限位断电控制线路

限位断电控制线路如图 1-54 所示。运动部件在电动机拖动下，到达预先指定点即自动断电停车。

线路动作原理为：

$$SB^{\pm} —— KM^{+}_{自} —— M^{+}(启动) \xrightarrow{\Delta S} SQ^{+} —— KM^{-} —— M^{-}(停车)$$

其中，ΔS 是指运动一段距离，达到指定位置。

这种控制线路常使用在行车或提升设备的行程终端保护上，以防止由于故障电动机无法停车而造成事故。

1.11.2.2　限位通电控制线路

限位通电控制线路如图 1-55 所示。

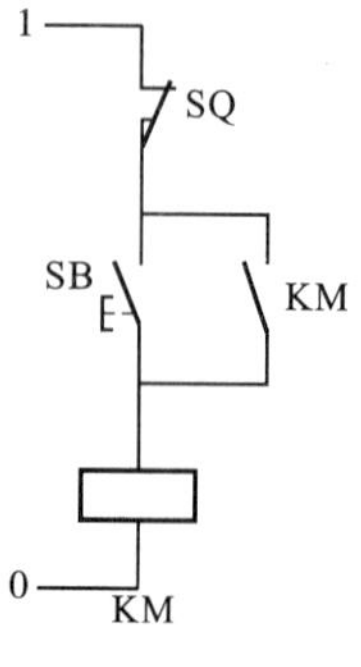

图 1-54　限位断电控制线路

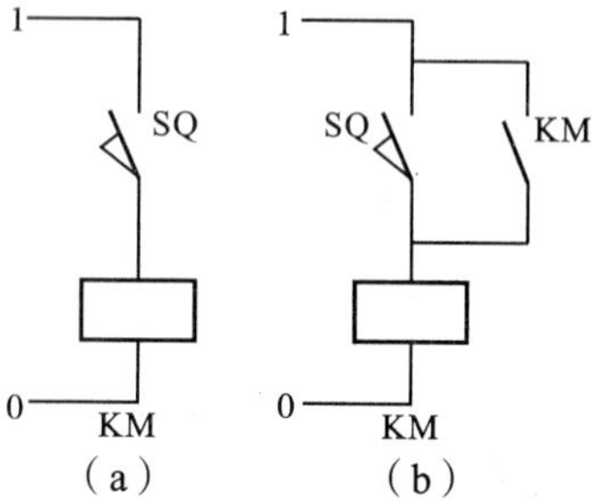

（a）　（b）

图 1-55　限位通电控制线路

这种线路是运动部件在电动机拖动下，到达预先指定的地点后能够自动接通接触器线圈的控制线路。其中图 1-55(a)为限位通电的点动控制线路，图 1-55(b)为限位通电的长动控制线路。这种控制线路使用在各种运动方向或运动形式中，起到转换作用。

1.11.2.3 自动往复循环控制线路

自动往复循环控制线路如图 1-56 所示；机械运动示意图如图 1-57 所示。

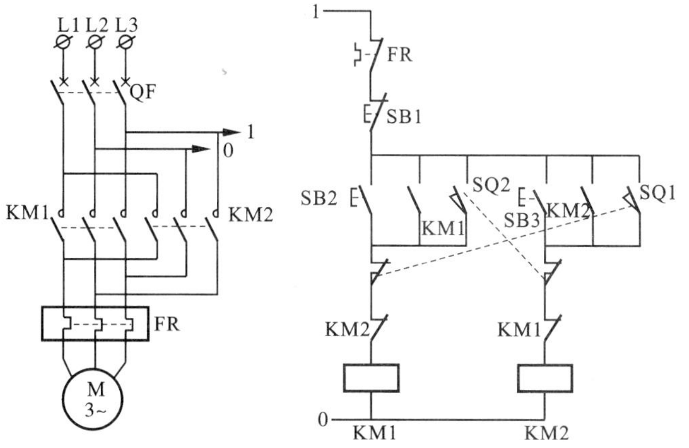

图 1-56 自动往复循环控制线路

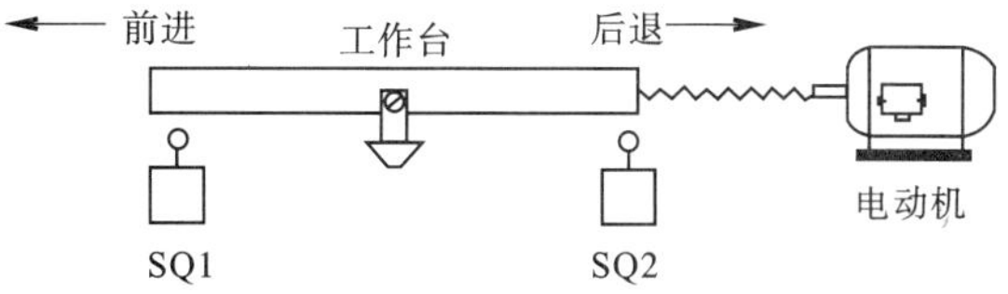

图 1-57 机械运动示意图

图 1-57 中工作台在行程开关 SQ1 和 SQ2 之间自动往复运动。在图 1-56 控制线路中，KM1 为向左运动接触器，KM2 为向右运动接触器，工作台在 SQ1 和 SQ2 之间周而复始往复运动，直到按下停止按钮 SB1。

自动往复循环控制线路动作原理为：

$SB2^{\pm}$—$KM1^{+}_{自}$┬M^{+}(正转)$\xrightarrow{\Delta S}$$SQ1^{+}$┬$KM1^{-}$—$M^{-}$(停车)
　　　　　　　└$KM2^{-}$(互锁)　　　　└$KM2^{+}_{自}$┬M^{+}(反转)$\xrightarrow{\Delta S}$$SQ2^{+}$┬$KM2^{-}$…
　　　　　　　　　　　　　　　　　　　　　　└$KM1^{-}$(互锁)　　　└$KM1^{+}_{自}$…

1.12 JYB－714 型液位继电器的使用

水泵控制是水利水电高职机电类专业学生必须掌握的技能，而液位继电器又是水泵常规控制的核心元件，下面以实验形式介绍 JYB－714 型液位继电器的使用。

1.12.1 JYB－714型液位继电器简介

JYB－714型液位继电器如图1-58所示，属于晶体管继电器，分为底座和本体两部分。作为一般科学实验及工业生产自动控制的基本元件，适用于额定控制电源电压不大于380 V，额定频率50 Hz，额定发热电流不大于3 A的控制电路中作液位控制元件，按要求接通或分断水泵控制电路，实现自动供水和排水的功能，是液位控制电路中的核心元件。JYB－714型液位继电器具有电路简单、体积小、重量轻、功耗小、稳定性高等优点，而且采用了电子管插入式结构，维修方便。

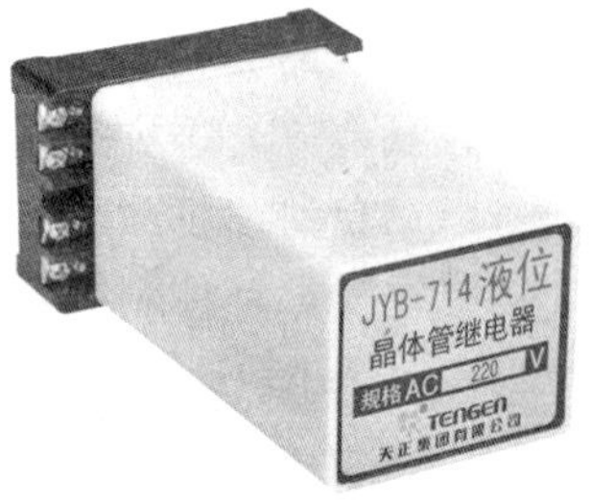

图1-58 JYB－714型液位继电器

1.12.2 JYB－714型液位继电器教学演示实验

1.12.2.1 实验目的

认识、熟悉液位继电器，了解JYB－714型液位继电器的结构，电源类型，接线端子数目、作用，接线方式等。

1.12.2.2 应用场合和实验性质

适用于教室或实验实训室，作为辅助教学手段，现场接线、工作演示。如果学生自己接线并进行操作，即可变成实训性质的实验。

1.12.2.3 设备材料及工具

JYB－714型液位继电器一只（AC 220 V），红绿信号灯各一只（AC 220 V），一个带软线的单相插头、软线长度与教室插座位置匹配，2 m导线，剥线钳，螺丝刀，一杯自来水（水杯透明）。

1.12.2.4 实验接线图

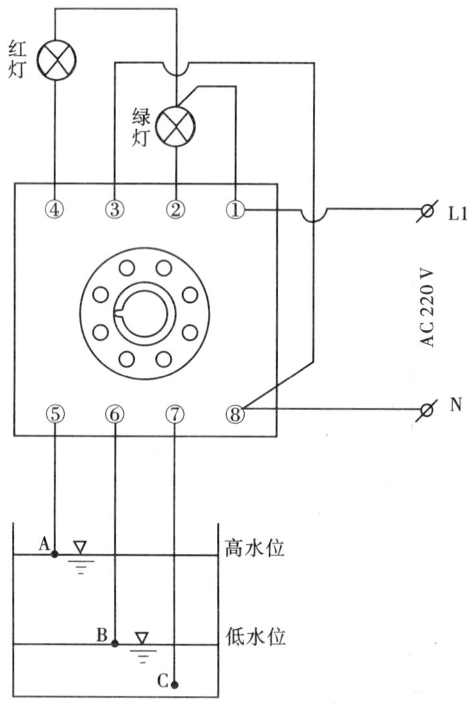

图1-59 JYB－714型液位继电器教学演示实验接线

如图1-59所示，JYB－714型液位继电器共有8个接线端子，其中：

①、⑧端子为继电器工作电源接线端子，电源有AC 380 V和AC 220 V两种电源，图1-59中液位继电器电源为AC 220 V，即①端子接L1，⑧端子接N。

②、③、④端子输出液位继电器的自动控制信号，输出端子工作电压为AC 220 V，③端子为输出信号公共端，②和③之间输出供水泵液位控制信号，③和④之间输出排水泵液位控制信号。

⑤、⑥、⑦为水池中液位电极A、B、C对应的接线端子，液位电极端子间为DC 24 V的安全电压，⑤端子接高水位电极A，⑥端子接低水位电极B，⑦端子接水池中位置最低的

公共电极 C。注意，实验中入水电极采用 1 ~ 1.5 mm^2 的铜芯硬质绝缘线，入水一端剥离 5 mm 绝缘皮。

1.12.2.5　实验过程及现象

按照图 1-59 完成接线后，即可进行演示实验，演示时液位的变化可采用升高或降低水杯来模拟。演示过程及现象如表 1-7 所示。

表 1-7　JYB－714 型液位继电器教学演示实验过程及现象解读

电源（①⑧）	步骤	水杯动作（液位变化）	液位电极状况（A、B、C）	输出信号现象		现象解读
				绿灯（②③）	红灯（③④）	
接通 AC 220 V	1	液位电极在水杯水面之上	A、B、C 都未淹没	亮	不亮	A、B、C 在水杯外，继电器“感知”水池中无水，需要启动供水泵抽水，②③接通输出供水泵运行信号，绿灯回路通，绿灯亮
	2	水杯（液位）上升	C 淹没	亮	不亮	供水泵是低水位启动，高水位停止；排水泵是高水位启动、低水位停止。A 未淹没，水位未达高水位，供水信号继续存在，绿灯亮；排水信号无，红灯不亮
	3	水杯（液位）继续上升	B、C 淹没	亮	不亮	
	4	水杯（液位）继续上升	A、B、C 都淹没	灭	亮	水位到高水位，②③断，供水泵停止运行；水位到高水位，③④通，发出排水泵运行信号，红灯亮
	5	水杯（液位）转而下降	A 露出水面，B、C 淹没	灭	亮	B 淹没，水位未到低水位，供水、排水信号维持上述状态
	6	水杯（液位）继续下降	A 在水面外，B 刚露出水面，C 淹没	亮	灭	②③接通输出供水泵运行信号，绿灯回路通，绿灯亮；③④断，发出排水泵停止运行信号，红灯灭
	7	水杯（液位）转而上升	在步骤 2 ~ 6 之间循环。可观察绿灯、红灯的明灭情况与液位变化的规律，以直接的视觉感受明确液位继电器的工作情况			

1.12.2.6　实验总结

根据上述的实验演示结果可总结出 JYB－714 型液位继电器的工作原理，其动作情况可用液位继电器的输出接点动作图表示，如图 1-60 所示。

本实验项目演示操作方便，接线简单，学生可以直接参与，既可以在教室进行，也可以在实验实训室进行。如果设备、工具数量足够，由学生分组自己接线、验证操作，就可以达到实训的效果。如果将信号灯换成线圈电压为 AC 220 V 的交流接触器，便可以直接控制水泵电机，该演示实验也可以扩展成基于工程项目的实训性实验项目。

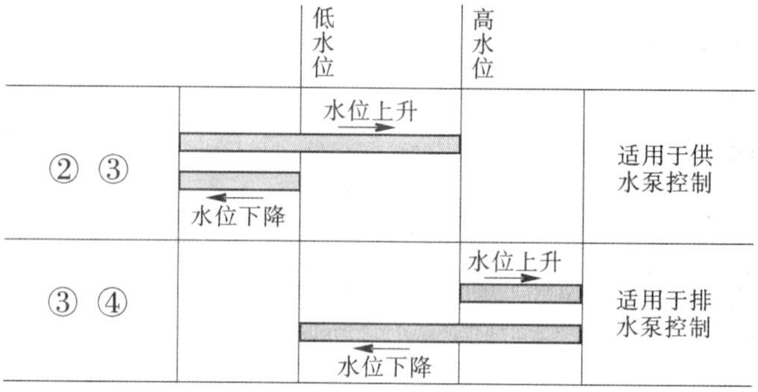

图例：▭表示对应接点接通，输出ON信号。

图1-60　JYB－714型液位继电器输出接点动作图

小　结

1. 低压电器及基本控制电路将传统按两章分别编写的内容合并在一章介绍，其目的是使读者更加注重对构成电气线路的基本控制环节的学习和掌握。要提醒读者的是，在这里学习电气元件是为了更好地掌握电气线路。

2. 按用途不同分类，低压控制电器主要起控制作用，它们是刀开关、组合开关、按钮、接触器、中间继电器、时间继电器、行程开关等。低压保护电器主要起保护作用，它们是熔断器、低压断路器、热继电器等。

3. 利用电气元件的图形符号和文字符号绘制，用来描述电气设备结构、工作原理和技术要求的图，即为电气图。电气图包括电气原理图、电气安装图、电气互连图等，在实际工作中，它们各有不同的作用，一般不能相互取代。

4. 基本电气控制环节有点动控制、长动控制、正反转控制、顺序控制、多点控制、时间控制和行程控制。长动和点动控制的根本区别在于其控制线路中是否有自锁环节，有即为长动，没有即为点动。根据正、反转控制使用器件不同，有电气互锁和机械互锁的区别，如果在一个控制电路中，既有电气互锁，也有机械互锁，则称为双重互锁，这种控制电路具有很高的可靠性。顺序控制是指多台电动机按事先约定的步骤依次工作。多点控制是指在多个不同的地点可以对同一台电动机进行控制。时间（延时）控制是以时间为参量进行的控制。行程控制是根据运动部件的位置不同而进行的一种控制，常用来作程序控制、自动循环控制、限位及终端保护。

思考题与习题

1-1　什么是电气原理图、电气安装图和电气互连图？它们各起什么作用？

1-2　接触器和中间继电器的作用是什么？

1-3　中间继电器和接触器有何异同？在什么条件下可以用中间继电器代替接触器

启动电动机?

1-4　交流接触器线圈断电后,动铁芯不能立即释放,从而使电动机不能及时停止,原因何在? 应如何处理?

1-5　电动机的启动电流很大,当电动机启动时,热继电器是否会动作? 为什么?

1-6　在电动机的主电路中装有熔断器,为什么还要装热继电器? 装了热继电器是否可以不装熔断器? 为什么?

1-7　某机床主轴和润滑油泵各由一台电动机带动,试设计其控制线路,要求主轴必须在油泵开动后才能开动,主轴能正、反转并可单独停车,有短路、失压及过载保护等。

1-8　某机床有两台电动机,要求主电动机 M1 启动后,辅助电动机 M2 延迟 10 s 自行启动,试用时间继电器设计控制线路。

1-9　试分析图 1-61 中电动机具有几种工作状态,各按钮、开关、触头的作用是什么。

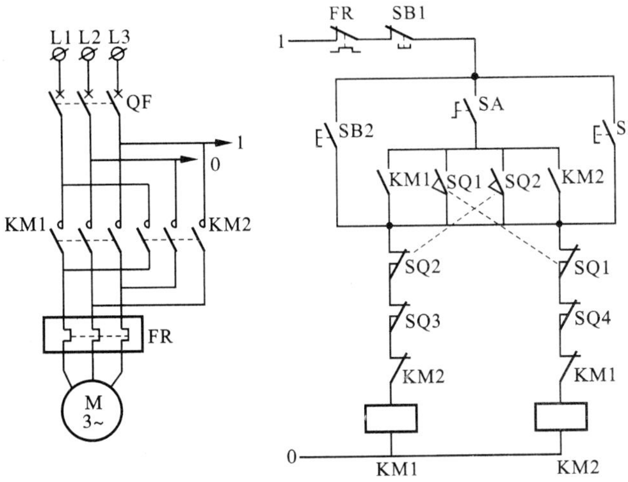

图 1-61

1-10　试用时间继电器设计一个电动机自动循环正、反转控制线路。

第2章 电动机基本控制线路

在电力拖动自动控制系统中，各种生产机械均由电动机来拖动。不同的生产机械，对电动机的控制要求也是不同的。电气控制线路能实现对电动机的启动、停止、点动、正反转、制动等运行方式的控制，以及必要的保护，满足生产工艺要求，实现生产过程自动化。

本章主要讲述三相异步电动机的基本控制线路的设计方法，例如启动、制动、调速等。

2.1 电气控制常用的保护环节

电气控制的保护环节非常多，在电气控制线路中，最为常用的是熔断器及断路器，应用方法是串联在回路中，当线路电流超过其允许最大电流时熔断或跳保护以分断电路，保护用电设备。第二类较常用的保护环节是电动机保护，即热保护继电器，当电动机过流时跳保护。电气控制线路常设有以下保护环节。

2.1.1 短路保护

当电路发生短路时，短路电流会引起电气设备绝缘损坏和产生强大的电动力，使电动机和电路中的各种电气设备产生机械性损坏，因此当电路出现短路电流时，必须迅速而可靠地断开电源。图2-1为采用熔断器作短路保护的电路。当主电路容量较小时，其控制电路不需另设熔断器，主电路中的熔断器也作为控制电路的短路保护。当主电路容量较大时，则控制电路一定要单独设置短路保护熔断器。图2-2为采用自动开关作短路保护的电路，既作为短路保护，又作为过载保护，其过流线圈用作短路保护。线路出故障时，自动开关动作，事故处理完重新合上开关，线路则重新运行。

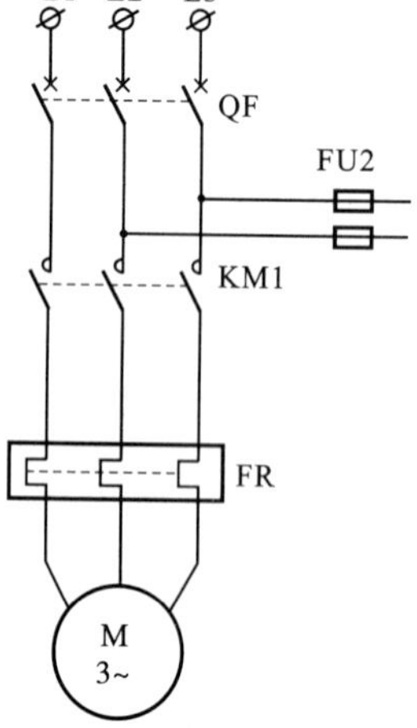

图2-1 熔断器短路保护

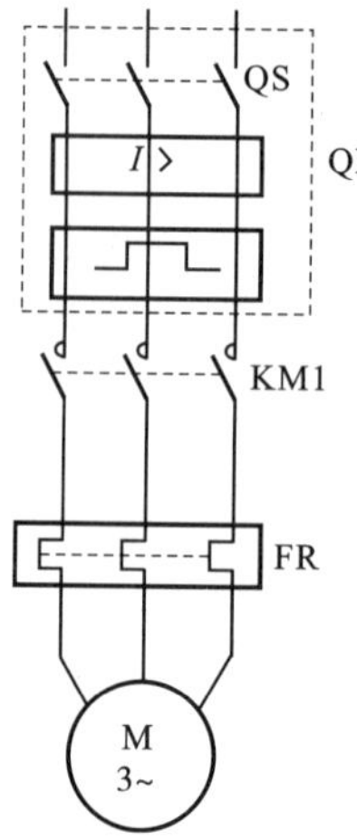

图2-2 自动开关短路保护

2.1.2 过流保护及欠压保护

不正确的启动和过大负载,也常常引起电动机产生很大的过电流,由此引起的过电流一般比短路电流要小。过大的冲击负载使电动机流过过大的冲击电流,以致损坏电动机的换向器;同时,过大的电动机转矩也会使机械的转动部件受到损伤。因此,要瞬时切断电源。在电动机运行过程中产生这种过电流比发生短路的可能性要大,特别是对频繁启动和正反转重复短时工作的电动机更是如此。

图2-3的控制电路中设有过流保护及欠压保护环节。为避免电机启动时过流保护误动作,线路中接入时间继电器KT,并使KT延时时间稍长于电动机M的启动时间。这样,电动机启动结束后,过流继电器KI才接入电流检测回路起保护作用。当线路电压过低时,KV失压,KV的常开触头断开电动机M的控制电路。

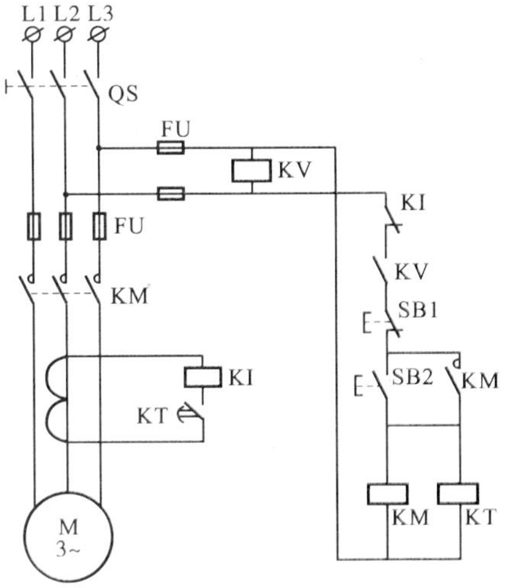

图2-3 控制电路中的保护环节

2.1.3 过载保护

电动机长期超载运行,其绕组的温升将超过允许值而损坏,所以应设过载保护环节。过载保护一般采用热继电器作为保护元件。热继电器具有反时限特性,由于热惯性的关系,热继电器不会受短路电流的冲击而瞬时动作;当有8~10倍额定电流通过热继电器时,需经1~3 s动作,这样,在热继电器动作前,热继电器的发热元件可能已烧坏。所以,在使用热继电器作过载保护时,还必须装有熔断器或过流继电器配合使用。

热继电器有两相保护和三相保护两种。两相保护适用于保护电动机任一相断线或三相均衡过载,但当三相电源发生严重不平衡或电动机内部短路、绝缘不良等故障时,有可能使某一相电流比其他两相高,则两相保护就不能可靠进行保护。三相保护的热继电器可有效避免电源发生严重不平衡或电动机内部短路、绝缘不良等故障。

2.1.4　失压保护

在电动机正常工作时，如果因为电源的关闭而使电动机停转，那么，在电源电压恢复时，电动机就会自行启动。电动机的自启动可能造成人身事故或设备事故。防止电压恢复时电动机自启动的保护称失压保护。它是通过并联在启动按钮上的接触器的常开触头，或通过并联在主令控制器的0位闭合触头上的零位继电器的常开触头来实现失压保护的，即自锁控制，如图2-4所示。

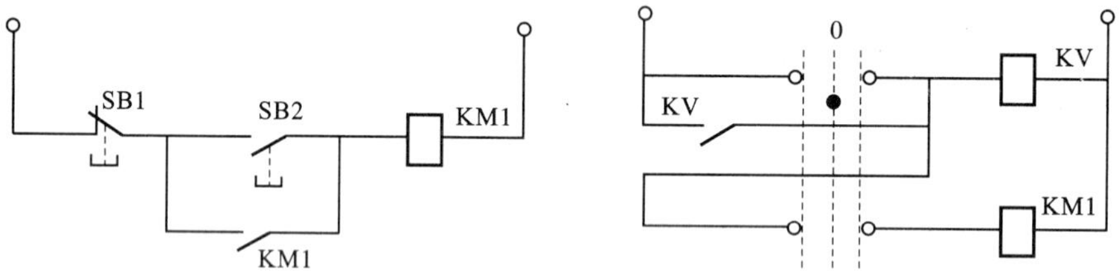

（a）按钮控制　　（b）主令控制器控制

图2-4　失压保护

2.1.5　弱磁保护

直流并励电动机、复励电动机在磁场减弱或磁场消失时，会引起电动机"飞车"。因此，要加强弱磁保护环节。弱磁继电器的吸合值，一般整定为额定励磁电流的0.8倍。对于调磁调速的电动机，弱磁继电器的释放值为最小励磁电流的0.8倍。

2.1.6　极限保护

某些直线运动的生产机械常设极限保护，该保护是由行程开关的常闭触头来实现的。

如龙门刨床的刨台，设有前后极限保护；矿井提升机，设有上、下极限保护。温度、压力、液位等在生产过程中可根据生产机械和控制系统的不同要求，设置相应的极限保护环节。对电动机的基本保护，例如过载保护、断相保护、短路保护等，最好能在一个保护装置内同时实现。

2.2　三相异步电动机降压启动控制线路的设计

三相交流异步电动机直接启动，虽然控制线路结构简单，使用维护方便，但异步电动机的启动电流很大（约为正常工作电流的4～7倍），如果电源容量不比电动机容量大许多倍，则启动电流可能会明显地影响同一电网中其他电气设备的正常运行。因此，对于笼型异步电动机可采用定子串电阻（电抗）降压启动、定子串自耦变压器降压启动、星形－三角形降压启动等方式；而对于绕线型异步电动机，还可采用转子串电阻启动或转子串频敏变阻器启动等方式，以限制启动电流。

2.2.1 定子串电阻降压启动控制线路

定子串电阻(电抗)降压启动是指启动时,在电动机定子绕组上串联电阻(电抗),启动电流在电阻上产生电压降,使实际加到电动机定子绕组中的电压低于额定电压,待电动机转速上升到一定值后,再将串联电阻(电抗)短接,使电动机在额定电压下运行。

2.2.1.1 按钮控制线路

按钮控制电动机定子串电阻降压启动线路如图 2-5 所示。

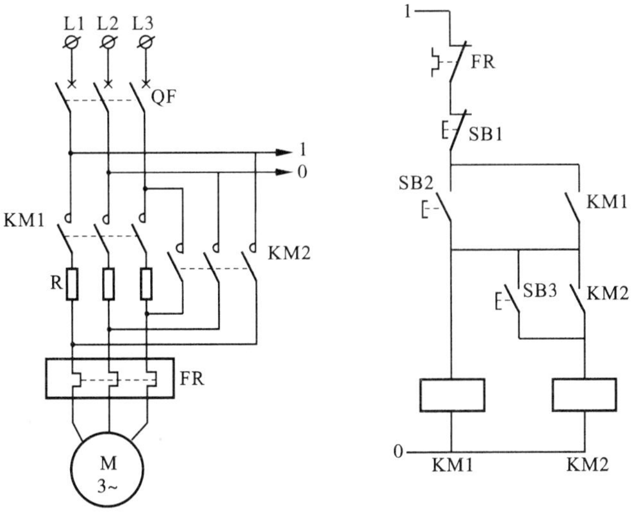

图 2-5 按钮控制电动机定子串电阻降压启动线路

线路动作原理为:

$$\text{SB2}^{\pm}\text{——KM1}^{+}_{\text{自}}\text{——M}^{+}(\text{串 R 降压启动})\xrightarrow{n_2\uparrow}\cdots$$

$$\text{SB3}^{\pm}\text{——KM2(短接降压电阻 R)——M}^{+}(\text{全压运行})$$

其中,$n_2\uparrow$ 是指转子转速的上升。该控制线路的优点是结构简单,存在的问题是不能实现启动全过程自动化。如果过早按下运行按钮 SB3,电动机还没有达到额定转速附近就加全压,会引起较大的启动电流,并且启动过程要分两次按下 SB2 和 SB3 也显得很不方便。

2.2.1.2 时间继电器控制线路

时间继电器控制电动机定子串电阻降压启动控制线路如图 2-6 所示。

线路动作原理为:

$$\text{SB2}^{\pm}\begin{cases}\text{KM1}^{+}_{\text{自}}\text{——M}^{+}(\text{串R降压启动})\\ \text{KT}^{+}\xrightarrow{\Delta t}\text{KM2}^{+}\text{——M}^{+}(\text{全压运行})\end{cases}$$

由以上分析可见,按下启动按钮 SB2 后,电动机 M 先串电阻 R 降压启动,经一定延时(由时间继电器 KT 确定),电动机 M 才全压运行。但在全压运行期间,时间继电器 KT 和接触器 KM1 线圈均通电,不仅消耗电能,而且减少了电器的使用寿命。

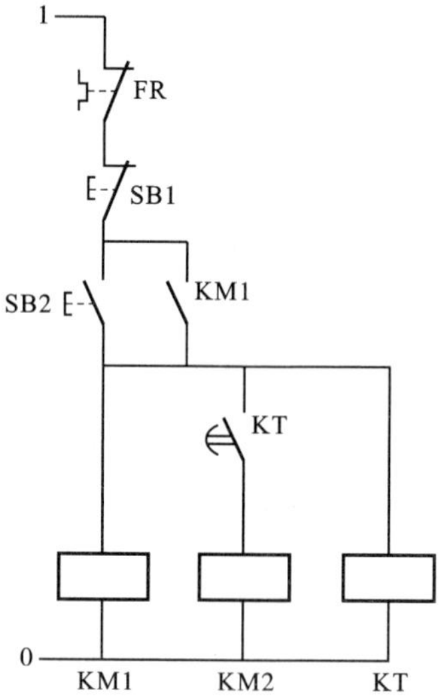

图 2-6　时间继电器控制电动机定子串电阻降压启动控制线路

图 2-7 为另一种定子串电阻降压启动控制线路。该线路在电动机全压运行时，KT 和 KM1 线圈都断电，只有 KM2 线圈通电。线路动作原理请读者自行分析。

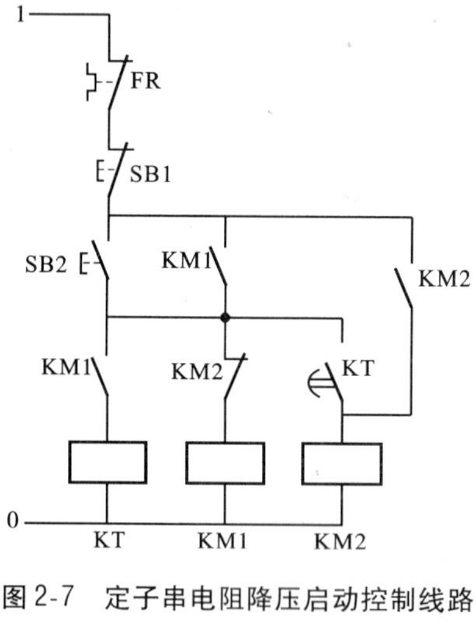

图 2-7　定子串电阻降压启动控制线路

2.2.2　星形－三角形降压启动控制线路

对于正常运行时电动机额定电压等于电源线电压，定子绕组为三角形连接方式的三相交流异步电动机，可以采用星形－三角形降压启动。它是指启动时，将电动机定子绕组接成星形，待电动机的转速上升到一定值时，再换成三角形连接。这样，电动机启动时每相绕组的工作电压为正常时绕组电压的 $1/\sqrt{3}$倍，启动电流为三角形直接启动时的 1/3。

2.2.2.1 手动控制线路

手动控制星形－三角形降压启动控制线路如图 2-8 所示。图中手动控制开关 SA 有两个位置，分别使电动机定子绕组星形和三角形连接。线路动作原理为：启动时，将开关 SA 置于“启动”位置，电动机定子绕组被接成星形降压启动，当电动机转速上升到一定值后，再将开关 SA 置于“运行”位置，使电动机定子绕组接成三角形，电动机全压运行。

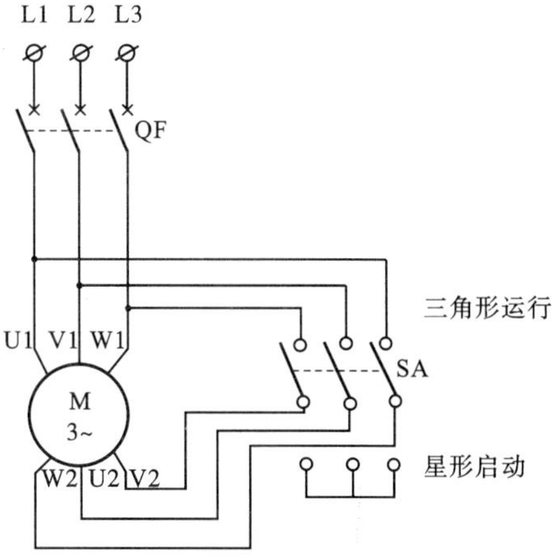

图 2-8　手动控制星形－三角形降压启动控制线路

2.2.2.2 自动控制线路

接触器控制星形－三角形降压启动控制线路如图 2-9 所示。图中使用了三个接触器 KM1、KM2、KM3 和一个通电延时型时间继电器 KT，当接触器 KM1、KM3 主触头闭合时，电动机 M 星形连接；当接触器 KM1、KM2 主触头闭合时，电动机 M 三角形连接。

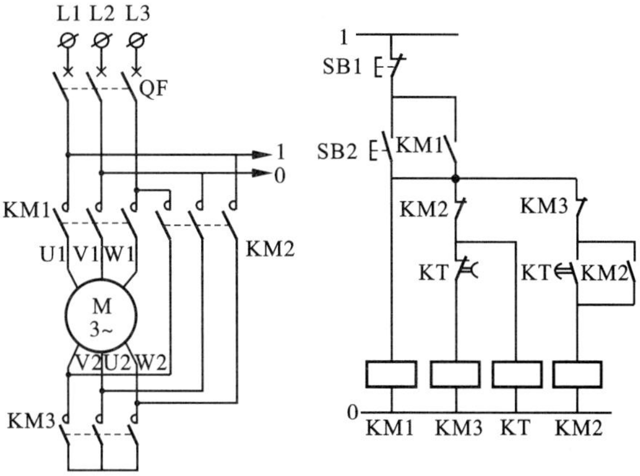

图 2-9　接触器控制星形－三角形降压启动控制线路

图 2-9 线路动作原理为：

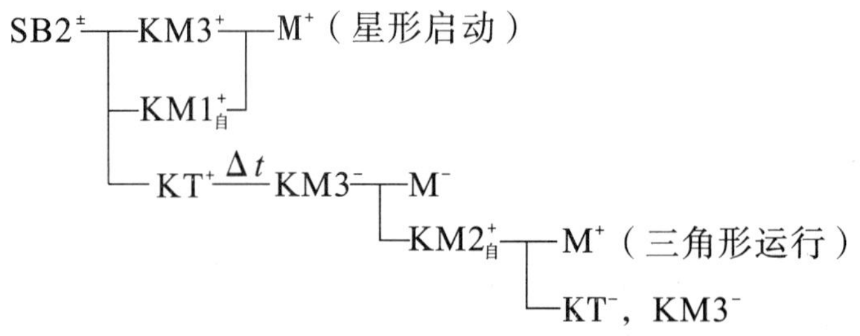

上述线路，电动机 M 三角形运行时，时间继电器 KT 和接触器 KM3 均断电释放，这样不仅使已完成星形－三角形降压启动任务的时间继电器 KT 不再通电，而且可以确保接触器 KM2 通电后 KM3 无电，从而避免 KM3 与 KM2 同时通电造成短路事故。

图 2-10 所示为另一种自动控制电动机星形－三角形降压启动控制线路。图 2-10 中不仅只采用两个接触器 KM1、KM2，而且电动机由星形接法转为三角形接法时是在切断电源的同时完成的。即按下按钮 SB2，接触器 KM1 通电，电动机 M 接成星形启动，经一段时间后，KM1 瞬时断电，KM2 通电，电动机 M 接成三角形，然后 KM1 再重新通电，电动机 M 三角形全压运行。线路动作原理请读者自行分析。

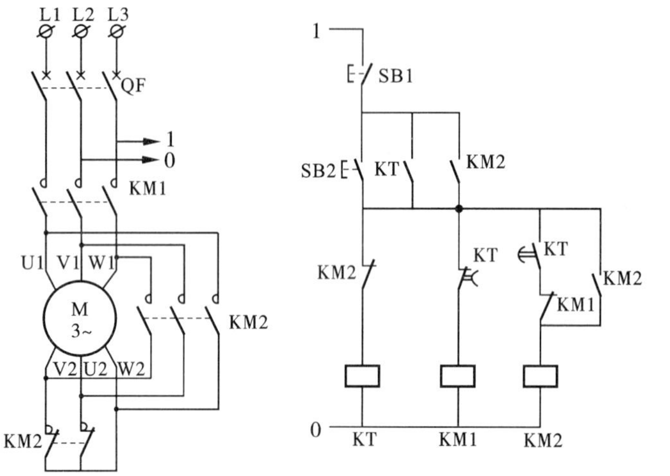

图 2-10　自动控制电动机星形－三角形降压启动控制线路

2.2.3　自耦变压器降压启动控制线路

对于容量较大、正常运行时定子绕组接成星形的笼型异步电动机，可采用自耦变压器降压启动。它是指启动时，将自耦变压器接入电动机的定子回路，待电动机的转速上升到一定值时，再切除自耦变压器，使电动机定子绕组获正常工作电压。这样，启动时电动机每相绕组电压为正常工作电压的 $1/k$ 倍（k 是自耦变压器的匝数比，$k = N1/N2$），启动电流也为全压启动电流的 $1/k$ 倍。

2.2.3.1　手动控制线路

自耦变压器降压启动手动控制线路如图 2-11 所示。图中操作手柄有三个位置："停止"、"启动"和"运行"。操作机构中设有机械连锁机构，它使得操作手柄未经"启动"位置就不可能扳到“运行”位置,保证了电动机必须先经过启动阶段以后才能投入运行。

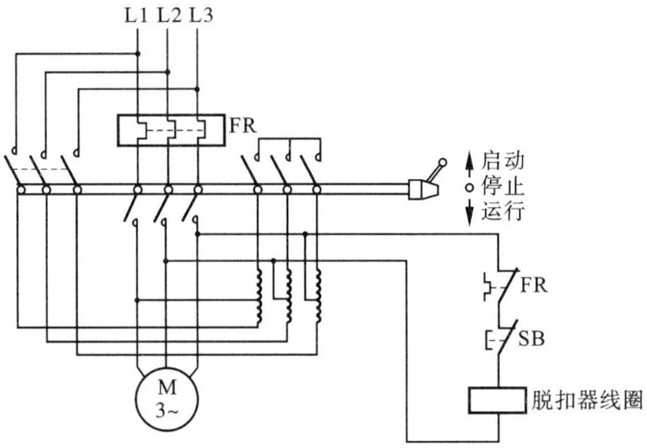

图 2-11 自耦变压器降压启动手动控制线路

线路动作原理为:

当操作手柄置于“停止”位置时,所有的动、静触头都断开,电动机定子绕组断电,停止转动。

当操作手柄向上推至“启动”位置时,启动触头和中性触头同时闭合,电流经启动触头流入自耦变压器,再由自耦变压器的65%(或85%)抽头处输出到电动机的定子绕组,使定子绕组降压启动。随着启动的进行,当转子转速升高到接近额定转速附近时,可将操作手柄扳到“运行”位置,此时启动工作结束,电动机定子绕组得到电网额定电压,电动机全压运行。

停止时须按下按钮SB,使失压脱扣器的线圈断电而造成衔铁释放,通过机械脱扣装置将运行触头断开,切断电源,同时也使手柄自动跳回到“停止”位置,为下一次启动作准备。

2.2.3.2 自动控制线路

自耦变压器降压启动自动控制线路如图2-12所示,它是依靠接触器和时间继电器实现自动控制的。

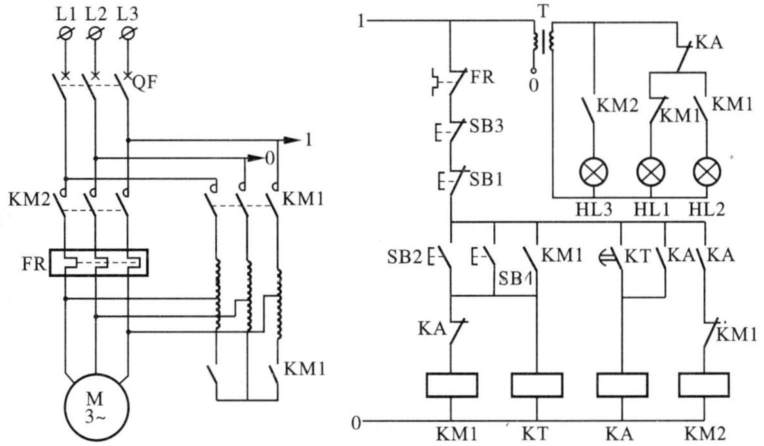

图 2-12 自耦变压器降压启动自动控制线路

其中,信号指示电路由变压器和三个指示灯等组成,它们分别根据控制线路的工作状态显示"启动"、"运行"和"停止"。

2.3　三相笼型异步电动机制动控制线路的设计

在生产过程中,有些生产机械往往要求电动机快速、准确地停车,而电动机在脱离电源后由于机械惯性的存在,完全停止需要一段时间,这就要求对电动机采取有效措施进行制动。电动机制动分两大类:机械制动和电气制动。

机械制动是在电动机断电后利用机械装置对其转轴施加相反的作用力矩(制动力矩)来进行制动的。电磁抱闸就是常用方法之一,结构上电磁抱闸由制动电磁铁和闸瓦制动器组成。断电制动型电磁抱闸在电磁线圈断电时,利用闸瓦对电动机轴进行制动;电磁线圈得电时,松开闸瓦,电动机可以自由转动。这种制动在起重机上被广泛采用。

电气制动是使电动机停车时产生一个与转子原来的实际旋转方向相反的电磁力矩(制动力矩)来进行制动的。常用的电气制动有反接制动和能耗制动等。

2.3.1　速度继电器

速度继电器主要用作笼型异步电动机的反接制动控制,亦称反接制动继电器。

2.3.1.1　速度继电器的外形结构及符号

速度继电器的外形结构如图 2-13(a)所示,图 2-13(b)为其图形符号,其文字符号为 KV。速度继电器主要由转子、定子和触头三部分组成。转子是一个圆柱形永久磁铁,定子是一个笼型空心圆环。定子由硅钢片叠成,并装有笼型绕组。

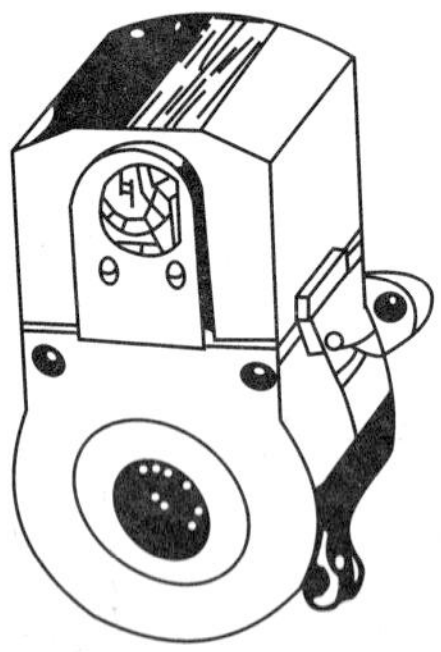

(a) 外形

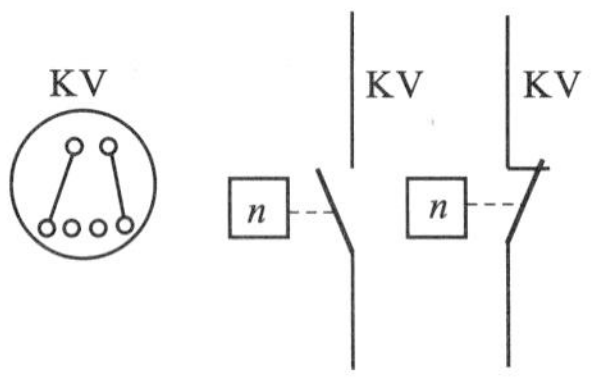

(b) 符号

图 2-13　速度继电器外形结构及符号

2.3.1.2　速度继电器的动作原理

速度继电器的动作原理如图 2-14 所示。其转轴与电动机的轴相连接,而定子空套在转子上。当电动机转动时,速度继电器的转子(永久磁铁)随之转动,在空间产生旋转磁场,切割定子绕组,而在其中感应出电流。此电流又在旋转的转子磁场作用下产生转矩,使定子随转子转动方向而旋转,和定子装在一起的摆锤推动动触头动作,使动断触头断开,动合触头闭合。当电动机转速低于某一值时,定子产生的转矩减小,动触头复位。

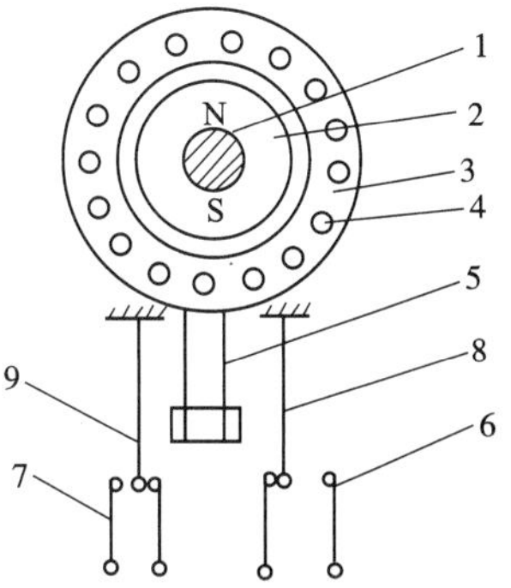

1—转轴；2—转子；3—定子；4—绕组；5—摆锤；6、7—静触头；8、9—动触头

图 2-14 速度继电器的动作原理

2.3.1.3 速度继电器的型号含义

常用的速度继电器有 JY1 型和 JFZ0 型,其型号含义如下：

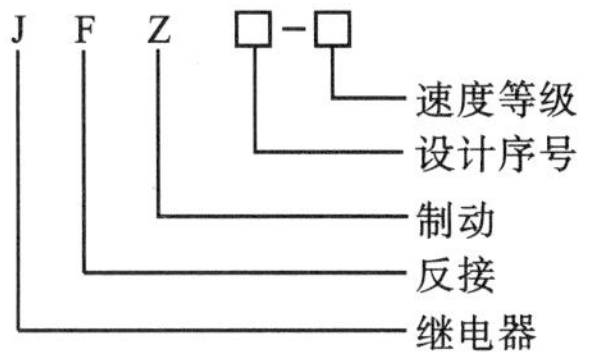

2.3.2 反接制动控制线路

反接制动是在电动机的原三相电源被切断后,立即通上与原相序相反的三相交流电源,以形成与原转向相反的电磁力矩,利用这个制动力矩使电动机迅速停止转动。这种制动方式必须在电动机转速降到接近零时切除电源,否则电动机仍有反向力矩,可能会反向旋转,造成事故。三相异步电动机单向运转反接制动控制线路如图 2-15 所示。

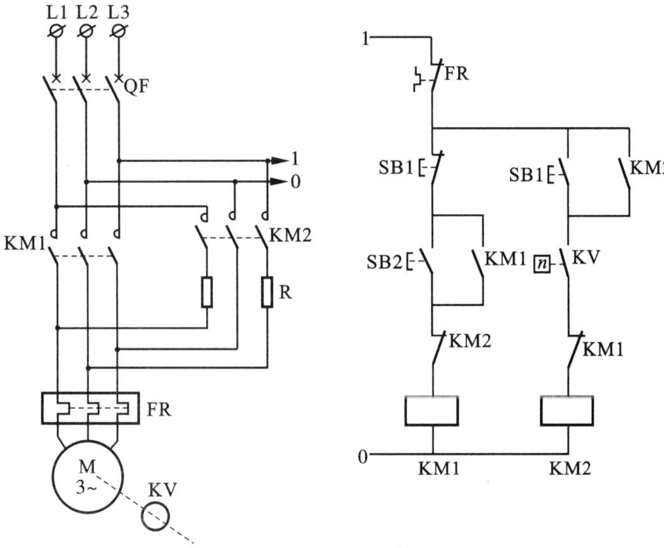

图 2-15 三相异步电动机单向运转反接制动控制线路

主电路中所串电阻 R 为制动限流电阻，防止反接制动瞬间过大的电流损坏电动机。速度继电器 KV 与电动机同轴，当电动机转速上升到一定数值时，速度继电器的动合触头闭合，为制动作好准备。制动时转速迅速下降；当其转速下降到接近零时，速度继电器动合触头恢复断开，接触器 KM2 线圈断电，防止电动机反转。

线路动作原理为：

启动：$SB2^{\pm}$——$KM1^{+}_{自}$——┬ M^{+}(正转) $\xrightarrow{n_2\uparrow}$ KV^{+}
　　　　　　　　　　　　　　└ $KM2^{-}$(互锁)

反接制动：$SB1^{\pm}$——┬ $KM1^{-}$——┬ M^{-}
　　　　　　　　　　　│　　　　　└ KM2(互锁解除)
　　　　　　　　　　　└ $KM2^{+}_{自}$——┬ M^{+}(串R制动) $\xrightarrow{n_2\downarrow}$ KV^{-}——$KM2^{-}$—— M^{-}(制动完毕)
　　　　　　　　　　　　　　　　　　　└ $KM1^{-}$(互锁)

图 2-16 所示为可逆运行反接制动控制线路。KM1、KM2 为正、反转接触器，KM3 为短接电阻接触器，KA1、KA2、KA3 为中间继电器，KV 为速度继电器，其中，KV1 为正转动合触头，KV2 为反转动合触头，R 为启动与制动电阻。

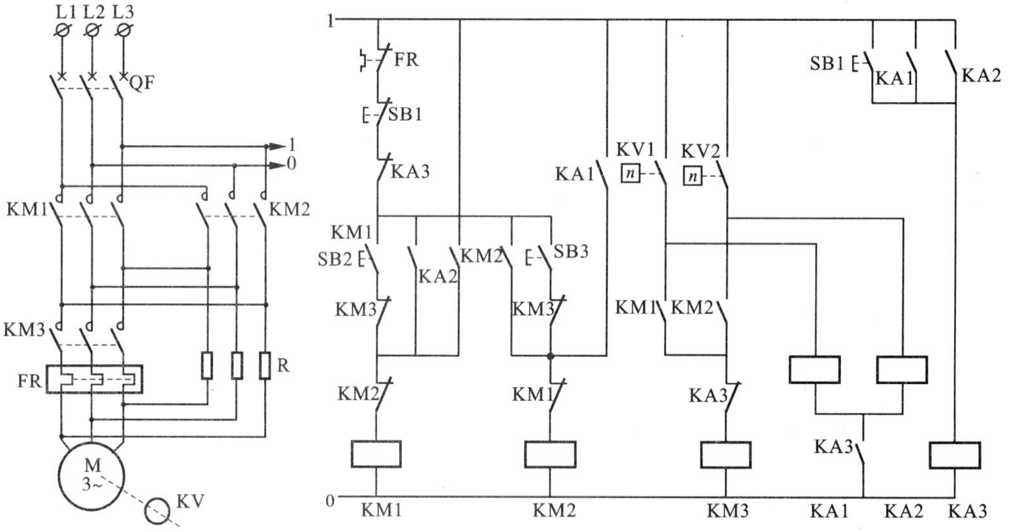

图 2-16　可逆运行反接制动控制线路

图 2-16 动作原理请读者自行分析。

反接制动的优点是制动迅速，但制动冲击大，能量消耗也大，故常用于不经常启动和制动的大容量电动机。

2.3.3　能耗制动控制线路

能耗制动是将运转的电动机脱离三相交流电源的同时，给定子绕组加一直流电源，以产生一个静止磁场，利用转子感应电流与静止磁场的作用，产生反向电磁力矩而制动的。

能耗制动时制动力矩大小与转速有关，转速越高，制动力矩越大，随转速的降低制动力矩也下降，当转速为零时，制动力矩消失。

2.3.3.1 时间原则控制的能耗制动控制线路

时间原则控制的能耗制动控制线路如图 2-17 所示。

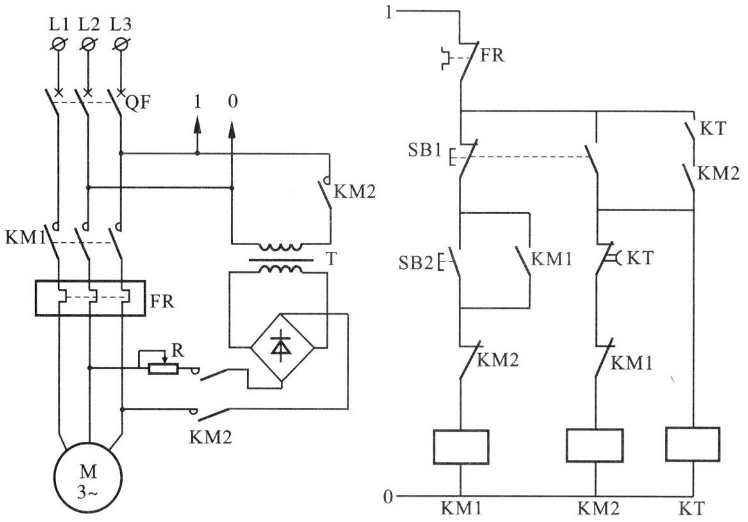

图 2-17 时间原则控制的能耗制动控制线路

图 2-17 中主电路在进行能耗制动时所需的直流电源由四个二极管组成的单相桥式整流电路通过接触器 KM2 引入，交流电源与直流电源的切换由 KM1 和 KM2 来完成，制动时间由时间继电器 KT 决定。

线路动作原理为：

启动： $SB2^{\pm}$ —— $KM1^{+}_{自}$ ┬— M^{+}(启动)
└— $KM2^{-}$(互锁)

能耗制动： $SB1^{\pm}$ ┬— $KM1^{-}$ —— M^{-}(自由停车)
├— $KM2^{+}_{自}$ —— M^{+}(能耗制动)
└— $KT^{+}_{自}$ $\xrightarrow{\Delta t}$ $KM2^{-}$ —— M^{-}(制动结束)

2.3.3.2 速度原则控制的能耗制动控制线路

图 2-18 为速度原则控制的能耗制动控制线路，其动作原理与图 2-15 单向运转反接制动控制线路相似，请读者自行分析。

能耗制动的优点是制动准确、平稳，能量消耗小，但需要整流设备，故常用于要求制动平稳、准确和频繁启动、容量较大的电动机。

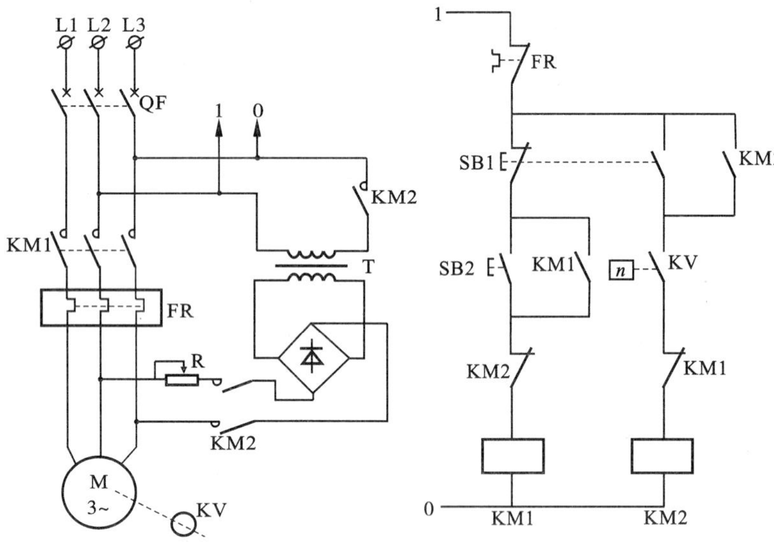

图 2-18　速度原则控制的能耗制动控制线路

2.4　三相交流异步电动机调速控制线路的设计

异步电动机调速方法主要有变极调速、变阻调速和变频调速等几种。其中,变极调速通过改变定子绕组的磁极对数实现调速,变阻调速通过改变转子电阻实现调速,变频调速目前使用专用变频器,可以实现异步电动机的变频调速控制。下面主要介绍变极调速和变频调速控制线路。

2.4.1　变极调速控制线路

变极调速通过改变定子绕组空间磁极对数的方式改变同步转速,从而达到调速的目的。在恒定频率情况下,电动机的同步转速与磁极对数成反比,磁极对数增加一倍,同步转速就下降一半,从而引起异步电动机转子转速的下降。显然,这种调速方法只能一级一级地改变转速,而不能平滑地调速。

双速电动机定子绕组的结构及接线方式如图 2-19 所示。其中,图 2-19(a)为定子绕组结构示意图,改变接线方法可获得两种接法:图 2-19(b)为三角形接法,磁极对数为 2 对,同步转速为 1 500 r/min,是一种低速接法;图 2-19(c)为双星形接法,磁极对数为 1 对,同步转速为 3 000 r/min,是一种高速接法。

2.4.1.1　双速三相交流异步电动机手动控制变极调速线路

双速三相交流异步电动机的手动调速控制线路如图 2-20 所示。

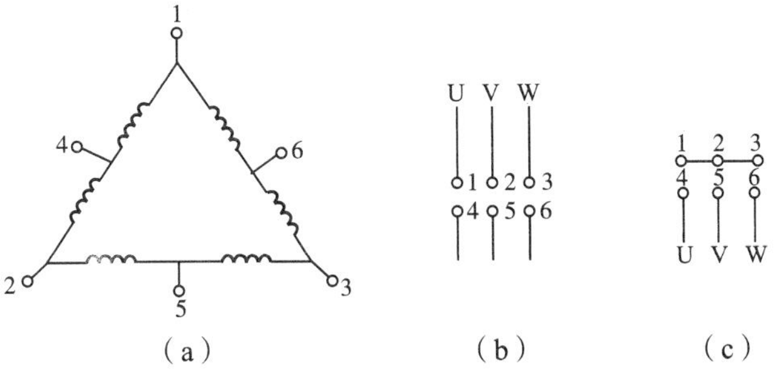

图 2-19　双速电动机定子绕组的结构及接线方式

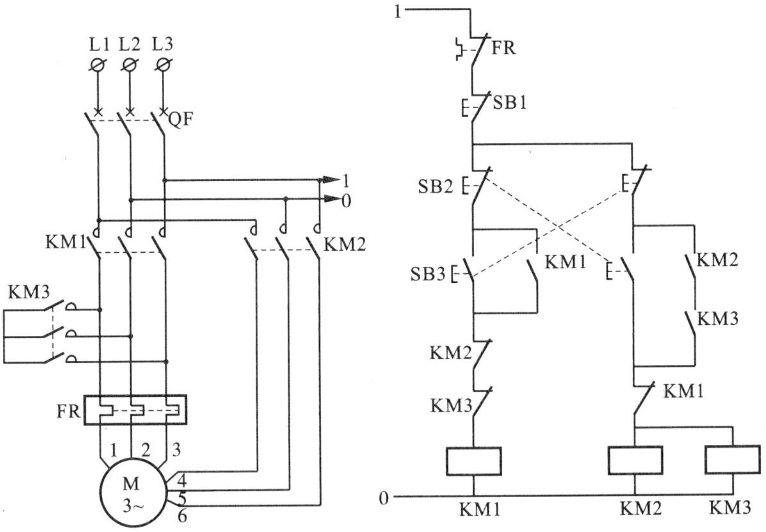

图 2-20　双速三相交流异步电动机的手动调速控制线路

图 2-20 中，KM1 主触头闭合，电动机定子绕组连接成三角形接法，磁极对数为 2 对，同步转速为 1 500 r/min；KM2 和 KM3 主触头闭合，电动机定子绕组连接成双星形接法，磁极对数为 1 对，同步转速为 3 000 r/min。

线路动作原理为：

低速控制：$SB3^{\pm}$ —— $KM1^{+}_{自}$ ┬ M^{+}(三角形连接、低速)
└ $KM2^{-}$，$KM3^{-}$(互锁)

高速控制：$SB2^{\pm}$ ┬ $KM1^{-}$(互锁) ┬ M^{-}
│ └ KM2(互锁解除)
└ $KM2^{+}_{自}$，$KM3^{+}_{自}$ ┬ M^{+}(双星形连接、高速)
└ $KM1^{-}$(互锁)

2.4.1.2　双速三相交流异步电动机自动控制变极调速线路

双速三相交流异步电动机自动控制变极调速线路如图 2-21 所示。SA 有三个位置：

中间位置,所有接触器和时间继电器都不接通,电动机控制电路不起作用,电动机处于停止状态;低速位置,接通 KM1 线圈电路,其触头动作的结果是电动机定子绕组接成三角形,以低速运转;高速位置,接通 KM2、KM3 和 KT 线圈,电动机定子绕组接成双星形,以高速运转。但应注意的是该线路高速运转必须由低速运转过渡。

控制线路动作原理请读者自行分析。

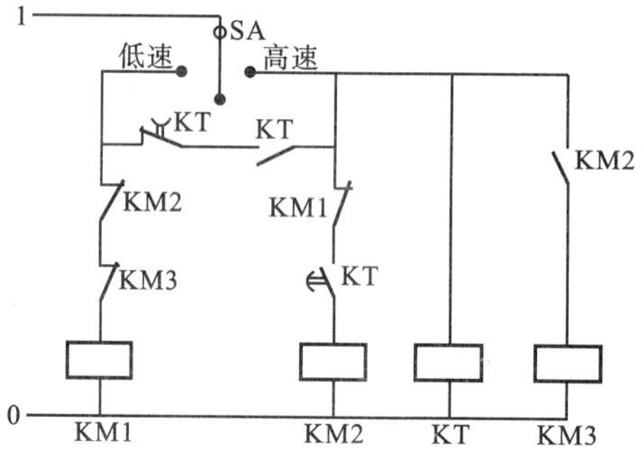

图 2-21　双速三相交流异步电动机自动控制变极调速线路

2.4.1.3　三速三相交流异步电动机调速线路

三速笼型异步电动机的定子槽安装有两套绕组,分别是三角形绕组和星形绕组,其结构如图 2-22(a)所示。低速运行按图 2-22(b)所示接线,定子绕组为三角形接法。中速运行按图 2-22(c)所示接线,定子绕组为星形接法。高速运行按图 2-22(d)所示接线,定子绕组为双星形接法。

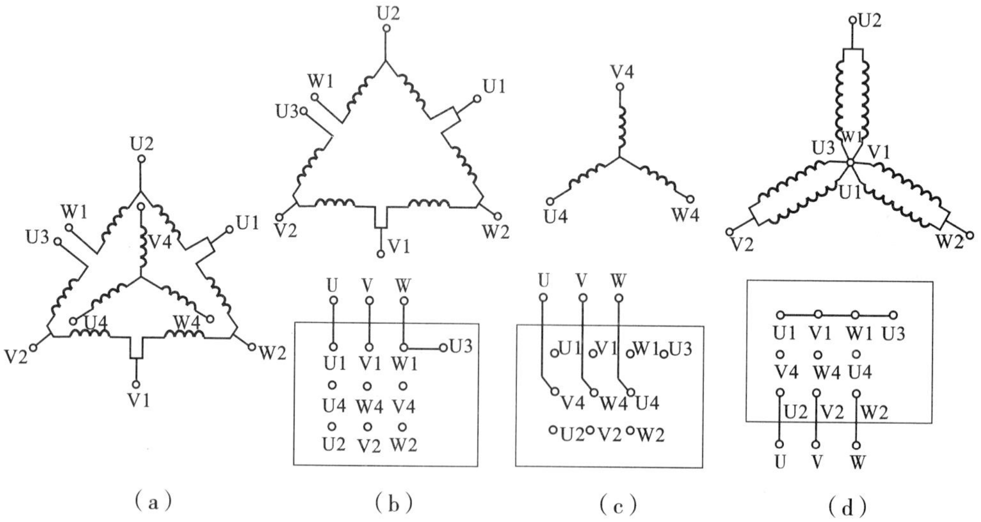

图 2-22　三速笼型异步电动机的定子绕组接线图

图 2-23 为三速笼型电动机控制线路,图中 SB1、SB2、SB3 分别为低速、中速、高速按钮, KM1、KM2、KM3 分别为低速、中速、高速接触器。

线路动作原理为:按下任何一个速度启动控制按钮(SB1、SB2、SB3),对应的接触器线圈得电,其自锁和互锁触头动作,完成对本线圈的自锁和对另外接触器线圈的互锁,主电路对应的主触头闭合,实现对电动机定子绕组对应的接法,使电动机工作在选定的转速下。显然,这套线路中从任何一种速度要转换到另一种速度时,必须先按下停止按钮,因为三个接触器之间是电气互锁的。

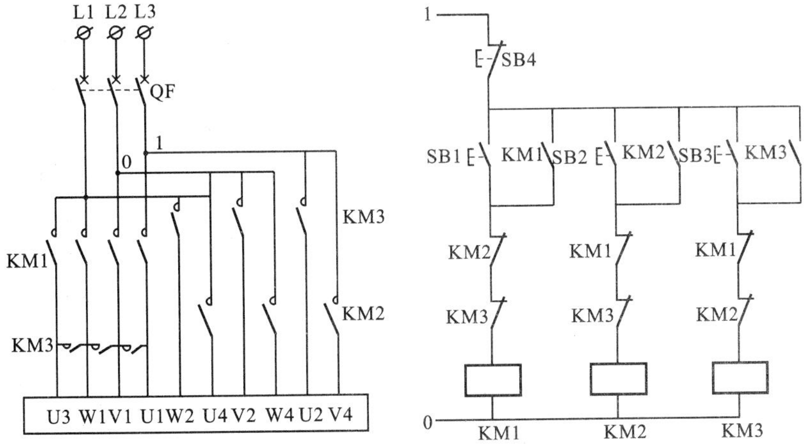

图 2-23 三速笼型电动机控制线路

2.4.2 变频调速控制线路

变频调速的功能是将电网电压提供的恒压恒频交流电变换为变压变频的交流电,它通过平滑改变异步电动机的供电频率 f 来调节异步电动机的同步转速 n_0,从而实现异步电动机的无级调速。这种调速方法由于调节同步转速 n_0,故可以由高速到低速保持有限的转差率,效率高,调速范围大,精度高,是交流电动机比较理想的调速方法。

由于电动机每极气隙主磁通要受到电源频率的影响,所以实际调速控制方式中要保持定子电压与其频率为常数这一基本原则。

由于变频调速技术日趋成熟,故把实现交流电动机变频调速的装置做成产品即变频器。按变频器的变频原理来分,它可分为:交-交变频器和交-直-交变频器。随着现代电力电子技术的发展,PMW(输出电压调宽不调幅)变频器已成为当今变频器的主流。

交-交变频器和交-直-交变频器的结构如图 2-24 所示。

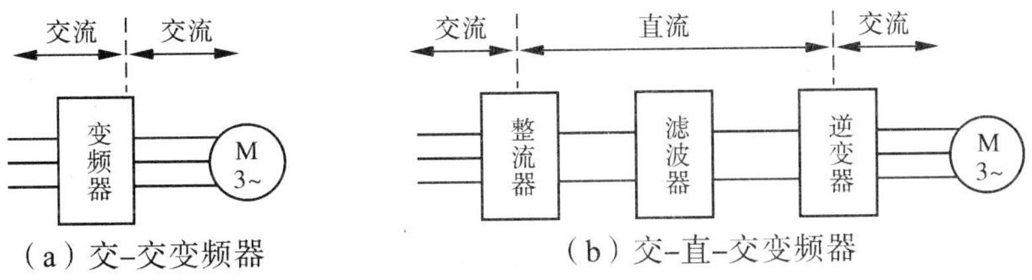

图 2-24 变频器结构框图

交-交变频器也称直接变频器,它没有明显的中间滤波环节,电网交流电被直接变成可调频调压的交流电。

交－直－交变频器也称间接变频器，它先将电网交流电转换为直流电，经过中间滤波环节之后，再进行逆变才能转换为变频变压的交流电。

2.5　常用电动机控制线路的分析

2.5.1　电动机单向运行带点动控制线路

电动机单向运行带点动控制线路原理图见图 2-25，电路接线图见图 2-26，设备材料表见表 2-1。

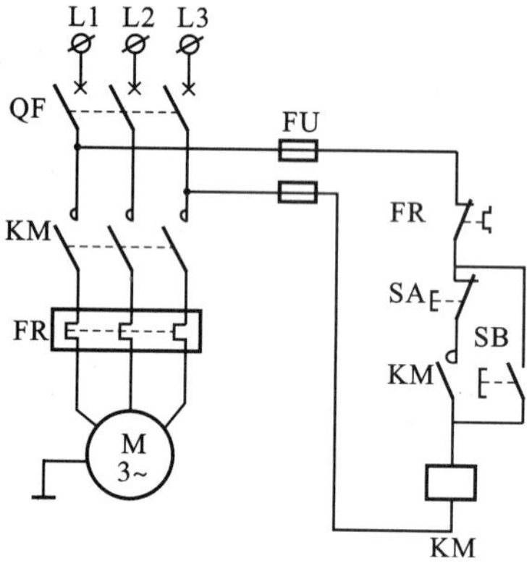

图 2-25　电路原理图

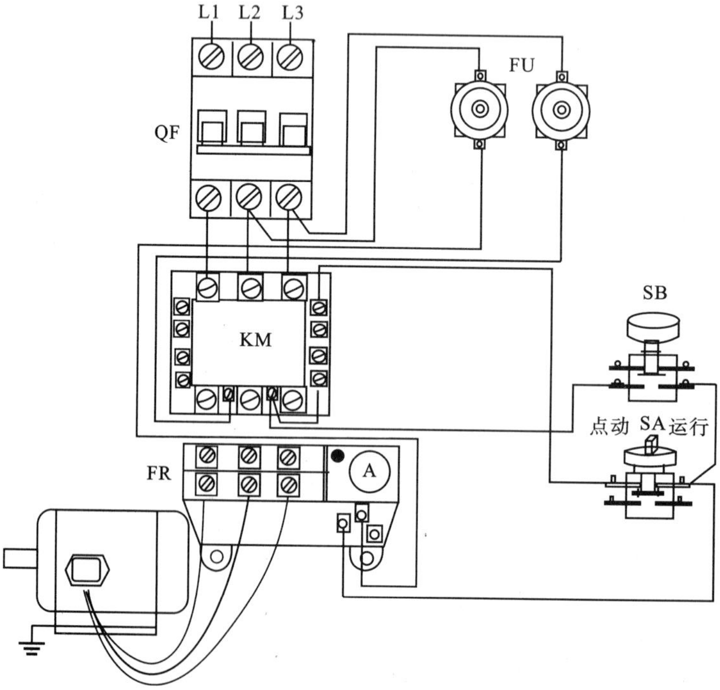

图 2-26　电路接线图

表 2-1 设备材料表

序号	名称	型号与规格	数量	备注
1	低压断路器	DZ47－60	1个	
2	三相交流电源	AC 380 V	1个	
3	三相笼型异步电动机	YS63－4JT	1个	
4	交流接触器	CJX2－0910 AC 380 V	1个	
5	按钮	LA19－5	1个	
6	手动开关(或万能开关)	LW5	1个	
7	热继电器	JR16－20/3	1个	
8	熔断器		2个	
9	端子排		若干	
10	设备导轨		若干	
11	端子排导轨		若干	
12	导线		若干	
13	线扎		若干	固定导线
14	异型管		若干	端子编号
15	控制柜	定做	1个	

工作过程如下。

2.5.1.1 点动运行

(1)将手动开关 SA 打开,置于断开位置。

(2)按下启动按钮 SB,接触器 KM 线圈得电吸合,其主触头闭合,电动机运行。

(3)虽然 KM 线圈得电后接触器 KM 辅助常开触头也闭合,但因为 KM 辅助常开触头与手动开关 SA 串联,而 SA 已打开使自锁环节失去作用,一旦松开按钮 SB 则 KM 线圈立即失电,主触头断开,电动机停止运行。

2.5.1.2 正常运行

(1)将手动开关 SA 置于闭合位置。

(2)按下启动按钮 SB,接触器 KM 线圈得电并自锁,其主触头闭合,电动机运行。

(3)将手动开关 SA 断开,KM 线圈失电,主触头立即断开,电动机停止运行。

2.5.2 电动机可逆运行控制线路

电动机可逆运行控制线路原理图见图 2-27。

为了使电动机能够正转和反转,可采用两只接触器 KM1、KM2 换接电动机三相电源的相序,但两个接触器不能同时吸合,如果同时吸合将造成电源的短路事故。为了防止这种事故,在电路中应采取可靠的互锁,图 2-27 为采用按钮和接触器双重互锁的电动机正、反两方向运行的控制电路。

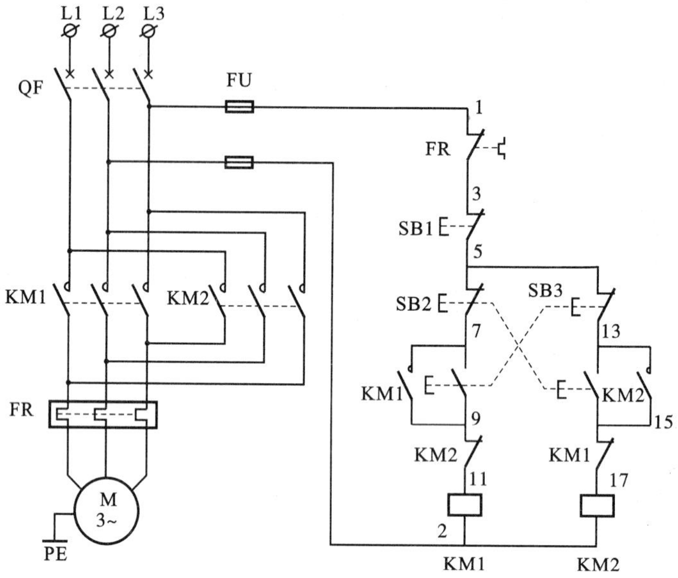

图 2-27　电动机可逆运行控制线路原理图

2.5.2.1　线路分析

1. 正向启动

(1)合上空气开关 QF 接通三相电源。

(2)按下正向启动按钮 SB3,KM1 通电吸合并自锁,主触头闭合接通电动机,电动机这时的相序是 L1、L2、L3,即正向运行。

2. 反向启动

(1)合上空气开关 QF 接通三相电源。

(2)按下反向启动按钮 SB2,KM2 通电吸合并通过辅助触头自锁,常开主触头闭合换接了电动机三相的电源相序,这时电动机的相序是 L3、L2、L1,即反向运行。

3. 互锁环节(具有禁止功能,在线路中起安全保护作用)

(1)接触器互锁:KM1 线圈回路串入 KM2 的辅助常闭触头,KM2 线圈回路串入 KM1 的常闭触头。当正转接触器 KM1 线圈通电动作后,KM1 的辅助常闭触头断开了 KM2 线圈回路,若使 KM1 得电吸合,必须先使 KM2 断电释放,其辅助常闭触头复位,这就防止了 KM1、KM2 同时吸合造成相间短路,这一线路环节称为互锁环节。

(2)按钮互锁:在电路中采用了控制按钮操作的正反转控制电路,按钮 SB2、SB3 都具有一对常开触头、一对常闭触头,这两个触头分别与 KM1、KM2 线圈回路连接。例如,按钮 SB2 的常开触头与接触器 KM2 线圈回路串联,而常闭触头与接触器 KM1 线圈回路串联。按钮 SB3 的常开触头与接触器 KM1 线圈回路串联,而常闭触头与接触器 KM2 线圈回路串联。当按下 SB2 时只能有接触器 KM2 的线圈可以通电而 KM1 断电,按下 SB3 时只能有接触器 KM1 的线圈可以通电而 KM2 断电,如果同时按下 SB2 和 SB3,则两只接触器线圈都不能通电,这样就起到了互锁的作用。

电动机正向(或反向)启动运转后,不必先按停止按钮使电动机停止,可以直接按反向(或正向)启动按钮,使电动机变为反方向运行。

电动机的过载保护由热继电器 FR 完成。

电动机可逆运行控制电路的接线如图 2-28 所示。

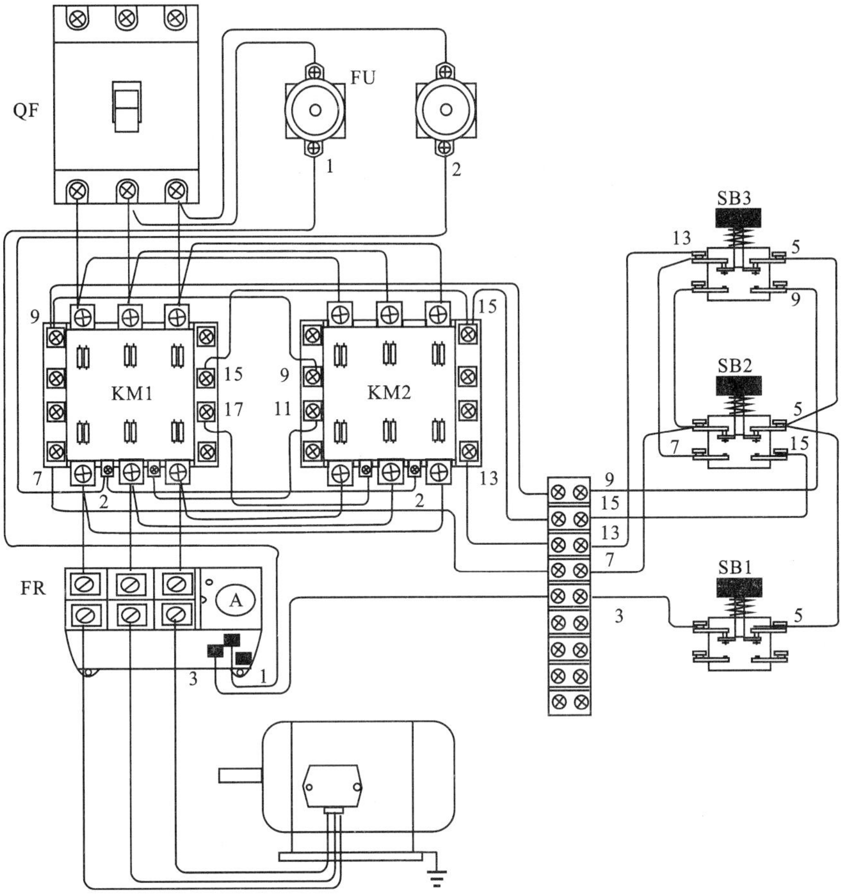

图 2-28　电动机可逆运行控制电路接线示意图

2.5.2.2　调试

电动机可逆运行控制电路的调试步骤如下:

(1)检查主回路的接线是否正确,为了保证两个接触器动作时能够可靠调换电动机的相序,接线时应使接触器的上口接线保持一致,在接触器的下口调相。

(2)检查接线无误后,通电试验,通电试验时为防止意外,应先将电动机的接线断开。

2.5.2.3　故障处理

(1)不启动。原因之一,检查控制保险 FU 是否断路,热继电器 FR 接点是否用错或接触不良,按钮 SB1 的常闭接点是否接触不良。原因之二,按钮互锁的接线有误。

(2)启动时接触器"叭哒"就不吸了。这是因为接触器的常闭接点互锁接线有错,将互锁接点接成了自己锁自己了,启动时常闭接点是通的,接触器线圈得电吸合,接触器吸合后常闭接点又断开，接触器线圈又断电释放，常闭接点又接通，接触器又吸合，接点又断开，所以会出现接触器"叭哒"不吸合的现象。

(3)不能够自锁。手指抬起时接触器就断开，这是因为自锁接点接线有误。

2.5.3　笼型三相异步电动机星形－三角形降压手动控制线路

笼型三相异步电动机星形－三角形降压手动控制线路原理图如图2-29所示。

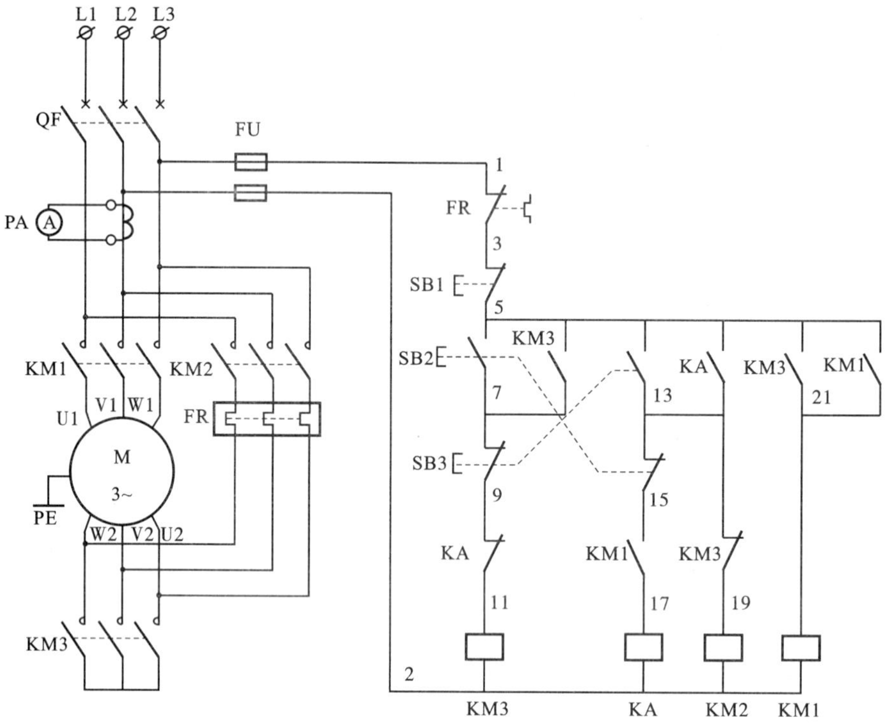

图2-29　笼型三相异步电动机星形－三角形降压手动控制线路原理图

凡正常运行时定子绕组接成三角形的是笼型三相异步电动机，在启动时临时接成星形，待电动机启动后接近额定转速时，再将定子绕组通过星形－三角形降压启动装置接换成三角形运行，这种启动方法叫星形－三角形降压启动，属于电动机降压启动的一种方式。由于启动时定子绕组的电压只有原运行电压的$1/\sqrt{3}$倍，启动力矩较小，只有原力矩的$1/\sqrt{3}$，所以这种启动电路适用于轻载或空载启动的电动机。

2.5.3.1　线路分析

(1)合上空气开关QF接通三相电源。

(2)按下启动按钮SB2，首先交流接触器KM3线圈通电吸合，KM3的三对主触头将定子绕组尾端连在一起。KM3的辅助常开触头接通使交流接触器KM1线圈通电吸合，KM1三对主触头闭合接通电动机定子三相绕组的首端，电动机在星形接法下低压启动。

(3)随着电动机转速的升高，待接近额定转速时(或观察电流表接近额定电流时)，按下运行按钮 SB3，此时 SB3 的常闭触头断开 KM3 线圈的回路，KM3 失电释放，常开主触头释放将三相绕组尾端连接打开，SB3 的常开接点接通中间继电器 KA 线圈使其通电吸合，KA 的常闭接点断开 KM3 电路（互锁），KM3 的常开接点吸合，通过 SB2 的常闭接点和 KM1 常开互锁接点实现自锁，同时通过 KM3 常闭接点（互锁）使接触器 KM2 线圈通电吸合，KM2 主触头闭合将电动机三相绕组连接成三角形，使电动机在三角形接法下运行，完成了星形－三角形降压启动的任务。

（4）热继电器 FR 作为电动机的过载保护，热继电器 FR 的热元件接在三角形的里面，流过热继电器的电流是相电流，定值时应按电动机额定电流计算。

（5）KM2 及 KM3 常闭接点构成互锁环节，保证了电动机星形、三角形接法不可能同时出现，避免发生电源短路事故。

2.5.3.2 安装注意事项

笼型三相异步电动机星形－三角形降压手动控制电路接线示意图见图 2-30。安装注意事项如下：

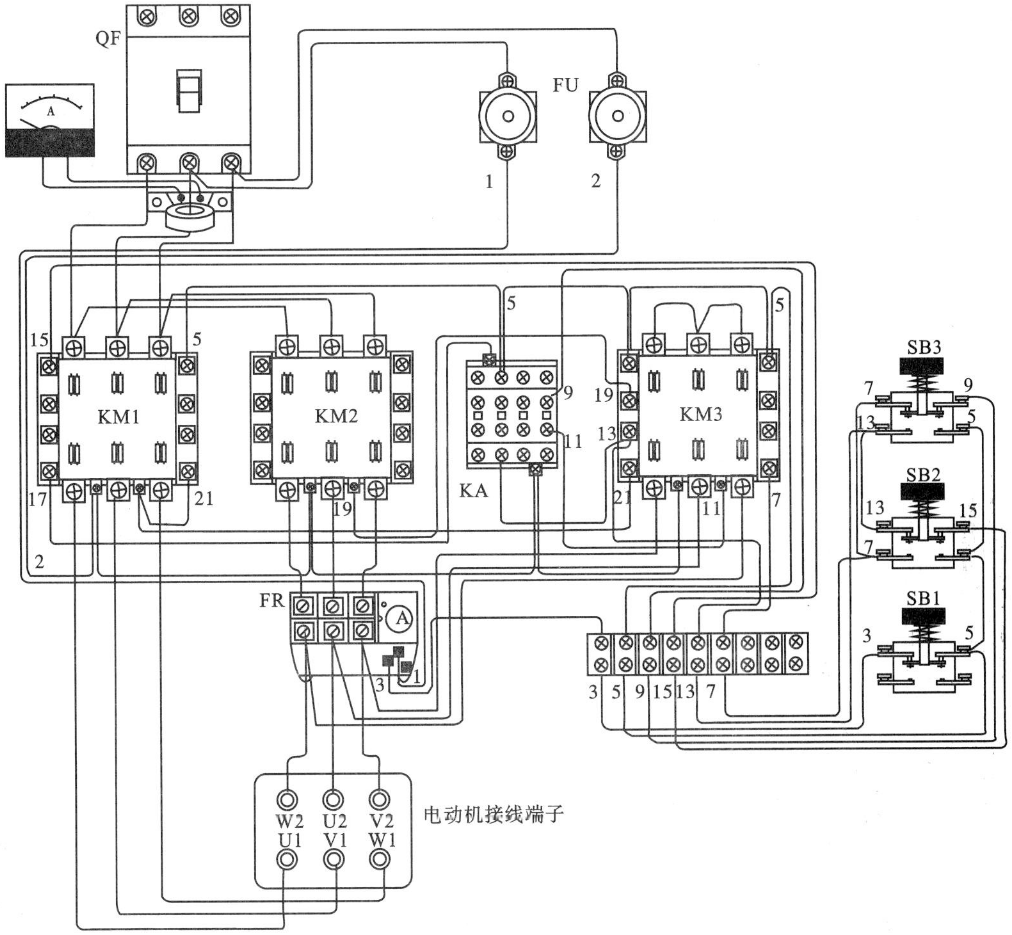

图 2-30 笼型三相异步电动机星形－三角形降压手动控制电路接线示意图

(1)星形－三角形降压启动电路,只适用于三角形接线、380 V的笼型异步电动机。不可用于星形接线的电动机,这是因为启动时已是星形接线,电动机全压启动,当转入三角形运行时,电动机绕组会因电压过高而烧毁。

(2)接线时应先将电动机接线盒的连接片拆除。

(3)接线时应特别注意电动机的首尾端接线相序不可有错,如果接线有错,通电运行会出现启动时电动机左转,运行时电动机右转,因为电动机突然反转,电流剧增,烧毁电动机或造成掉闸事故。

(4)如果需要调换电动机旋转方向,在电源开关负荷侧调电源线为好,这样操作不容易造成电动机首尾端接线错误。

(5)电路中装电流表的目的是监视电动机启动、运行,电流表的量程应按电动机额定电流的3倍选择。

2.5.3.3　常见故障

(1)星形启动过程正常,但按下SB3后电动机发出异常声音,转速也急剧下降,这是为什么?

分析现象:接触器切换动作正常,表明控制电路接线无误,问题出现在接上电动机后。从故障现象分析,很可能是电动机主回路接线有误,使电路由星形换接成三角形时,送入电动机的电源相序改变了,电动机由正常启动突然变成了反序电源制动,强大的反向制动电流造成了电动机转速急剧下降和发出异常声音。

处理故障:核查主回路接触器及电动机接线端子的接线顺序。

(2)线路空载试验工作正常,接上电动机试车时,一启动电动机,电动机就发出异常声音,转子左右颤动,立即按SB1停止,停止时KM2和KM3的灭弧罩内有强烈的电弧现象。这是为什么?

分析现象:空载试验时接触器切换动作正常,表明控制电路接线无误,问题出现在接上电动机后,从故障现象分析是由于电动机缺相所引起的。电动机在星形启动时有一相绕组未接入电路,造成单相启动,缺相绕组不能形成旋转磁场,使电动机转轴的转向不定而左右颤动。

处理故障:检查接触器接点闭合是否良好,接触器及电动机端子的接线是否紧固。

2.5.4　电动机多条件启动控制电路("逻辑与"电路)

为了保证人员和设备的安全,往往要求两处或多处同时操作才能发出主令信号,设备才能工作。要实现多信号控制,在线路中需要将启动按钮(或其他电气元件的常开触头)串联,如图2-31所示。

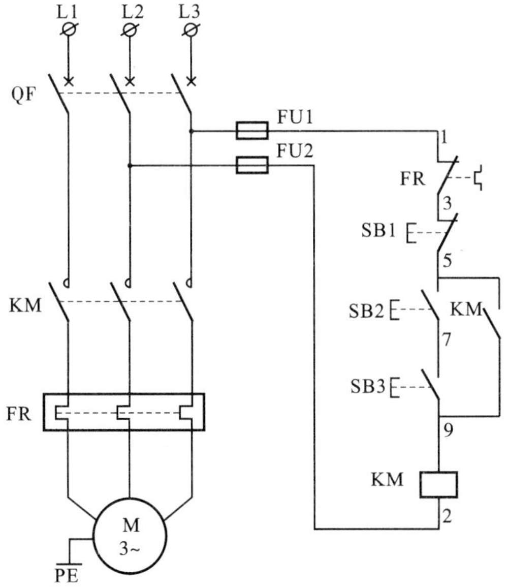

图 2-31 多条件启动控制线路原理图

多条件启动电路只是在启动时要求各处达到安全要求设备才能工作,但运行中其他控制点发生了变化,设备不停止运行,这与多点保护控制电路不一样。

2.5.4.1 工作过程

这是以两个信号为例的多信号控制线路,启动时只有将 SB2、SB3 同时按下,交流接触器 KM 线圈才能通电吸合,主触头接通,电动机开始运行。而电动机需要停止时,可按下 SB1,KM 线圈失电,主触头断开,电动机停止运行。

2.5.4.2 常见故障

(1)按 SB2、SB3 任何一个按钮都可以启动。

分析处理:可能是将启动按钮 SB2、SB3 接成并联的了,改成串联相接即可排除故障。

(2)可以启动不能自锁。

分析处理:

①接触器的辅助接点用错,接成常闭的了,当接触器吸合时辅助常闭接点是断开的。

②接触器的自锁线 5,错接到 7 的位置,启动完成后 SB2 接点断开,无自锁电源。

(3)不能停止。

分析处理:接触器的自锁线 5,错接到了 SB1 前的 3 号线位置,SB1 不起作用,电源通过 FR 直接接自锁接点向接触器线圈送电,这是很危险的,电动机不能停止,只有断开电源空气开关 QF 或熔断器 FU1、FU2 才能使电动机停止。

电动机多条件启动控制电路接线示意图见图 2-32。

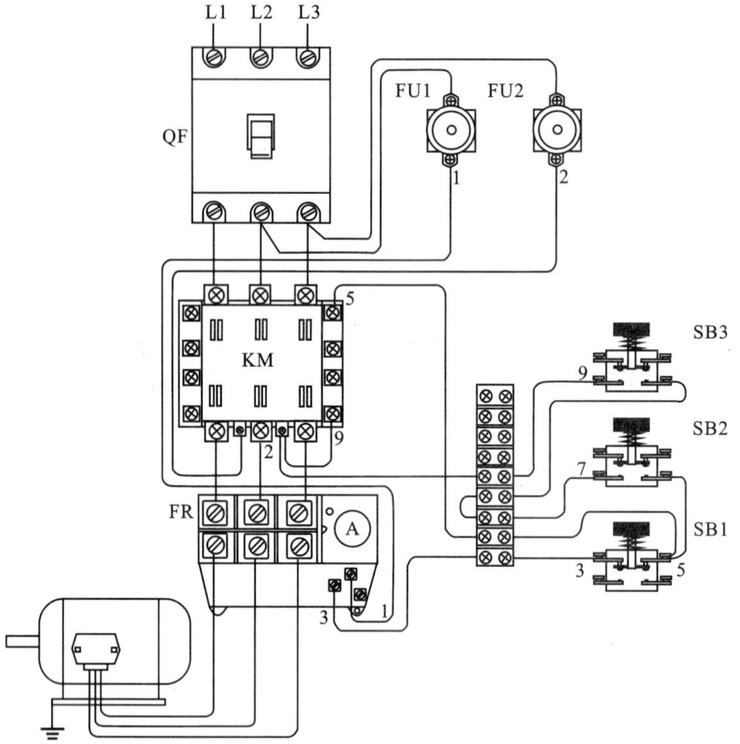

图2-32　电动机多条件启动控制电路接线示意图

小　结

三相交流异步电动机降压启动是限制启动电流过大的有效方法之一。其中,定子绕组串电阻降压启动控制是在启动时串入电阻,启动完毕后短接电阻,实现全压运行。对于正常运行时电动机额定电压等于电源线电压,定子绕组为三角形连接方式的三相交流异步电动机,可以采用星形-三角形降压启动,这种控制线路中从星形启动到三角形运行可以利用通电延时型时间继电器。对于容量较大的正常运行时定子绕组接成星形的笼型异步电动机,可采用自耦变压器降压启动,一般情况下这种控制线路有手动控制和自动控制两种。

另外,对于三相交流绕线型异步电动机,转子串电阻降压启动也可以有三种控制方式:手动控制、电流原则控制(电流继电器线圈串入转子回路)、时间原则控制(几个时间继电器依次动作、控制接触器短接转子电阻)。转子串频敏变阻器可以使控制线路简单,减少电阻能量损耗,并且随启动过程自动完成平滑地减小电阻。

反接制动是一种有效的制动方法,在电动机转轴上连接速度继电器,可以使得在制动过程中转速接近零时切断电源,防止电动机反向旋转。反接制动控制与正、反转控制有类似之处。

能耗制动可以按时间原则和电流原则组成控制电路。这种制动控制需整流设备(提供直流电源),常用于要求制动平稳、准确和启动频繁、容量较大的电动机。

变极调速可以成倍数地改变电动机磁极对数,所以能够实现调速控制。其中,三角形－双星形接法控制线路有手动控制和自动控制(利用时间继电器);三角形、星形、双星形接法可获得低速、中速和高速三种不同的速度,利用自锁和互锁,实现对电动机定子绕组不同接法进行调速的目的。

思考题与习题

2-1 三相笼型异步电动机常用的降压启动方法有哪几种?

2-2 电动机在什么情况下应采用降压启动?定子绕组为星形接法的笼型异步电动机能否采用星形－三角形降压启动?为什么?

2-3 电动机反接制动控制与电动机正、反转运行控制的主要区别是什么?

2-4 电动机能耗制动与反接制动控制各有何优缺点?分别适用于什么场合?

2-5 设计一个控制线路,要求第一台电动机启动 10 s 后,第二台电动机自行启动,运行5 s后,第一台电动机停止并同时使第三台电动机自行启动,再运行15 s,电动机全部停止。

2-6 现有一台双速电动机,试按下述要求设计控制线路:

(1)分别用两个按钮控制电动机的高速启动和低速启动,用一个总停按钮控制电动机的停止。

(2)高速启动时,先接成低速后经延时再换接到高速。

(3)应有短路和过载保护。

第二篇 可编程控制器(PLC)应用技术

第 3 章 可编程控制器概述

3.1 可编程控制器的产生与发展

3.1.1 可编程控制器的产生

可编程控制器(Programmable Logic Controller,简称 PLC 或 PC),是在继电器顺序控制基础上发展起来的以微处理器为核心的通用自动控制装置。现在人们普遍称可编程控制器为 PLC 而不是 PC,是为了避免与广泛使用的个人计算机的简称 PC 相混淆。

20 世纪 60 年代以前,自动控制最先进的装置就是继电控制盘,其对当时的生产力发展确实发挥了很大的作用。但以继电器为核心元件的自动顺序控制系统有许多固有的缺陷:

(1)这种系统利用布线逻辑来实现各种控制,需要使用大量的机械触点,系统运行的可靠性差;

(2)当生产工艺流程改变时,要改变大量的硬件接线,为此要耗费许多人力、物力和时间;

(3)功能局限性大;

(4)体积大、功耗多。

20 世纪 60 年代后,在工业生产中迫切需要一种使用方便灵活、运行安全可靠、功能完善的新一代自动控制装置。电子技术和计算机技术的发展为此提供了有力的硬件支持。1968 年,美国通用汽车公司(GM)为增强其产品在市场上的竞争力,不断更新汽车型号,率先提出采用可编程序的逻辑控制器取代硬件接线的控制电路的设想,并对外招标。1969 年,美国数字设备公司(DEC)研制出第一台可编程序的逻辑控制器 PDP - 14,在美国通用汽车公司的生产线上试用成功,并取得满意的效果。可编程控制器由此诞生了。

国际电工委员会(IEC)1987 年 2 月颁发的草案中对可编程控制器的定义是:可编程控制器是一种数字运算操作的电子系统,专为在工业环境下应用而设计。它采用了可编程序的存储器,用来在其内部存储执行逻辑运算、顺序控制、定时、计数和算术操作等面向用户的指令并通过数字式或模拟式的输入和输出,控制各种类型的机械或生产过程。可编程控制器及其有关外围设备,都按易于与工业系统联成一个整体,易于扩充其功能的原则设计。

定义强调了可编程控制器是"数字运算操作的电子系统",具有"存储器",具有运算"指令",可见它是一种计算机。定义称它是"专为在工业环境下应用而设计","易于与工业系统联成一个整体","控制各种类型的机械或生产过程",因此可见可编程控制器是一种工业用的计算机。定义强调了可编程控制器直接应用于工业环境,它须具有很强的抗干扰能力、广泛的适应能力和应用范围。这是它区别于一般微机控制系统的重要特征。可编程控制器一直在发展中,因此直到目前,还未能对其下最后的定义。

3.1.2 可编程控制器的发展

1969 年美国通用汽车公司将第一台 PLC 投入到生产线中使用,取得了满意的效果,引起了世界各国的关注。继日本、德国之后,我国于 1974 年开始研制可编程控制器。目前全世界有数百家生产 PLC 的厂家,种类达 300 多种。无论是在应用范围还是控制功能上,PLC 的发展都是人们始料未及的,远远超出了当时的设想和要求。目前,PLC 正朝着智能化、网络化方向发展。

早期的可编程控制器主要由分立元件和中小规模集成电路组成,它采用了一些计算机技术,但简化了计算机的内部电路,对工业现场环境适应较好,指令系统简单,一般只具有逻辑运算的功能。随着电子技术和计算机技术的迅猛发展,集成电路体积越来越小,功能越来越强。20 世纪 70 年代初,微处理器问世,70 年代后期,微处理器被运用到 PLC 中,使 PLC 的体积大大缩小,功能大大加强。到 20 世纪 80 年代,可编程控制器都采用了微处理器(CPU)、只读存储器(ROM)、随机存储器(RAM)或是单片机作为核心,处理速度大大提高,不仅增加了多种特殊功能,体积还进一步缩小。20 世纪 90 年代末,PLC 几乎完全计算机化,其速度更快,功能更强,各种智能模块不断被开发出来,使其不断地扩展着它在各类工业控制过程中的作用。

现在,PLC 不仅能进行逻辑控制,在模拟量闭环控制、数字量智能控制、数据采集监控、通信联网及集散控制系统等方面都得到广泛应用。如今,大、中型,甚至小型 PLC 都配有 A/D、D/A 转换及算术运算功能,有的还具有 PID(比例 - 积分 - 微分)功能。这些功能使 PLC 在模拟量闭环控制、运动控制、速度控制等方面具有了硬件基础;许多 PLC 具有输出和接收高速脉冲的功能,配合相应的传感器及伺服设备,PLC 可实现数字量的智能控制;PLC 配合可编程终端设备,可实时显示采集到的现场数据及分析结果,为系统分析、研究工作提供依据,利用 PLC 的自检信号还可以实现系统监控;PLC 具有较强有力的通信功能,可以与计算机或其他智能装置进行通信及联网,从而能方便地实现集散控制。功能完备的 PLC 不仅能满足控制要求,还能满足现代化生产管理的需要。

近年来,可编程控制器的发展更为迅速,不断推出新机型。展望未来,可编程控制器在规模和功能上将向两大方向发展:一是大型可编程控制器向高速、大容量和高性能方向发展,如有的机型扫描速度可高达 0.1 ms/KB,可处理几万个开关量信号和多个模拟量信号,用户程序存储器容量最大达十几兆字节;二是发展简单经济的超小型可编程控制器,以适应单机控制及小型设备自动化的需要。另外,不断增强 PLC 的工业过程控制功能,研制采用工业标准总线,使同一工业控制系统中能连接不同的控制设备,增强可编程控制器的联网通信功能,便于分散控制与集中控制的实现,大力开发智能I/O模块、增强可编程控制器的功能等也具有重要的意义。

3.2 可编程控制器的分类及特点

3.2.1 可编程控制器的分类

可编程控制器发展迅速,全世界有几百家工厂正在生产几千种不同型号的PLC,这些产品从不同方面可分类如下。

3.2.1.1 按硬件的结构类型分类

可编程控制器是专门为工业生产环境设计的,为了便于在工业现场安装、扩展、接线,其结构与普通计算机有很大区别,通常有整体式、模块式和叠装式三种结构。

1. 整体式可编程控制器

整体式又叫单元式或箱体式。这种可编程控制器的CPU、I/O模块和电源装在一个箱体机壳内,结构非常紧凑。它的体积小、价格低。小型可编程控制器一般采用整体式结构。它可提供多种不同I/O点数的基本单元和扩展单元供用户选用,基本单元包括CPU、I/O模块和电源,扩展单元内只有I/O模块和电源,基本单元和扩展单元之间用扁平电缆连接。各单元的输入点与输出点的比例一般是固定的(如3∶2),有的可编程控制器有全输入型和全输出型的扩展单元。选择不同的基本单元和扩展单元,可以满足用户的不同要求。

整体式可编程控制器一般配有许多专用的特殊功能单元,如模拟量I/O、位置控制单元、数据输入/输出单元等,使可编程控制器的功能得到扩展。如欧姆龙(OMRON)公司的C20P、C40P、C60P,三菱公司的F_1系列,东芝公司的EX20/40系列和AB公司的SLC500等,都属于整体式可编程控制器。

2. 模块式可编程控制器

模块式又叫积木式。大中型和部分小型可编程控制器采用模块式结构。模块式可编程控制器采用搭积木的方式组成系统,它由机架和模块组成。模块插在模块插座上,后者焊在机架中的总线连接板上。可编程控制器厂家备有不同槽数的机架供用户选用,如果一个机架容纳不下所选用的模块,可以增设一个或数个扩展机架,各机架之间用I/O扩展电缆相连。用户可选用不同档次的CPU、I/O模块和特殊功能模块,对硬件配置的选择余地较大,维修时更换模块也很方便,缺点是体积较大。产品有OMRON公司的C200H、C1000H、C2000H,AB公司的PLC5系列,西门子公司的S5-100U、S5-115U等。

3. 叠装式可编程控制器

叠装式结构是整体式和模块式相结合的产物。把某一系列可编程控制器工作单元的外形都做成外观尺寸一致的,CPU、I/O模块及电源也做成独立的,采用电缆连接各个单元,在控制设备安装时可以一层层地叠装。如三菱公司的FX系列PLC、西门子公司的S7-200型号PLC,均是叠装式可编程控制器。

整体式 PLC 一般用于规模较小,输入、输出点数固定,以后也少有扩展的场合;模块式 PLC 一般用于规模较大,输入、输出点数较多,点数比例比较灵活的场合;叠装式 PLC 具有前两者的优点,从近年来的市场情况看,整体式及模块式有结合为叠装式的趋势。

3.2.1.2 按可应用规模及功能分类

可编程控制器外部信号的输入、对外部设备的控制及 PLC 运算结果的输出都要通过 PLC 输入、输出端子来进行接线。输入、输出端子的数目之和被称为 PLC 的输入/输出点数,简称 I/O 点数。为满足不同控制系统处理信息量的要求,PLC 具有不同的 I/O 点数、用户程序存储量和功能。由 I/O 点数的多少可将 PLC 分为小型、中型和大型 3 种。

1. 小型可编程控制器

I/O 点数在 256 点及以下。这类可编程控制器结构简单,大多为整体式结构,如 OMRON公司的 P 型机,主机为 CPU 单元,另有仅处理 I/O 功能的扩展单元。近年来也出现了模块式结构的小型机,如 CQM1 型机。小型机特殊功能单元少,内存容量小,用于存放用户程序的内存仅有几百至几千个字节,内部器件也少,只有几十至一百多条指令。

2. 中型可编程控制器

I/O 点数在 256 ~2 048 点。这类可编程控制器由于 I/O 点数跨度大,多采用模块式。不同功能的模块可组成不同用途的 PLC。由于它们用于控制较为复杂的对象,所以有较多的特殊功能模块,如可以进行模拟量控制、与上位机通信等。中型机的内存容量较大,用户内存可达 8 KB。指令也较为丰富,有可进行复杂运算和数据处理的指令。OMRON 公司的 C200H 就属于中型机。

3. 大型可编程控制器

I/O 点数在 2 048 点以上。这类可编程控制器不仅能进行大量的逻辑控制,还能实现多种、多路的模拟量控制,可以进行组网,构成大规模的控制系统。大型机也是模块式结构,特殊功能模块越多,功能越强。如有 PID 单元,对模拟量输入进行 PID 处理,并产生相应的最优模拟输出。内存可达 32 KB,如果需要超过 32 KB,可使用文件存储单元。大型机的指令更丰富,如 OMRON 公司的 C2000H 有 174 条指令,执行基本指令时间仅 0.4 ~ 2.4 μs。大型机除具有中、小型 PLC 的功能外,还增强了编程终端的处理能力和通信能力,适用于多级自动控制和大型分散控制系统。

3.2.1.3 按生产厂家分类

目前生产 PLC 的厂家较多,但能配套生产大、中、小、微型机的厂家不算太多。下面列举一些较有影响的、在中国市场占有较大份额的公司及其产品。

日本三菱(MITSUBISHI)公司是生产可编程控制器的主要厂家之一,先后推出的有 F、F_1、F_2、FX_1、FX_2、FX_{2N}等系列。其中,F 系列机已经停产;F_1 系列机在我国曾有较广泛应用;FX_2 系列机是 F、F_1、F_2 等机型的更新换代产品,属于高性能叠装式配置,也是三菱公司的典型产品;FX_{2N}系列机则是三菱公司的近期产品,按叠装式配置。

德国西门子(SIMENS)公司有 S5、S7 系列的产品。S5 系列最多可配置到 4 096 个 I/O 点,模拟量可达 300 多路。S7 系列机有 S7 - 200(小型)、S7 - 300(中型)、S7 - 400(大型),其性能比 S5 系列有较大提高。德国西门子公司生产的 PLC 产品外观如图 3-1 所示。

西门子S7-200PLC

西门子S7-300PLC

西门子S7-400PLC

图 3-1　西门子公司的 PLC 产品

日本欧姆龙(OMRON)公司有 CPM1A 型机,P 型机,H 型机,CQM1、F 型机等,大、中、小型都有,特别是在中、小型方面更具特长,在中国及世界市场都占有相当份额。

美国 GE 公司、日本 FANAC 公司合资的 GE - FANAC 公司的 PLC 产品中,90 - 70 系列为大型机,90 - 30 系列为中型机,90 - 20 系列为小型机。美国 GE 公司生产的 PLC 产品外观如图 3-2 所示。

90-30模块式PLC

90-70模块式PLC

图 3-2　美国 GE 公司的 PLC 产品

其他生产 PLC 的公司还有:美国 AB 公司,德国施耐德公司,日本松下、日立、东芝、富士等公司。日本公司生产的 PLC 产品外观如图 3-3 所示。

Alpha系列PLC

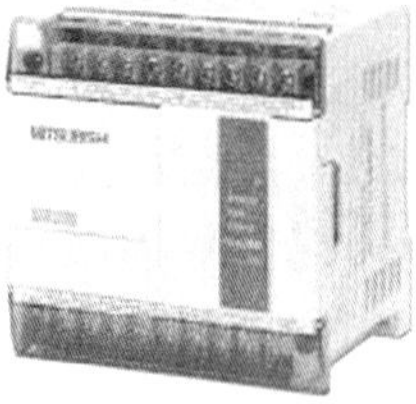
FX_{1N}系列PLC

FX_{1S}系列PLC

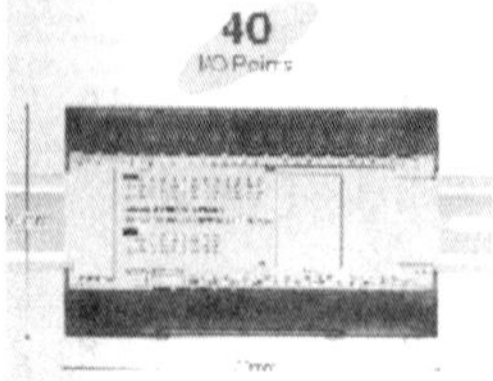

CPM2A CPU模块

CPM2A D/A模块

CPM2A A/D模块

图 3-3　日本的 PLC 产品

我国的PLC生产也有一定的发展,小型PLC已批量生产,中型PLC已有产品,大型PLC开始研制。国内PLC形成产品化的生产厂家有30多家,国内产品市场占有率不超过10%,主要生产厂家及其产品有:无锡华光电子工业有限公司的SR-10、SR-20/21、SU-5,天津中环自动化仪表公司的DJK-S-84/86/480,北京机械工业自动化所的MPC-001/20、KB-20/40,江苏嘉华实业有限公司的JH-120系列机等。

3.2.2 可编程控制器的主要特点

可编程控制器被认为是真正的工业控制计算机,在工业自动控制系统中占有极其重要的地位,最重要的原因是它具有以下独特的优点:

(1)可靠性高:可连续工作30多年不出故障。目前尚没有一种工业控制设备有如此高的可靠性。在PLC控制系统中一般出故障的是传感器、执行器等外围部件。

(2)编程方便:一般采用梯形图编程,梯形图与继电器控制线路原理图非常接近,容易掌握。

(3)对环境要求低:可在较大的温度、湿度变化范围内工作,抗震、抗冲击的性能好,对电源电压的稳定性要求较低,抗电磁干扰能力强。

(4)与其他装置配置连接方便:与其他装置配置的连接都是直接利用专用拔插式接口电缆进行的。

(5)功能强、价格低:PLC有很强的功能,可以完成非常复杂的系统控制。与继电-接触器控制系统相比,具有很高的性能价格比。另外,PLC可以通过通信联网,实现分散控制、集中管理。

(6)系统设计、安装、调试工作量少:PLC用软件功能取代了继电-接触器控制系统中的大量继电器、定时器、计数器等,使控制柜的设计、安装、调试等工作量大大减少。在生产工艺改变后,如果要改变控制工艺过程,可以改变控制程序,而基本上不需要改变硬件接线。

(7)体积小、能耗低:小型PLC的体积仅相当于几个继电器的大小,因此控制柜的体积大大缩小。另外,PLC的耗能量非常低。

3.2.3 可编程控制器的应用场合

PLC主要应用于如下几个方面:

(1)条件控制:PLC具有逻辑运算功能,可以利用逻辑指令完成继电器控制系统所能完成的逻辑控制功能,故可代替继电器进行开关量控制。

(2)定时控制:PLC一般都为用户提供足够数量的定时器,其定时值可由用户在编程时设定,即使在运行中定时值也可被读出和修改,使用灵活,操作方便。

(3)计数控制:PLC一般都为用户提供足够数量的计数器,满足计数控制的需要。计数器的设定值可由用户在编程时设定,并随时可以进行修改。

(4)步进顺序控制:步进顺序控制为PLC的基本控制方式。许多PLC设置了专用步进指令供用户编写较复杂的步进顺序控制程序时使用。

(5)运动控制:PLC可以使用专用的运动控制指令或运动控制模块,对直线或圆周运动的位置、速度和加速度进行控制，可实现单轴、双轴、三轴和多轴的位置控制，使运动控制和顺序控制功能有机地结合在一起。

(6)模拟量控制：PLC 可以通过模拟量 I/O 模块实现模拟量和数字量之间的 A/D 转换和 D/A 转换，并对模拟量实行闭环 PID（比例 - 积分 - 微分）控制。

(7)数据处理：现代的 PLC 具有数学运算功能，可以进行四则运算、矩阵运算、函数运算、字逻辑运算、求反、循环、移位和浮点数运算等，具有数据传送、转换、排序和查表、位操作、数据采集、分析和处理等功能。

(8)对控制系统的监控：PLC 具有较强的监控功能，它能记忆某些异常情况或在发生异常情况时自动终止运行。操作人员通过监控指令，可以监视系统的运行状态，可以改变设定值等，方便了程序的调试。

(9)通信联网：现代的 PLC 可以实现主机与远程 I/O 之间的通信、多台 PLC 之间的通信、PLC 与其他智能控制设备之间的通信，组成 DCS（集中管理、分散控制）分布式控制系统。

3.2.4 可编程控制器的性能指标

PLC 的性能指标是反映 PLC 性能高低的一些相关的技术指标，主要包括 I/O 点数、处理速度（扫描时间）、存储器容量、定时器、计数器及其他辅助继电器的种类和数量、各种运算处理能力等。下面予以简要介绍。

3.2.4.1 I/O 点数

PLC 的规模一般以 I/O 点数（输入/输出点数）表示，即输入/输出继电器的数量。这也是在实际应用中用户最关心的一个技术指标。按输入/输出的点数，PLC 一般分为小型、中型和大型三种。通常一体式的主机都带有一定数量的输入和输出继电器，如果不能满足需求，还可以用相应的扩展模块进行扩展，增加 I/O 点数。

3.2.4.2 处理速度

PLC 的处理速度一般用基本指令的执行时间来衡量，一般取决于所采用的 CPU 的性能。早期的 PLC 一般为 1 μs 左右，现在的速度则快得多，如西门子 S7 - 200 系列 PLC 的执行速度为 0.8 μs，欧姆龙 CPM2A 系列 PLC 达到 0.64 μs，1 000 步基本指令的运算只需要 640 μs，大型 PLC 的工作速度则更高。因此，PLC 的处理速度可以满足绝大多数的工业控制要求。

3.2.4.3 存储器容量

在 PLC 应用系统中，存储器容量是指保存用户程序的存储器大小，一般以“步”为单位。1 步为 1 条基本指令占用的存储空间，即 2 个字节。小型 PLC 一般只有几 K 步到几十 K 步，大型 PLC 则能达到几百 K 步。西门子 S7 - 200 系列 PLC 的存储容量为 2 ~ 8 K，选配相应的存储卡则可以扩展到几十 K。

3.2.4.4 定时器、计数器的点数和精度

定时器、计数器的点数和精度从一个方面反映了 PLC 的性能。早期定时器的单位时钟一般为 100 ms，最大时限（最大定时时间）大多为 3 276 s。为了满足高精度的控制要求，时钟精度不断提高，如三菱 FX_{2N} 系列 PLC 和西门子 S7 - 200 系列 PLC 的定时器有 1 ms、10 ms 和 100 ms 三种，而松下 FP 系列 PLC 的定时器则有 1 ms、10 ms、100 ms 和 1 s

四种,可以满足各种不同精度的定时控制要求。

3.2.4.5 处理数据的范围

PLC 处理的数值为 16 位二进制数,对应的十进制数范围是 0 ~ 9 999 或 - 32 768 ~ 32 767。但在高精度的控制要求中,处理的数值为 32 位,范围是 - 2 147 483 648 ~ 2 147 483 647。在过程控制等应用中,为了实现高精度运算,必须采用浮点运算。现在新型的 PLC 都支持浮点数的处理,可以满足更高的控制要求。

3.2.4.6 指令种类及条数

指令系统是衡量 PLC 软件功能高低的主要指标。PLC 的指令一般分为基本指令和高级指令(也叫功能指令或应用指令)两大类。基本指令都大同小异,相对比较稳定。高级指令则随 PLC 的发展而越来越多,功能也越来越强。PLC 具有的指令种类及条数越多,则其软件功能越强,编程就越灵活、方便。

另外,各种智能模块的多少、功能的强弱也是说明 PLC 技术水平高低的一个重要标志。智能模块越多,功能就越强,系统配置和软件开发也就越灵活、方便。

3.3 可编程控制器的结构和组成

3.3.1 结构

3.3.1.1 整体式 PLC 的结构

整体式 PLC 的主机由 CPU、存储器、I/O(输入/输出)接口、电源、通信接口等几大部分组成,如图 3-4 所示。此外,根据用户需要而配备的各种外部设备,如编程器、图形显示器、微型计算机等都可以通过通信接口与主机相连。

整体式 PLC 的 CPU、I/O 接口电路、电源等装在一个箱状机壳内,结构紧凑、体积小、价格低,如图 3-5 所示。基本单元内有 CPU 模块、I/O 模块和电源,扩展单元内只有 I/O 模块和电源,基本单元和扩展单元之间用扁平电缆连接。整体式 PLC 一般配备有许多专用的特殊功能单元,如模拟量 I/O 单元、位置控制单元和通信单元等。

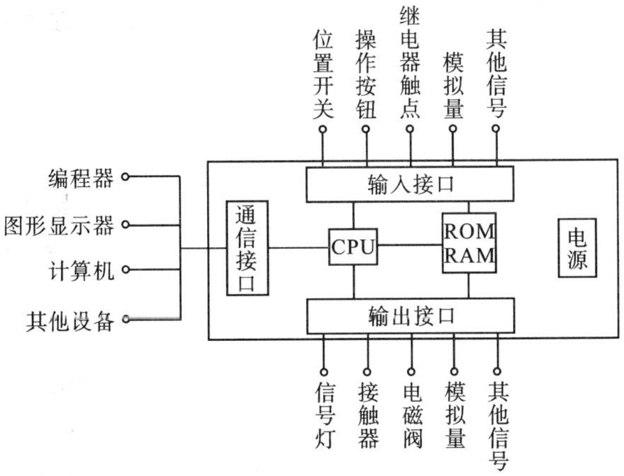

图 3-4 PLC 的硬件结构示意图

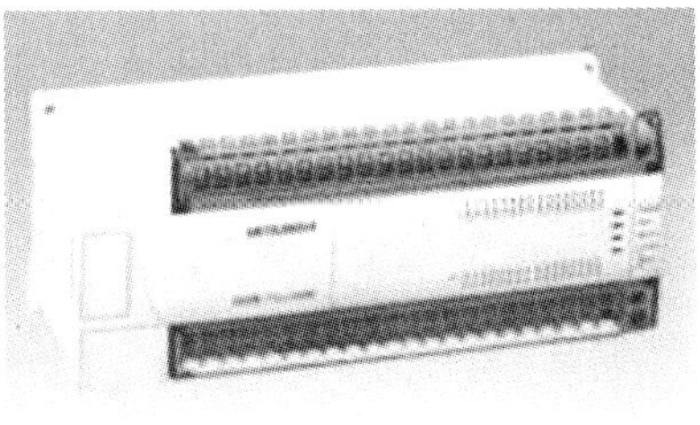

图 3-5 整体式 PLC

3.3.1.2 模块式PLC的结构

大、中型PLC一般采用模块式结构。模块式PLC采用搭积木的方式组成系统，它由机架和模块组成。模块插在模块插座上，后者焊在机架的总线连接板上。机架有不同的槽数供用户选用。如果一个机架容纳不下所选用的模块，可以增加扩展机架。各机架之间用I/O扩展电缆连接。模块式PLC的外形如图3-6所示，其结构组成及各部分功能如下：

图3-6 模块式PLC

(1)机架：用于固定各种模块，并完成模块间的通信。

(2)CPU模块：由微处理器和存储器组成，是PLC的核心部件，用于整机的控制。

(3)电源模块：供PLC内部各模块工作，并可为输入电路和外部现场传感器提供电源。

(4)输入模块：用于采集输入信号，分为开关量和模拟量输入模块。

(5)输出模块：用于控制动作执行元件，分为开关量和模拟量输出模块。输出有三种形式：继电器输出、晶闸管输出、晶体管输出。

(6)功能模块：用于完成各种特殊功能的模块，如运动控制模块、高速计数器模块、通信模块等。

用户可以选用不同档次的CPU及按需求选用I/O模块。除电源模块和CPU模块插在固定的位置外，其他槽可以按需要插上输入或输出模块。所插槽位不同，输入或输出点的地址不同，不同型号的PLC及不同点数的I/O模块，地址号也不同，这要参考相应的用户使用手册。

有的PLC将整体式和模块式的优点结合起来，称为叠装式PLC。它除基本单元和扩展单元外，还有扩展模块和特殊功能模块，配置比较灵活。例如，三菱FX系列PLC大多采用叠装式结构。

3.3.2 组成部件

3.3.2.1 CPU(中央处理器)

与通用计算机中的CPU一样，PLC中CPU也是整个系统的核心部件，主要由运算器、控制器、寄存器及实现它们之间联系的地址总线、数据总线和控制总线构成。CPU在很大程度上决定了PLC的整体性能，如整个系统的控制规模、工作速度和内存容量。

目前大多数PLC都用8位或16位单片机作CPU。单片机在PLC中的功能分为两部分，一部分是对系统进行管理，如自诊断、查错、信息传送、时钟、计数刷新等，另一部分是读取用户程序、解释指令、执行输入/输出操作等。

PLC主要使用以下几类CPU芯片：

(1)通用微处理器，如Intel公司的8086、80186到Pentium系列芯片；

(2)单片微处理器(单片机)，如Intel公司的MCS51/96系列单片机；

(3)位片式微处理器，如AMD2900系列位片式微处理器。

3.3.2.2 存储器

存储器(内存)主要用于存储程序及数据,是 PLC 不可缺少的组成单元。PLC 的存储器分为系统程序存储器和用户程序存储器两种。系统程序存储器用于存储整个系统的监控程序,一般采用只读存储器(Read Only Memory,ROM),具有掉电不丢失信息的特性。用户程序存储器用于存储用户根据工艺要求或控制功能设计的控制程序,早期一般采用随机读写存储器(Random Access Memory,RAM),需要后备电池在掉电后保存程序。目前则倾向于采用电可擦除的只读存储器(Electrically Erasable Programmable Read Only Memory,EEPROM 或 E^2PROM)或闪存(Flash Memory),免去了后备电池的麻烦。有些 PLC 的存储器容量固定,不能扩展,多数 PLC 则可以扩展存储器。

1. 系统程序存储器

系统程序存储器用来存放制造商为用户提供的监控程序、模块化应用功能子程序、命令解释程序、故障诊断程序及其他各种管理程序。程序固化在 ROM 中,用户无法改变。

2. 用户程序存储器

用户程序存储器专门提供给用户存放程序和数据,它决定了 PLC 的输入信号与输出信号之间的具体关系。

用户程序存储器的容量一般以字为单位,三菱 FX 系列 PLC 的用户程序存储器以步为单位(每步占 2 个字节)。小型 PLC 的用户程序存储器的容量一般是固定的,大、中型 PLC 的用户程序存储器的容量可以由用户选择。

3. PLC 程序存储器的种类

(1)随机存储器(RAM):一般为用户存储器。

(2)只读存储器(ROM):一般为系统存储器。

(3)可擦除的存储器(EPROM、EEPROM):用于存放用户程序,存储时间远远长于 RAM,一般作为 PLC 的可选件。

3.3.2.3 输入/输出模块(I/O 接口电路)

由于实际生产过程中的信号多种多样,控制系统所要配置的执行机构也是多种类型的,而 PLC 的 CPU 所处理的信号只能是标准电平,为了能直接用于控制系统,PLC 提供了各种工作电平、连接形式和驱动能力的 I/O 模块,有各种功能的 I/O 模块供用户选用,如电平转换、电气隔离、串/并行变换、开关量输入/输出、模数(A/D)和数模(D/A)转换以及其他功能模块等。按 I/O 点数确定模块的规格及数量,I/O 模块可多可少,但其最大点数受 PLC 底板或机架槽数的限制。

PLC 的对外功能主要是通过各种 I/O 接口模块与外界联系来实现的。输入模块和输出模块是 PLC 与现场 I/O 装置或设备之间的连接部件,起着 PLC 与外部设备之间传递信息的作用。因此,可以将各种开关、按钮以及传感器等直接接到 PLC 的输入端;将各种执行机构(电磁阀、继电器、接触器、调节阀、调速器等)直接接到 PLC 的输出端。

I/O 模块分为开关量输入(Digital Input,DI)、开关量输出(Digital Output,DO)、模拟量输入(Analog Input,AI)和模拟量输出(Analog Output,AO)等模块。通常 I/O 模块上还有 I/O 接线端子排和状态显示,以便于连接和监视。I/O 模块既可通过底板总线与主控模块放在一起,构成一个系统,又可通过插座用电线引出远程放置,实现远程控制及联网。

输入/输出(I/O)模块是PLC与现场I/O设备或其他外部设备之间的连接部件。PLC通过输入模块把工业现场的状态信息读入,通过用户程序的运算与操作,把结果通过输出模块输出给执行机构。

输出模块用于把用户程序的逻辑运算结果输出到PLC外部,输出模块具有隔离PLC内部电路与外部执行元件的作用,同时兼有功率放大作用。输出模块常用的形式有晶体管输出(T型)、双向晶闸管输出(S型)和继电器输出(R型)。使用时要注意:晶体管输出型模块只能带直流负载,双向晶闸管输出型模块只能带交流负载,继电器输出型模块可带交/直流负载。

3.3.2.4 电源单元

PLC中不同的电路单元需要不同的工作电源,如CPU和I/O电路要采用不同的工作电源。因此,电源在整个PLC系统中起着十分重要的作用。PLC的供电电源一般为市电(AC 220 V),也有用DC 24 V供电的。PLC对电源的稳定度要求不高,一般允许电源在电压额定值 -15% ~10% 的范围内波动。其CPU单元和I/O单元由PLC内部的稳压电源供电,小型PLC电源和CPU单元是一体的,大、中型的PLC都有专门的电源单元。有些PLC的电源部分还有DC 24 V输出,用于对外部传感器供电,但电流是毫安级。

3.4 可编程控制器的硬件资源与编程语言

3.4.1 可编程控制器的硬件资源

PLC提供了各种类型的继电器,一般称为“软继电器”,以供系统软件设计时编程使用。常用的有输入继电器、输出继电器、内部继电器(分为通用和特殊两种)、定时器、计数器、数据寄存器(分为通用和专用等类型)等。这些编程用的继电器的工作线圈没有工作电压等级、功耗大小和电磁惯性等问题。其触点没有数量限制,没有机械磨损和电蚀等问题。在不同的指令操作下,其工作状态可以无记忆,也可以有记忆,还可以作脉冲数字元件使用。

3.4.1.1 输入继电器

PLC的输入继电器是接收外部开关信号的窗口。PLC内部与输入端子连接的输入继电器是用光电耦合器隔离的电子继电器,编号与接线端子编号一致。每一个输入继电器都有一个“等效线圈”和无数个常开/常闭触点。输入继电器的吸合或释放只取决于PLC外部所连接的开关信号的状态,而不能通过程序控制。内部的常开/常闭两种触点供编程时随时使用,使用次数不限。输入继电器的响应时间常数一般小于10 ms。输入继电器内部原理图如图3-7所示。

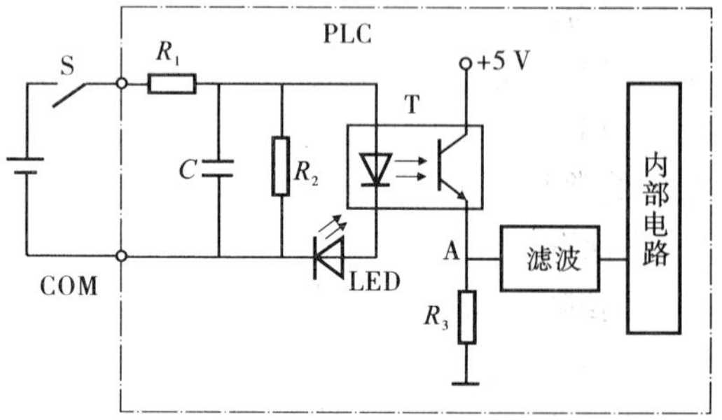

图3-7 输入继电器内部原理图

3.4.1.2 输出继电器

PLC 的输出继电器是向外部负载输出信号的窗口，也是通过光电耦合器隔离后接外部负载的。输出继电器的线圈由程序控制，其外部输出主触点接到 PLC 的输出端子上，以供驱动外部负载使用，其余常开/常闭触点供内部程序使用。输出继电器的常开/常闭触点使用次数不限，但线圈一般只能用一次。输出继电器内部原理图如图 3-8 所示。

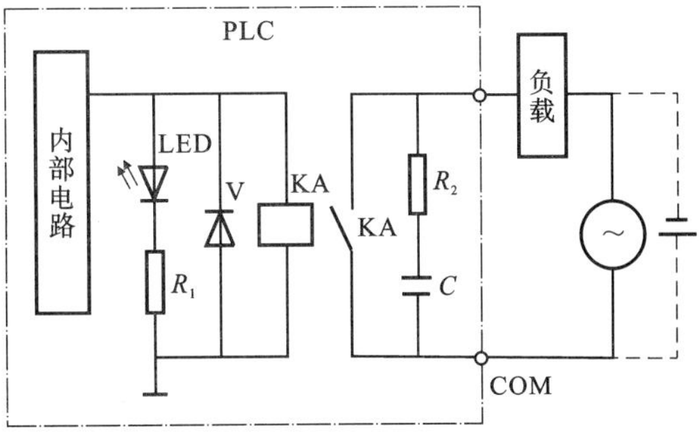

图 3-8 输出继电器内部原理图

3.4.1.3 内部继电器

PLC 中有很多内部继电器，其线圈与输出继电器一样，由 PLC 内各软元件的触点驱动。内部继电器没有向外的任何联系，只供内部编程使用(类似于继电器控制系统中的中间继电器 KA)。它的常开/常闭触点使用次数不受限制。但是，这些触点不能直接驱动外部负载，外部负载的驱动必须通过输出继电器来实现。内部继电器一般分为通用内部继电器和特殊内部继电器。

1. 通用内部继电器

PLC 中都有一定数量的通用内部继电器。这类继电器的触点和线圈在程序中都可以使用，但线圈一般只能用一次，而对应的常开和常闭触点则可以无限制地重复使用。

2. 特殊内部继电器

特殊内部继电器也叫专用内部继电器，每个都有专门的用途，用来存储系统工作时的一些特定状态信息。这类继电器只能单个使用，且只能使用触点，不能使用线圈。

不同的 PLC，其输入继电器、输出继电器和内部继电器的编址方式(即编号)不同，数量也不一样。在实际设计中，一定要明确其编址方式和数量。它们一般既可单个使用，也能以字节(由 8 个继电器组成)、字(由 16 个继电器组成)或双字(由 32 个继电器组成)的形式使用。

3.4.1.4 定时器

PLC 中的定时器根据时钟脉冲的累积计时。当所计时间达到设定值时，其输出触点动作。时钟脉冲一般有 1 ms、10 ms 和 100 ms，有些 PLC 还提供 1 s 的时钟，可以满足不同的应用需求。定时器可以采用用户程序存储器内的常数作为设定值，也可以用数据寄存器的内容作为设定值。每个定时器只有一个输入。编程时，设定值由用户确定。与常规的时间继电器一样，线圈通电时，定时器的当前值开始减计数计时。在当前值计到 0 时，相应的常开/常闭触点都动作，常开的闭合，常闭的断开；断电时自动复位，所有的触点释放，不保存中间数值，当前值又变为设定值。需要注意的是，PLC 中的定时器没有与常规的时间继电器一样的瞬动触点。

3.4.1.5 计数器

PLC 中的计数器一般是 16 位减法计数器，都有两个输入，一个用于计数，一个用于复位。每一个计数脉冲上升沿使原来的数值减 1。在当前值减到 0 时停止计数，同时触点动作,常开触点闭合,常闭触点断开。当复位控制信号的上升沿到来时,计数器被复位。复位信号断开后,计数器重新进入计数状态。与定时器不同的是,如果在计数过程中系统断电,计数器的当前值一般能自动保存下来。在系统上电重新运行时,计数器就接着断电时的参数值继续计数。

不同的 PLC,其定时器和计数器的编址方式(即编号)不同,具体工作特性和数量的多少也不一样。在实际设计中,一定要十分熟悉其编址方式、特性和数量。一个定时器或计数器的线圈一般只能使用一次,但其常开和常闭触点都没有使用次数的限制,在编程时可以重复使用。

3.4.1.6 数据寄存器

数据寄存器不能使用线圈或触点,而是以字存储单元的形式使用,用于存放各种数据。PLC 中每一个数据寄存器都是一个字存储单元,都是 16 位(最高位为正、负符号位),也可用两个数据寄存器组合起来存储 32 位数据(最高位为正、负符号位)。不同 PLC 提供的数据寄存器的种类和数量不同,编址方式(即编号)也不一样。数据寄存器分为通用和专用两种。

1. 通用数据寄存器

通用数据寄存器用于存放各种数据,只要不写入其他数据,已写入的数据不会变化。默认状态下各个单元的数据均为 0。

2. 专用数据寄存器

专用数据寄存器也叫特殊数据寄存器。与专用内部继电器类似,每一个都有专门的用途。这类存储单元只能以字的形式使用。

3.4.2 可编程控制器的编程语言

PLC 是一种专门为工业控制而设计的计算机,具体控制功能的实现也是通过开发人员设计的程序来完成的。所以,采用 PLC 进行控制就涉及用相应的程序设计语言来完成编程的任务。

PLC 存在的主要缺点在于 PLC 的软件和硬件体系结构是封闭而不是开放的。绝大多数的 PLC 是专用总线、专用通信网络及协议。编程虽然都可采用梯形图,但不同公司的 PLC 产品在寻址、语法结构等方面不一致,使各种 PLC 互不兼容。国际电工委员会(IEC)在 1992 年颁布了可编程控制器的编程软件标准 IEC1131 - 3,为各 PLC 厂家编程的标准化铺平了道路。开发以 PC 为基础,在 Windows 平台下,符合 IEC1131 - 3 国际标准的新一代开放体系结构的 PLC 正在规划中。

国际电工委员会制定的 5 种标准编程语言如下:

(1)梯形图(Ladder Diagram,LD),适合于逻辑控制的程序设计。

(2)指令表(Instruction List,IL),适合于简单文本的程序设计。

(3)顺序功能图(Sequential Function Chart,SFC),适合于时序混合型的多进程复杂控制。

(4)功能块图(Function Block Diagram,FBD),适合于典型固定复杂算法控制,如 PID 调节等。

(5)结构化文本(Structured Text,ST),也称作高级语言编程,适合于编写较复杂的程序,如特殊的模型算法。

3.4.2.1　梯形图

梯形图语言是PLC中应用程序设计的一种标准语言,也是在实际设计中最常用的一种语言。因与继电器电路很相似,具有直观易懂的特点,很容易被熟悉继电器控制的电气人员所掌握,特别适合于数字逻辑控制,但不适于编写控制功能复杂的大型程序。

梯形图是一种图形化的编程语言,沿用了传统的电气控制原理图中的继电器触点、线圈、串联和并联等术语和一些图形符号,左右的竖线称为左右母线(左母线又叫起始母线,右母线又叫结束母线,有的PLC可以省略右母线)。在程序中,最左边是主信号流,信号流总是从左向右流动的。

梯形图由触点、线圈和指令框等构成。触点代表逻辑输入条件,线圈代表逻辑运算结果,指令框用来表示定时器、计数器或数学运算等功能指令。梯形图中的触点只有常开和常闭两种,触点可以是PLC外部开关连接的输入继电器的触点,也可以是PLC内部继电器的触点或内部定时器、计数器等的触点。梯形图中的触点可以任意串、并联,但线圈只能并联,不能串联。内部继电器、定时器、计数器、寄存器等均不能直接控制外部负载,只能作为中间结果供CPU内部使用。PLC按循环扫描的方式处理控制任务,沿梯形图先后顺序执行。同一扫描周期中的结果存储在输出状态暂存器中,所以输出点的值在用户程序中可以当作条件使用。

1. 梯形图绘制原则

(1)梯形图按从上到下、从左到右的顺序绘制。每个逻辑元件起于左母线,终于右母线。继电器线圈与右母线直接连接,不能在继电器线圈与右母线之间连接其他元素,整个逻辑图形成阶梯形。

(2)对电路各元件分配编号。用户输入设备按输入点的地址编号,如:启动按钮SB2的编号为X1。用户输出设备都按输出地址编号,如:接触器KM的编号为Y1。如果梯形图中还有其他内部继电器,则同样按各自分配的地址来编号。

(3)在梯形图中,输入触点用以表示用户输入设备的输入信号。当输入设备的触点接通时,对应的输入继电器动作,其常开触点接通,常闭触点断开。当输入设备的触点断开时,对应的输入继电器不动作,其常开触点恢复断开,常闭触点恢复闭合。

(4)在梯形图中,同一继电器的常开、常闭触点可以多次使用,不受限制,但同一继电器的线圈只能使用一次。

(5)输入继电器的状态取决于外部输入信号的状态,因此在梯形图中不能出现输入继电器的线圈。

三菱PLC的梯形图如图3-9所示。

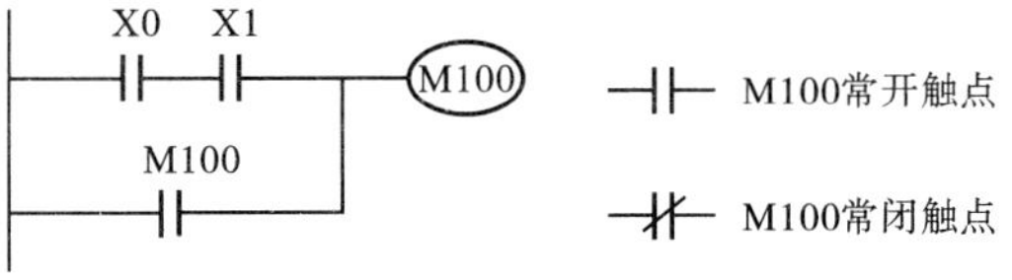

图3-9　三菱PLC的梯形图

2. 软继电器与能流

1）软继电器（又称内部线圈）

PLC 的梯形图中，主要利用软继电器线圈的吸—放功能以及触点的通—断功能。PLC 内部并没有继电器那样的实体，只有内部寄存器中的每位触发器，它根据计算机对信息的存—取原理，来读出触发器的状态，或在一定条件下改变它的状态。

2）能流

想象左右两侧竖直母线之间有一个左正右负的直流电源电压（有时省略了右侧的竖直母线），电流从母线的左侧流向母线的右侧，这就是能流。

实际上，并没有真实的电流流动，而是为了分析 PLC 的周期扫描原理以及信息存储空间分布规律假设的。能流在梯形图中只能作单方向流动，即从左向右流动，层次的改变只能先上后下。

3. 梯形图与继电控制电路比较

相同之处：

（1）电路结构形式大致相同。

（2）梯形图大都沿用继电控制电路元件符号，有的有些不同。

（3）信号输入、信息处理以及输出控制的功能均相同。

不同之处：

（1）组成器件不同。继电控制电路由真正的继电器组成，梯形图由所谓的软继电器组成。

（2）工作方式不同。当电源接通时，继电控制电路各继电器该吸合的都应吸合，不吸合的都因条件限制不能吸合。而在梯形图中，各继电器都处于周期性循环扫描接通之中。

（3）触点数量不同。继电控制电路中的继电器触点数有限，而梯形图中，软继电器触点数无限，因为在存储器中的触发器状态可取任意次。

（4）编程方式不同。继电控制电路中，其程序已包含在电路中，功能专一、不灵活，而梯形图的设计和编程灵活多变。

（5）连锁方式不同。继电控制电路中，设置了许多制约关系的连锁电路，而在梯形图中，因它是扫描工作方式，不存在几个并列支路同时动作的因素，因此简化了电路设计。

3.4.2.2　指令表

指令表是一种类似于计算机汇编语言的文本编程语言，即用特定的助记符来表示某种逻辑运算关系。一般由多条语句组成一个程序段。指令表适合于经验丰富的程序员使用，可以实现某些梯形图不易实现的功能。

指令表与梯形图有着完全的对应关系，两者之间可以相互转换。指令表程序较难阅读，其中的逻辑关系很难一眼看出，所以在程序设计时一般使用梯形图语言。当用手持编程器键入梯形图程序时，必须将梯形图程序转换为指令表程序，因为手持编程器不具备梯形图程序编辑功能。在用户程序存储器中，指令按序号顺序排列。

如果用便携式图形编程器或微型计算机进行编程，既可以用梯形图又可以用指令表，而且梯形图与指令表可以相互自动转换，程序写入 PLC 时，只需按“Download”（下载）即可。当然，PLC 专用编程软件是必备的。

3.4.2.3 顺序功能图

顺序功能图如图3-10所示,它也是一种图形化的编程语言,用来编写顺序控制的程序(如机械手控制程序)。在进行程序设计时,工艺过程被划分为若干个顺序出现的步,每步中包括控制输出的动作,从一步到另一步的转换由转换条件来控制,特别适合于生产制造过程。

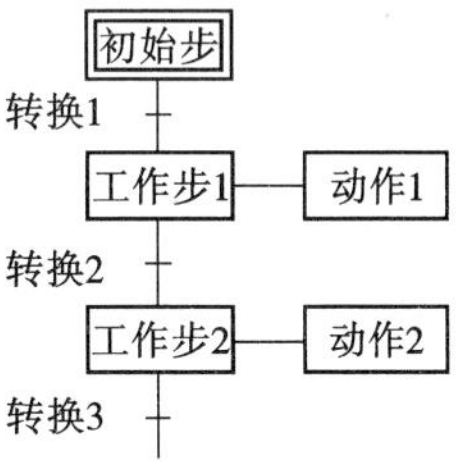

图3-10 顺序功能图

3.4.2.4 功能块图

功能块图使用类似于布尔代数的图形逻辑符号来表示控制逻辑,一些复杂的功能用指令框表示,适合于有数字电路基础的编程人员使用。功能块图采用类似于数字电路中逻辑门的形式来表示逻辑运算关系。一般一个运算框表示一个功能。运算框的左侧为逻辑运算的输入变量,右侧为输出变量。输入、输出端的小圆圈表示"非"运算,方框用"导线"连在一起。信号自左向右传递,如图3-11所示。

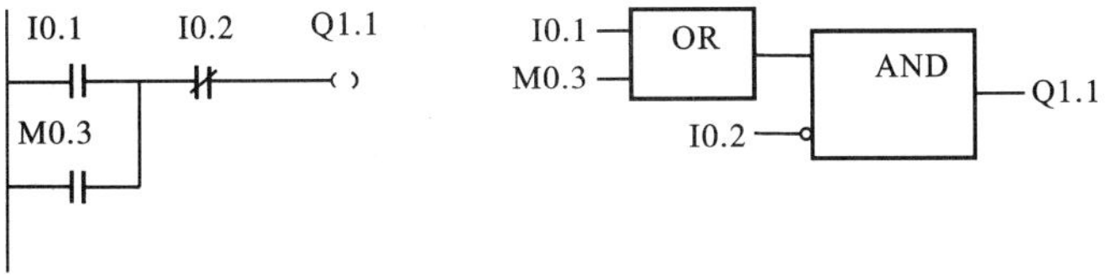


```
LD   I0.1
O    M0.3
AN   I0.2
=    Q1.1
```

(a)梯形图　　(b)功能块图　　(c)指令助记符

图3-11 西门子PLC的梯形图、功能块图、指令助记符

3.4.2.5 结构化文本

结构化文本是为IEC61131-3标准创建的一种PLC专用的高级语言。与梯形图相比,易于实现复杂的数学运算,编写的程序非常简洁和紧凑。西门子公司的PLC使用的STEP7中的S7-SCL属于结构化控制语言,程序结构与C语言相似,特别适合习惯使用高级语言进行程序设计的技术人员使用。

前面对PLC的基本情况作了一般性的介绍。由于没有结合具体的PLC产品进行说明,因此有些地方可能还难以形成完整而具体的认识,如内部的继电器资源等内容。但从学习和使用的角度来说,一般要从以下3个方面来考虑:

(1)必须熟悉PLC的内部继电器资源。这是进行系统程序设计的前提和基础。针对特定型号的PLC,一定要搞清楚其内部继电器的类型、数量、编号范围和相关特性。只有熟悉了这部分内容,在程序设计中才能合理地进行资源分配,从而编写出高水平的应用程序。由于一般的PLC教材和参考资料只介绍一些常用的资源,内容不够全面,必要的时候可查看相应的PLC用户手册。

(2)必须熟悉PLC的指令系统。指令是进行PLC程序设计的基本语言工具,是系统控制功能的具体体现。只有熟练掌握了PLC的指令系统,在进行程序设计时才能做到灵活应用。当然,采用PLC进行控制系统设计的工程技术人员首先要熟悉生产流程、被控设备的特性和控制要求,然后结合指令系统才能设计出高质量的程序。

(3)必须熟悉 PLC 的输入/输出电路特性及外部输入/输出设备与 PLC 的输入/输出继电器的连接方法。不同的 PLC 对输入/输出信号的要求不一样,如输入信号分直流和交流,输出则有继电器输出、晶体管输出和晶闸管输出等不同类型。在实际设计中,应该注意输入/输出电路的动作特点、电压、负载电流等参数。这些内容一般可以在 PLC 的硬件安装手册中查到。

3.5　可编程控制器的工作原理

3.5.1　可编程控制器的工作方式

PLC 在本质上是一台微型计算机,其工作原理与普通计算机类似,具有计算机的许多特点。但其工作方式却与计算机有较大的不同,具有一定的特殊性。早期的 PLC 主要用于替代传统的继电器 - 接触器构成的控制装置,但是这两者的运行方式不同。继电器控制装置采用硬逻辑并行运行的方式,如果一个继电器的线圈通电或断电,该继电器的所有触点(常开/常闭触点)不论在控制线路的哪个位置,都会立即同时动作。而 PLC 采用了一种不同于一般计算机的运行方式,即循环扫描。PLC 在工作时逐条顺序地扫描用户程序。如果一个线圈接通或断开,该线圈的所有触点不会立即动作,必须等扫描到该触点时才会动作。为了消除二者之间由于运行方式不同而造成的这种差异,必须考虑到继电器控制装置中各类触点的动作时间一般在 100 ms 以上,而 PLC 扫描用户程序的时间一般均小于 100 ms。

计算机一般采用等待输入、响应处理的工作方式,没有输入时就一直等待输入,如有键盘操作或鼠标等 I/O 信号的触发,则由计算机的操作系统进行处理,转入相应的程序。一旦该程序执行结束,又进入等待输入的状态。而 PLC 对 I/O 操作、数据处理等则采用循环扫描的工作方式。

3.5.2　可编程控制器的工作过程

在 PLC 中,用户程序按先后顺序存放,在没有中断或跳转指令时,PLC 从第一条指令开始顺序执行,直到遇到程序结束符后又返回到第一条指令,如此周而复始地不断循环执行程序。PLC 在工作时采用循环扫描的工作方式,简单直观,程序设计简化,并为 PLC 的可靠运行提供保证。有些情况下也插入中断方式,允许中断正在扫描运行的程序,以处理紧急任务。

PLC 扫描工作的第一步是采样阶段,通过输入接口把所有输入端的信号状态读入缓冲区,即刷新输入信号的原有状态。第二步是扫描用户程序,根据本周期输入信号的状态和上周期输出信号的状态,对用户程序逐条进行运算处理,将结果送到输出缓冲区。第三步进行输出刷新,将输出缓冲区各输出点的状态通过输出接口电路全部送到 PLC 的输出端子。PLC 周期性地循环执行上述 3 个步骤,这种工作方式称为循环扫描的工作方式。每一次循环的时间称为一个扫描周期。一个扫描周期中除执行指令外,还有 I/O 状态刷新、故障诊断和通信等操作,如图 3-12 所示。扫描周期是 PLC 的重要参数之一,它反映

PLC 对输入信号的灵敏度或滞后程度。通常工业控制要求 PLC 的扫描周期在 6 ~ 30 ms 以下。

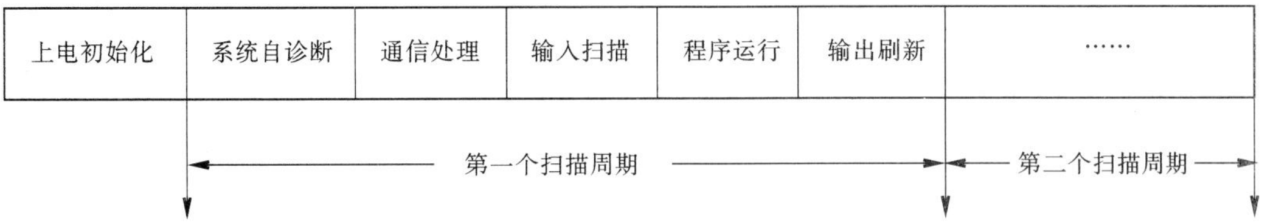

图 3-12　PLC 的工作流程

在进入扫描之前,PLC 首先执行自检操作,以检查系统硬件是否存在问题。自检过程的主要任务是消除各继电器和寄存器状态的随机性,进行复位和初始化处理,检查 I/O 模块的连接是否正常,再对内存单元进行测试。如正常则可认为 PLC 自身完好,否则出错指示灯(ERROR)亮报警,停止所有任务的执行。最后复位系统的监视定时器,允许 PLC 进入循环扫描周期。在每次扫描期间,PLC 都进行系统自诊断,以便及时发现故障。在正常的扫描周期中,PLC 内部要进行一系列操作,一般包括故障诊断及处理操作、连接工业现场的数据输入和输出操作、执行用户程序和响应外部设备的任务请求(如打印、显示和通信等)。

PLC 的面板上一般都有设定其工作方式的开关。当 PLC 的方式开关置于 RUN(运行)时,执行所有阶段;当方式开关置于 STOP(停止)时,不执行后 3 个阶段(见图 3-12)。此时可进行通信处理,如对 PLC 进行离线编程或联机操作。

3.5.2.1　故障诊断及处理操作

这是在每一次扫描程序前对 PLC 系统作一次自检。若发现异常,除出错指示灯(ERROR)亮外,还判断故障的性质。如属于一般性故障,则只报警不停机,等待处理。对于严重故障,PLC 就切断一切外部联系,停止用户程序的执行。

3.5.2.2　数据输入和输出操作

数据输入和输出操作即为 I/O 状态刷新。输入扫描就是对 PLC 的输入进行一次读取,将输入端各变量的状态重新读入 PLC 中,存入输入缓冲区。输出刷新就是将新的运算结果从输出缓冲区送到 PLC 的输出端。

PLC 的存储器中有一个专门存放 I/O 数据的区域。对应于输入端的数据区为输入缓冲区,对应于输出端的数据区为输出缓冲区。PLC 在采样时,输入信号进入缓冲区,即数据输入的状态刷新。PLC 在输出时,将输出缓冲区的内容输出到输出寄存器,即数据输出的状态刷新。I/O 缓冲区中的内容构成了当前的 I/O 状态表。

通常把 PLC 内部的各种存储器称为“软继电器”。所谓软继电器实际上是存储器中的一位触发器,其 0、1 对应继电器线圈的断与通。在传统的继电器控制系统中,输出是由物理器件加导线连接而成的电路来实现的。而在 PLC 中,却是用微处理器和存储器来代替继电器控制线路,通过用户程序来控制这种“继电器”的断与通,所以将这种继电器称为“软继电器”。

输入操作实际是采样输入信号,刷新输入缓冲区的内容,输出操作则是送出处理结果,按输出缓冲区的内容刷新输出信号。PLC 在每次扫描中都将保存在输入和输出缓冲区的内容进行一次更新。

从输入和输出操作的过程可以看出,在刷新期间,如果输入信号发生变化,则在本次扫描期间,PLC 的输出端会相应地发生变化,也就是说输出对输入立刻产生了响应。如在一次 I/O 刷新之后输入变量才发生变化,则在本次扫描期间输入缓冲区的状态保持不变,PLC 相应的输出也保持不变,而要到下一次扫描期间输出才对输入产生响应。即只有在采样(刷新)时刻,输入缓冲区中的内容才与输入信号(不考虑电路固有惯性和滞后影响)一致,其他时间范围内输入信号的变化不会影响输入缓冲区的内容。PLC 根据用户程序要求及当前的输入状态进行处理,结果存放在输出缓冲区中。在程序执行结束(或下次扫描用户程序前)PLC 才将输出缓冲区的内容通过锁存器输出到端子上,刷新后的输出状态一直保持到下次的输出刷新。这种循环扫描的工作方式存在一种信号滞后的现象,但 PLC 的扫描速度很高,一般不会影响系统的响应速度。

3.5.2.3　执行用户程序

用户程序的执行一般包括程序的具体执行与监视两部分操作。

1. 程序执行

用户程序是存放在用户程序存储器中的。PLC 在循环扫描时,每一个扫描周期都按顺序从用户程序的第一条指令开始,逐条(跳转指令除外)解释和执行,直到执行到 END 指令才结束对用户程序的本次扫描。

用户程序处理的依据是输入/输出状态表。其中输入状态在采样时刷新,输出状态则根据用户程序而逐个更新。每一次计算都以当前的 I/O 状态表中的内容为依据,结果送到相应的输出缓冲区中,上面的结果作为下面计算的依据,中间结果不能作为输出的依据。对于整个控制系统来说,只有执行完用户程序后的 I/O 状态才是该系统的确定状态,作为输出锁存的依据。

2. 监视

PLC 中一般设置有监视定时器(Watchdog timer,WDT),即“看门狗”,用来监视程序执行是否正常。每次执行程序前复位 WDT 并开始计时。正常时,扫描执行一遍用户程序所需时间不会超过某一定值。若程序执行过程中因某种干扰使扫描失控或进入死循环,则 WDT 会发出超时复位信号,使程序重新开始执行。此时,如是偶然因素造成超时,系统便转入正常运行,如由于不可恢复的确定性故障,则系统会在故障诊断及处理操作中发现这种故障,并发出故障报警信号,切断一切外界联系,停止用户程序的执行,等待技术人员处理。

3.5.2.4　响应外设的服务请求

外设命令是可选操作,它给操作人员提供了交互机会,也可与其他系统进行通信,不会影响系统的正常工作,而且会更有利于系统的控制和管理。PLC 每次执行完用户程序后,如有外设命令,就进入外设命令服务的操作,操作完成后就结束本次扫描周期,开始下一个扫描周期。

3.5.2.5　几点说明

(1)PLC 以循环扫描的方式工作,输入/输出的逻辑关系上存在滞后现象。扫描周期越长,滞后现象就越严重。但 PLC 的扫描周期一般只有几十毫秒或更少,两次采样之间的时间很短,对于一般输入量来说可以忽略。可以认为输入信号一旦变化,就能立即传送到对应的输入缓冲区。同样,对于变化较慢的控制过程来说,由于滞后的时间不超过一个扫描周期,因此可以认为输出信号是及时的。

在实际应用中,这种滞后现象可起到滤波的作用。对慢速控制系统来说,滞后现象反而增加了系统的抗干扰能力。但对控制时间要求较严格、响应速度要求较快的系统,就必须考虑滞后对系统性能的影响,在设计中应尽量缩短扫描周期,或者采用中断的方式处理高速的任务请求。

(2)除执行用户程序所占用的时间外,扫描周期还包括系统管理操作所占用的时间。前者与程序的长短及所用的指令有关,而后者基本不变。如考虑到 I/O 硬件电路的延时,PLC 的响应滞后就更大一些。

输入/输出响应的滞后不仅与扫描方式和硬件电路的延时有关,还与程序设计的指令安排有关,在程序设计中一定要注意。

PLC 最基本的工作方式是循环扫描方式,即使在具有快速处理功能的高性能 PLC 中,系统也是以循环扫描的工作方式执行的,理解和掌握这一点对于学习 PLC 十分重要。

小　结

本章主要介绍可编程控制器的历史、发展方向、特点、应用、性能指标、结构、编程语言和工作原理。

1. 可编程控制器是为适应生产工艺不断更新的需要于 20 世纪 60 年代末出现的,和机器人、CAD/CAM 技术构成工业的三大支柱。它主要向着大型、多功能、智能化、模块化和加强联网能力,以及简易、价廉的方向发展。

2. 它的最突出特点是可靠性高、抗干扰能力强,同时具有编程简单、开发周期短、体积小、重量轻、功耗低等优点,主要应用于开关量、过程量、模拟量控制,数据运算、通信联网等方面。

3. 可编程控制器的性能指标反映其性能的高低,主要包括 I/O 点数、处理速度、存储器容量、定时器/计数器及其他辅助继电器的种类和数量、各种运算处理能力等。

4. 可编程控制器是一种新型的工业控制专用计算机,在硬件的构成上包括 CPU、存储器、I/O 接口、扩展单元及各种外部设备等,可构成不同 I/O 点数的控制系统。

5. 可编程控制器利用软件进行控制,其编程语言主要有梯形图和指令表。

6. 可编程控制器的工作过程分为输入采样、程序执行和输出刷新三个阶段,并采用循环扫描的方式工作,这一点和传统的继电器 - 接触器系统是完全不同的,也是其性能得到提高的基础之一。

思考题与习题

3-1　PLC 主要由哪几个部分组成? 简述各部分的主要作用。

3-2 PLC常用的存储器有哪几种？各有什么特点？用户程序存储器主要用来存储什么信息？

3-3 什么是扫描周期？其时间长短主要受什么因素的影响？

3-4 试简述PLC的工作原理。

3-5 PLC中的继电器有哪些类型？各有什么作用？

3-6 PLC有哪些特点？

3-7 比较PLC控制和继电器控制的优缺点。

3-8 在选购PLC时，你会注意哪些技术指标？

3-9 简述PLC的主要功能。

3-10 PLC有哪几种结构形式？最常见的是哪一种？

3-11 简述PLC的发展方向。

3-12 PLC主要性能指标有哪些？各指标的意义是什么？

第4章　三菱FX系列PLC及其指令应用

4.1　三菱FX系列PLC

三菱电机(MITSUBISHI ELECTRIC)的PLC产品线非常齐全，FX系列主要是小型PLC，Q系列(Qn/QnPH)为大中型PLC，L系列为多功能、高性能的小型PLC。FX系列PLC是三菱公司1990年后推出的高性能小型可编程控制器，以逐步替代三菱公司原F、F_1、F_2系列PLC产品。其中FX_2是1991年推出的产品，FX_0是在FX_2之后推出的超小型PLC，近几年来又连续推出了将众多功能凝集在超小型机壳内的FX_{0S}、FX_{1S}、FX_{0N}、FX_{1N}、FX_{2N}、FX_{2NC}等系列PLC，具有较高的性能价格比，应用广泛，它们采用整体式和模块式相结合的叠装式结构。从2013年开始，FX_{2N}系列PLC已经停产，其替代产品是FX_{3U}系列。三菱FX系列PLC所使用的编程软元件、功能指令是相同的，只是不同型号有个别细微的差异。

4.1.1　FX系列PLC的特点

FX系列PLC体积小，都属于整体式PLC，输入/输出端子有两种形式：端子排型和连接器型。外部结构先进美观，有多个子系列，系统配置灵活，功能强，使用方便。

4.1.2　FX系列PLC型号介绍

三菱FX系列PLC产品种类丰富，从超小型FX_{1S}系列到通用型FX_{2N}系列再到第三代微型FX_{3U}系列，用户可以根据成本或者应用选择最合适的产品，产品选型手册可以在三菱电机的网站中找到。

FX_{1S}是端子排型的超小型PLC，适用于小规模的控制，有10~30个I/O点，用户存储器(EEPROM)容量为2 000步，辅助继电器512点，定时器64点，计数器32点，数据寄存器256点。可以使用一块I/O点扩展板、串行通信扩展板或模拟量扩展板。

FX_{1N}是端子排型PLC，适用于中小规模的控制，有14~128个I/O点，能使用特殊功能模块、显示模块和扩展板。用户存储器(EEPROM)容量为8 000步，有内置的实时钟。FX_{1N}和FX_{1S}有两个内置的设置参数用的小电位器，同时可以输出2点60 kHz的高速脉冲。

FX_{1NC}是连接器输入/输出型、非端子排型PLC，是为节省电气控制柜内空间和接线而设计的。

FX_{2N}系列的PLC是端子排型高性能标准规格PLC，在工业生产的各个领域都有广泛应用。用户存储器容量8K步，可以扩展到16K步，最大可以扩展到256个I/O点，有多种特殊功能模块或功能扩展板，可以实现多轴定位控制。

FX_{2NC}是连接器输入/输出型、非端子排型、紧凑型高性能PLC，其最大优势是使用终端模块代替连接器或中继端子排进行接线，可以节省电气控制柜内的接线。

FX_{1N}和 FX_{2N}可以接入 CC－Link 和 AS－I 网络，与 RS－232C 和 RS－485 设备通信，实现 FX 系列 PLC 之间的简易链接、并联链接、计算机链接和 I/O 链接通信。

FX_{3U}和 FX_{3UC}系列是三菱的第三代微型 PLC，处理速度为 0.065 μs/基本指令，64K 步 RAM 存储器，209 条应用指令，大幅度增加了内部软元件。最大 I/O 点数 256 点。FX_{3UC}与 FX_{3U}不同之处是标配了显示模块。

FX_{3G}是三菱公司新近推出的新型第三代三菱 PLC，基本单元自带两路高速通信接口（RS－422 和 USB），内置高达 32K 大容量存储器，标准模式时基本指令处理速度可达 0.21μs，控制规模 14～256 点（包括 CC－Link 网络 I/O），定位功能设置简便，基本单元左侧最多可连接 4 台 FX_{3U}特殊适配器，可实现浮点数运算，具有增强密码保护功能。

本章主要介绍的是日本三菱公司的 FX_{2N}系列 PLC。

FX_{2N}是 FX 系列中功能最强、速度最高的微型可编程控制器。FX_{2N}有 3 000 多点辅助继电器、1 000 点状态位、200 多点定时器、200 点 16 位加计数器、35 点 32 位加/减计数器、8 000多点 16 位数据寄存器、128 点跳步指针、15 点中断指针，这些编程元件对于一般的系统是绰绰有余的。

它的基本指令执行时间高达 0.08 μs，远远超过了很多大型可编程控制器。用户存储器容量可扩展到 16K 步，最大可以扩展到 256 个 I/O 点，有 5 种模拟量输入/输出模块、高速计数器模块、脉冲输出模块、4 种位置控制模块、多种 RS－232C/RS－422/RS－485 串行通信模块或功能扩展板，以及模拟定时器功能扩展板。使用特殊功能模块和功能扩展板，可以实现模拟量控制、位置控制和联网通信等功能。

FX_{2N}有 128 种功能指令，具有中断输入处理、修改输入滤波器时间常数、数学运算、逻辑运算、浮点数运算、数据检索、数据排序、PID 运算、开方、三角函数运算、脉冲输出、脉宽调制、ASCII 码输出、BCD（十进制）与 BIN（二进制）的相互转换、串行数据传送、校验码、比较触点等功能指令。FX_{2N}内装实时钟，有时钟数据的比较、加减、读出/写入指令，可用于时间控制。FX_{2N}还有矩阵输入、10 键输入、数字开关、方向开关、7 段显示器扫描显示、示教定时器等方便指令。

FX_{2N}系列可编程控制器的型号格式如下：

FX_{2N}－□□　□□　－　□
　　　　①　②③　　　④

其中：

①表示输入/输出的总点数：范围从 4 到 128；

②表示单元类型：M 为基本单元，E 为输入/输出混合扩展单元与扩展模块，EX 为输入专用扩展模块，EY 为输出专用扩展模块；

③表示输出形式：R 为继电器输出，T 为晶体管输出，S 为双向可控硅（晶闸管）输出；

④表示特殊品种的区别：D 为 DC（直流）电源，DC 输出模块；A1 为 AC（交流）电源，AC 输入（AC 100～120 V）或 AC 输出模块；H 为大电流输出扩展模块（1 A/1 点）；V 为立式端子排的扩展模块；C 为接插口输入/输出方式；F 为输入滤波时间常数为 1 ms 的扩展模块；L 为 TTL 输入扩展模块；S 为独立端子（无公共端）扩展模块；若无符号，则为 AC 电源、DC 输入、横式端子排、标准输出（继电器输出为 2 A/1 点；晶体管输出为 0.5 A/1 点；

双向可控硅输出为0.3 A/1 点)。

例如,型号为 FX_{2N} -40MR-D 的 PLC 属于 FX_{2N}系列,是有 40 个 I/O 点的基本单元,继电器输出型,使用 DC 24 V 电源。

FX_{1S}和 FX_{2N}系列 PLC 外形如图 4-1 所示。

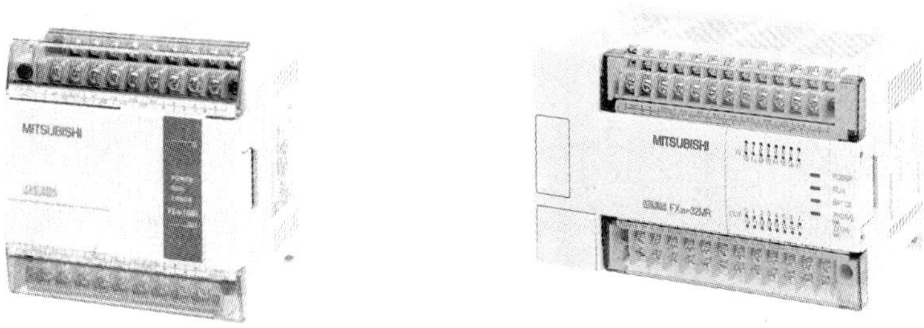

图 4-1 FX_{1S}和 FX_{2N}系列 PLC 外形

4.1.3 FX 系列 PLC 的编程元件

可编程控制器是由许多具有一定功能的器件组成的,这些器件具有继电器的功能,习惯上也称为继电器,但为了与一般的继电器区别又称为“软继电器”。“软继电器”简称软元件或元件。PLC 内部存储器的每一个存储单元均称为元件,各个元件与 PLC 的监控程序、用户的应用程序合作,会产生或模拟出不同的功能。当元件产生的是继电器功能时,称这类元件为软继电器,简称继电器,它不是物理意义上的实物器件,而是一定的存储单元与程序的结合产物。

FX 系列产品,它内部的编程元件,也就是支持该机型编程语言的软元件,按通俗叫法分别称为继电器、定时器、计数器等,但它们与真实元件有很大的差别。这些编程用的继电器,它的工作线圈没有工作电压等级、功耗大小和电磁惯性等问题;触点没有数量限制、没有机械磨损和电蚀等问题。在不同的指令操作下,其工作状态可以无记忆,也可以有记忆,还可以作脉冲数字元件使用。

在 FX 系列 PLC 中,主要元件表示如下:X 代表输入继电器,Y 代表输出继电器,M 代表辅助继电器,SPM 代表专用辅助继电器,T 代表定时器,C 代表计数器,S 代表状态继电器,D 代表数据寄存器,V、Z 代表变址寄存器。

为了编程方便,还必须给每一个元件编号。只有输入继电器、输出继电器编号采用八进制编码,其他的辅助继电器、定时器、计数器等均采用十进制编码。在编制用户程序时,必须按规定元件的功能及编号进行编制。

4.2 FX 系列 PLC 基本逻辑指令的使用

【任务1】 我的第一个 PLC 程序

生活中我们都有这样的经验,当我们去拜访某个人的时候,只有他家的门铃按钮(PB1)被我们按下时,门铃(BL1)才会响。BL1 只能在 PB1 工作的同一时间段内工作,而事实上，BL1 的状态（响或者不响）完全依赖于对 PB1 的操作（按下或者不按下）。

那么，这样一个简单的过程在 PLC 中是如何实现的呢？

分析：当我们选择了一种型号的 PLC，并想通过该 PLC 去控制电机、水泵、阀门等各种被控对象时，首先我们应该清楚该 PLC 的输入/输出点数是否够用，其次要熟悉该 PLC 的程序开发环境，再根据这个开发环境提供给我们的命令和工具，进行程序设计、仿真调试和运行等工作，然后将调试好的程序通过专用电缆下载到 PLC 中，最后把被控对象和 PLC 按照要求连接起来，这样 PLC 就可以按照我们的要求完成各种控制。

现在我们应该建立起正确的输入和输出的概念，由于只有 PB1 被按下时，BL1 才会响，所以 PB1 相对于 PLC 而言属于输入部分，而 BL1 相对于 PLC 是输出部分。下面就详细介绍一下 FX 系列 PLC 中的一些重要的基本概念。

4.2.1　输入继电器（X）和输出继电器（Y）

FX 系列 PLC 编程元件的名称由字母和数字组成。FX_{2N} 系列 PLC 输入/输出继电器元件号见表 4-1。

表 4-1　FX_{2N} 系列 PLC 输入/输出继电器元件号

FX_{2N}	型号	FN_{2N} -16M	FN_{2N} -32M	FN_{2N} -48M	FN_{2N} -64M	FN_{2N} -80M	FN_{2N} -128M	扩展时
	输入	X000 ~ X007 8 点	X000 ~ X017 16 点	X000 ~ X027 24 点	X000 ~ X037 32 点	X000 ~ X047 40 点	X000 ~ X077 64 点	X000 ~ X267 184 点
	输出	Y000 ~ Y007 8 点	Y000 ~ Y017 16 点	Y000 ~ Y027 24 点	Y000 ~ Y037 32 点	Y000 ~ Y047 40 点	Y000 ~ Y077 64 点	Y000 ~ Y267 184 点
FX_{2NC}	型号	FN_{2NC} -16M	FN_{2NC} -32M	FN_{2NC} -64M	FN_{2NC} -96M	扩展时		
	输入	X000 ~ X007 8 点	X000 ~ X017 16 点	X000 ~ X037 32 点	X000 ~ X057 48 点	X000 ~ X267 184 点		
	输出	Y000 ~ Y007 8 点	Y000 ~ Y017 16 点	Y000 ~ Y037 32 点	Y000 ~ Y057 48 点	Y000 ~ Y267 184 点		

4.2.1.1　输入继电器（X）

FX 系列 PLC 的输入继电器用 X 表示，尾数只有 0 ~ 7。在其编号中没有“8”、“9”这样的数字，例如 X7 和 X10 是两个相邻的整数。

PLC 的输入端子是从外部开关接收信号的窗口，PLC 内部与输入端子连接的输入继电器 X 是光电隔离的电子继电器，它们的编号与接线端子编号一致（按八进制输入），输入继电器的吸合或释放只取决于 PLC 外部触点的状态。内部有常开/常闭两种触点供编程时随时使用，且使用次数不限。输入电路的时间常数一般小于 10 ms。各基本单元都是八进制输入的地址，输入为 X000 ~ X007，X010 ~ X017，X020 ~ X027。

4.2.1.2　输出继电器（Y）

FX 系列 PLC 的输出继电器是可编程控制器向外部负载发送信号的窗口，外部信号无法直接驱动输出继电器，它只能在程序内部由指令驱动。从控制电路来看，是将输入信号进行逻辑组合运算后传送给输出模块，再由它驱动外部负载。如果 Y0 的线圈“通电”，继电器 Y0 的动合、动断触点对应动作，使外部负载相应变化。其动合、动断触点可以多次反复使用。

我们对任务 1 中的 PB1 和 BL1 分配软元件,如表 4-2 所示。

表 4-2　软元件分配表

器件	PLC 软元件	说明
PB1	X000	门铃按钮
BL1	Y000	门铃

4.2.2　认识 GX Developer 编程软件

下面我们来认识三菱 PLC 的编程软件 GX Developer。其界面如图 4-2 所示。

图 4-2　GX Developer 欢迎界面

安装好 GX Developer 8.34(主程序)和 GX Simulator(仿真程序)后,依次单击“开始”、“程序”,即可打开 GX Developer,出现如图 4-3 所示的“创建新工程”窗口。

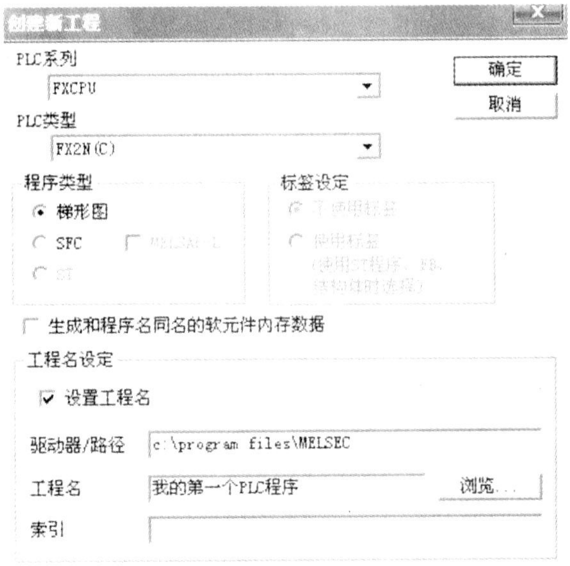

图 4-3　“创建新工程”窗口

在这里，我们选择的 PLC 系列为“FXCPU”，PLC 类型为“FX2N(C)”，程序类型为“梯形图”，并设置工程名为“我的第一个 PLC 程序”。点击“确定”之后就进入如图 4-4 所示的 PLC 编程界面。

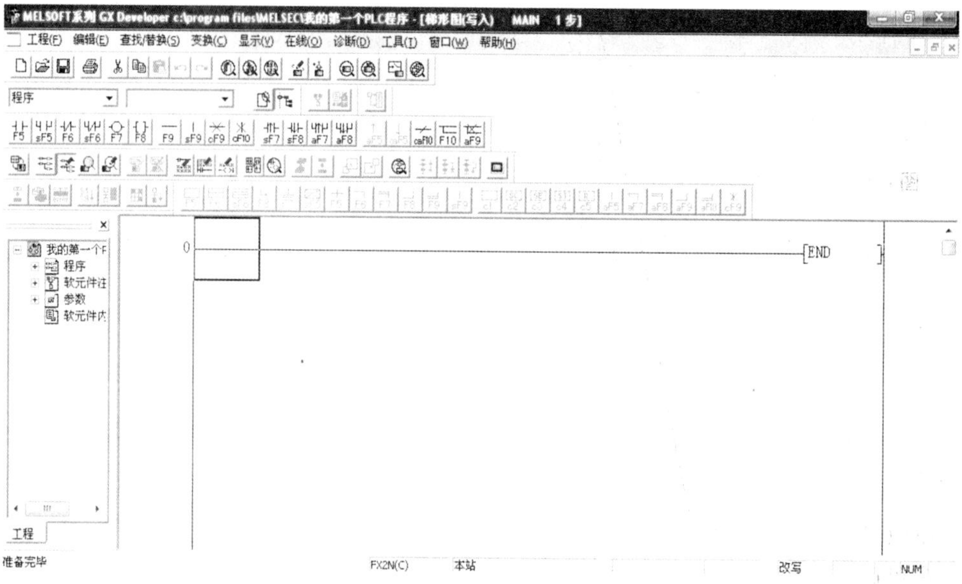

图 4-4　PLC 编程界面

接着，我们编写任务 1 的梯形图和指令表，如图 4-5 所示。

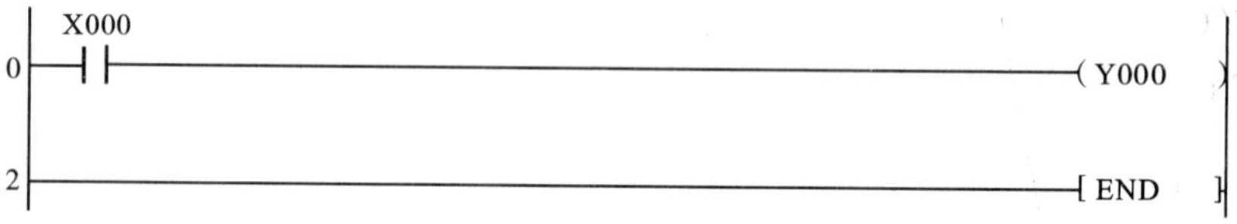

（a）梯形图

0	LD	X000
1	OUT	Y000
2	END	

（b）指令表

图 4-5　任务 1 的梯形图和指令表

为了检验编程的效果，点击编程界面上的“梯形图逻辑测试启动/停止”按钮，仿真测试开始，如图 4-6 所示。

接着进行软元件测试，如果强制软元件 X000 为 ON，如图 4-7 所示，可以看到图 4-8 所示的结果（Y000 为 ON），反之则 Y000 为 OFF。这表明，BL1（即 Y000）的状态（响或者不响）完全依赖于对 PB1（X000）的操作（按下或者不按下）。

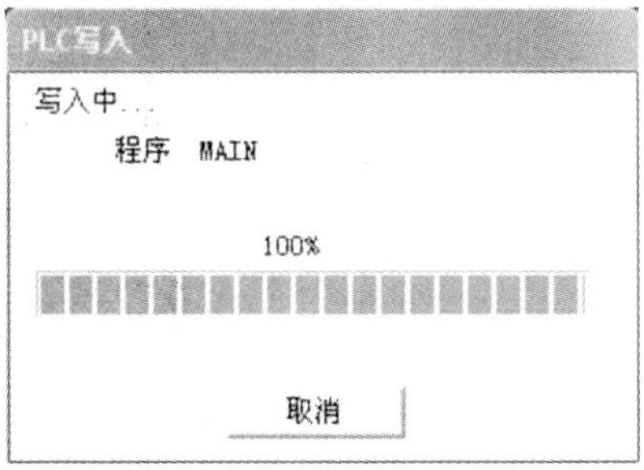

图 4-6　梯形图仿真测试

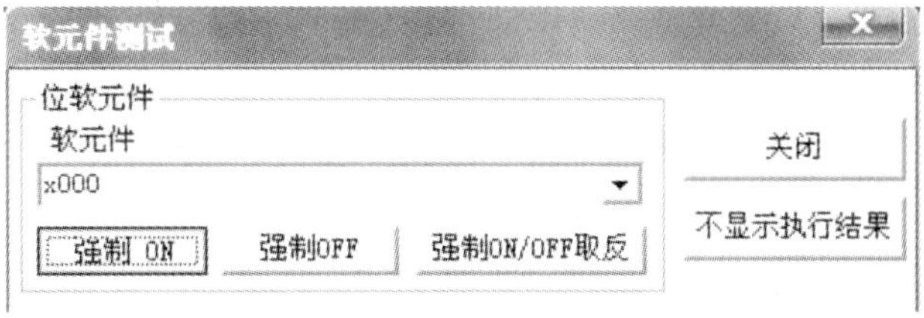

图 4-7　软元件测试

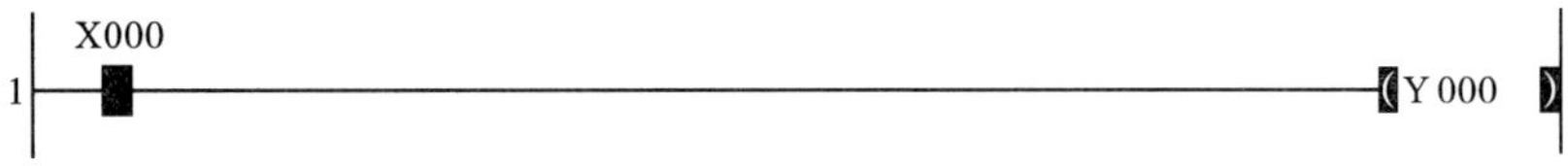

图 4-8　梯形图仿真结果

4.2.3　逻辑取及输出线圈指令(LD、LDI、OUT)

LD (Load):取指令,用于动合触点逻辑运算的开始,将触点接到左母线上,在分支起点也可以使用。表示一个与输入母线相连的常开接点指令,即常开接点逻辑运算起始。

LDI(Load Inverse):取反指令,用于动断触点逻辑运算的开始,将触点接到左母线上,在分支起点也可以使用。表示一个与输入母线相连的常闭接点指令,即常闭接点逻辑运算起始。

OUT(Out):线圈驱动指令,是驱动线圈的输出指令,也叫输出指令。

LD、LDI、OUT 指令的使用如图 4-9 所示。

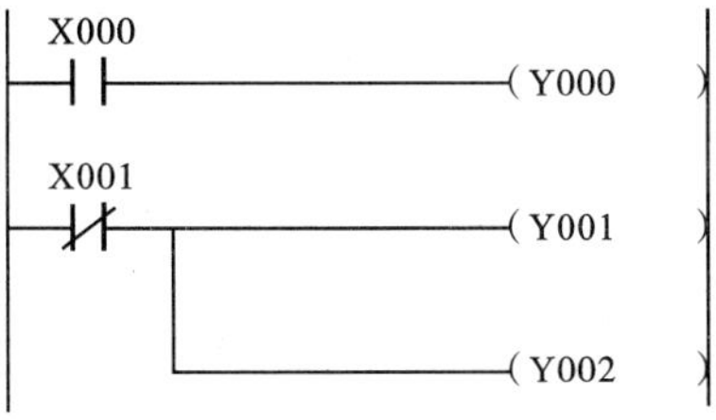

(a) 梯形图

0	LD	X000
1	OUT	Y000
2	LDI	X001
3	OUT	Y001
4	OUT	Y002
5	END	

(b) 指令表

图 4-9　LD、LDI、OUT 指令的使用

注意:OUT 指令不能用于输入继电器。可以连续使用若干次,相当于线圈的并联。

4.2.4　结束指令(END)

程序结束指令 END 是一条无目标元件、占一个程序步的指令,它的作用是标志程序的结束。如果程序写在 END 之后,那么 END 后的程序将不会被执行,这是初学者在编程时需要注意的。

END 指令的第一个作用是标志指令的结束。PLC 是按照输入处理、程序执行、输出处理的方式循环进行工作的。当程序编写完毕时，应在程序的最后写入 END 指令，假如在 END 后还写有其他的指令，那么这些程序步将不再被执行，而是直接进行输出处理。而如果在程序中没有写 END 指令，FX 系列 PLC 将从第一条指令开始执行，一直到最终的程序步，然后又回到第一条指令开始重复执行。

END 指令的另外一个作用是可以帮助我们分段检查程序段的动作。在程序的调试阶段，用 END 指令将程序划分为若干段，在确认前面程序段正确无误后，可以依次删除 END 指令。

【例 4-1】　如图 4-10 所示，当浮阀(FL1)发一个信号时，进水阀(VL1)被关闭，停止注水。如何用 PLC 程序来描述这个过程呢？

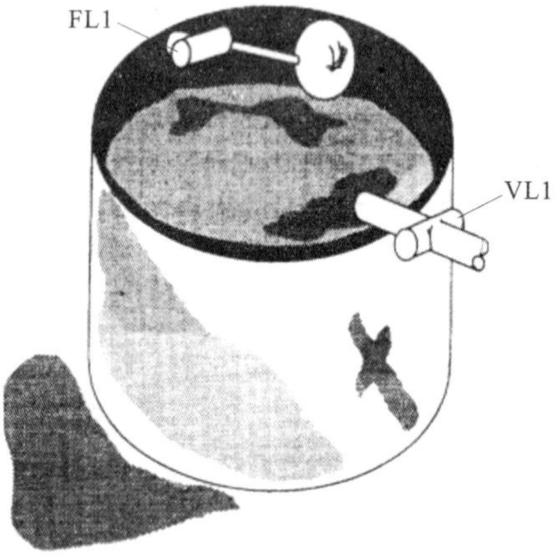

图 4-10　水箱水位控制示意图

分析：这个问题与任务 1 的问题有些区别，关键是 FL1 为 ON 时，VL1 为 OFF。当浮阀(FL1)“悬空”时，进水阀(VL1)打开。这样水就能流入并注满容器。而当容器逐渐地注满了水，浮阀的浮标将抬起，最后，当浮阀到达一点，在该点它接通一个开关，传送一个信号给 PLC 中的 X001，使常闭触点无效，线圈 Y001 掉电，从而关闭进水管的阀门。当水位降低，浮阀下降，进水阀又会重新打开。

软元件分配，如表 4-3 所示，梯形图和指令表如图 4-11 所示。

表 4-3　例 4-1 软元件分配表

器件	PLC 软元件	说明
FL1	X001	浮标传感器(测水位)
VL1	Y001	进水阀

（a）梯形图

1	LDI	X001
2	OUT	Y001
3	END	

（b）指令表

图 4-11　水箱水位控制梯形图和指令表

4.3　FX 系列 PLC 与、或指令的使用

【任务 2】　酒瓶检测控制

在工业生产线中，有这样一个检测电路，它检查传送带上的瓶子是否是直立的。如果直立，允许通过；如果不直立，则瓶子被抛出传送带外。酒瓶检测控制示意图如图 4-12 所示。如何用 PLC 程序来完成这个控制过程呢？

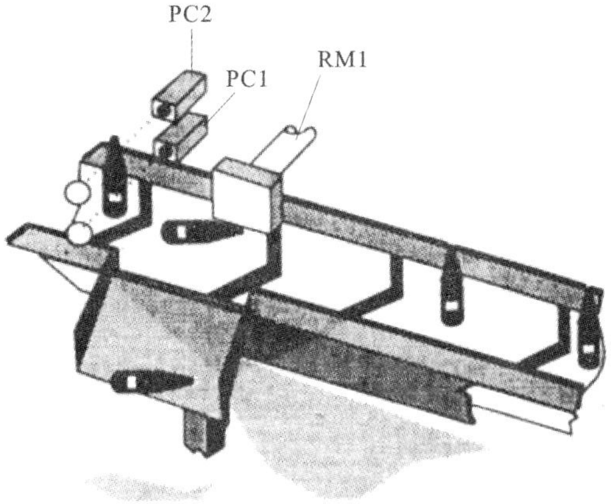

图 4-12　酒瓶检测控制示意图

分析：检测传送带上的物体是否直立，通常采取的方法是用两个垂直方向布置的光电接近开关（PC1、PC2）来检测，一个用于检测瓶底，另一个用于检测瓶顶。当瓶子从传送带上传递过来时，它被安装在传送带旁边的 PC1 和 PC2 检测，当瓶子直立时，PC1 为 ON，PC2 也为 ON；当瓶子处于倒置状态时，PC1 为 ON，PC2 为 OFF。这样，通过检测 PC1 和 PC2 的状态就可判断瓶子是否直立。

4.3.1　触点串联指令（AND、ANI）

AND（And）：与指令，用于串联一个动合触点。

ANI（And Inverse）：与非指令，用于串联一个动断触点。

AND、ANI 指令的使用如图 4-13 所示。

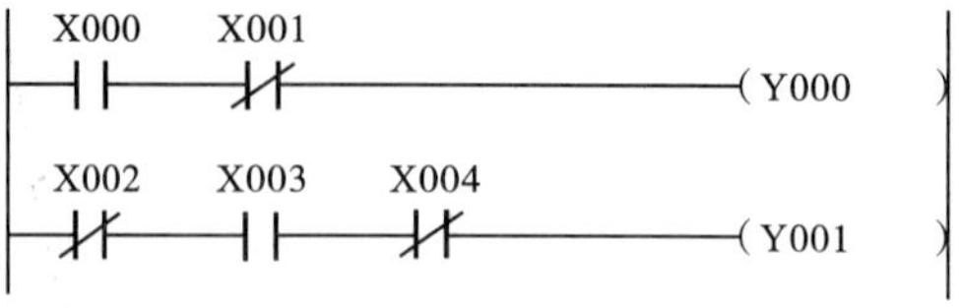

（a）梯形图

0	LD	X000
1	ANI	X001
2	OUT	Y000
3	LDI	X002
4	AND	X003
5	ANI	X004
6	OUT	Y001
7	END	

（b）指令表

图 4-13　AND、ANI 指令的使用

AND 和 ANI 指令可以与 OUT 指令组成纵向输出。这种输出如果顺序不错，可以多次重复。梯形图及其对应的指令表如图 4-14 所示。

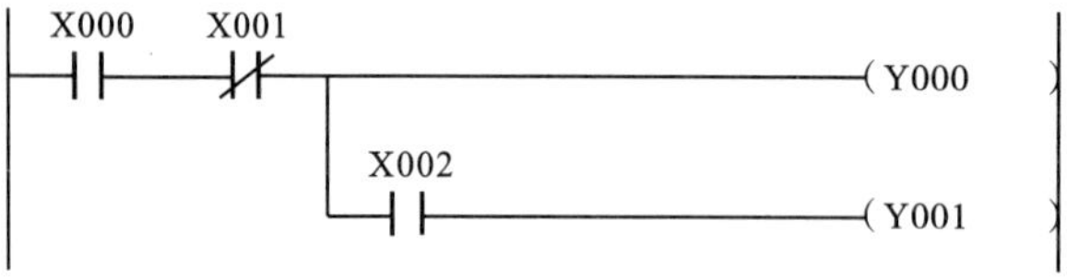

（a）梯形图

0	LD	X000
1	ANI	X001
2	OUT	Y000
3	AND	X002
4	OUT	Y001
5	END	

（b）指令表

图 4-14　使用 AND、ANI 指令的梯形图及指令表

注意：用 AND 和 ANI 指令，可进行触点串联的个数没有限制，即该指令可多次反复使用。

4.3.2　触点并联指令（OR、ORI）

OR（Or）：或指令，用于一个动合触点的并联。

ORI（Or Inverse）：或非指令，用于一个动断触点的并联。

OR 与 ORI 指令都是一个程序步指令，它们的目标元件是 X、Y、M、S、T、C。这两条指令都是并联一个触点。需要两个以上触点串联连接电路块的并联连接时，要用后述的 ORB 指令。OR 及 ORI 指令的使用如图 4-15、图 4-16 所示。梯形图在编写中应该按照自上至下、从左到右的顺序编写。

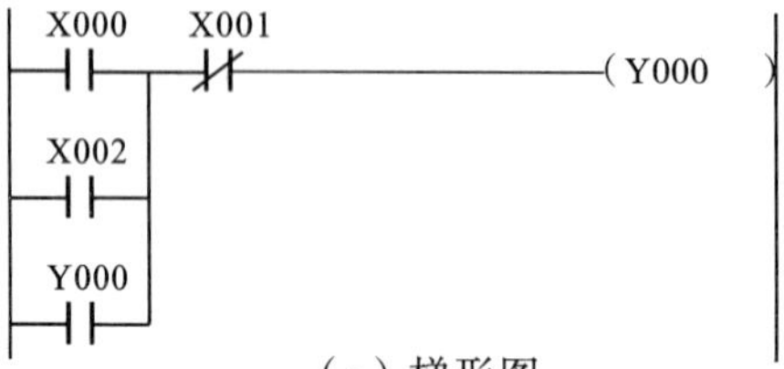

（a）梯形图

0	LD	X000
1	OR	X002
2	OR	Y000
3	ANI	X001
4	OUT	Y000
5	END	

（b）指令表

图 4-15　OR 指令的使用

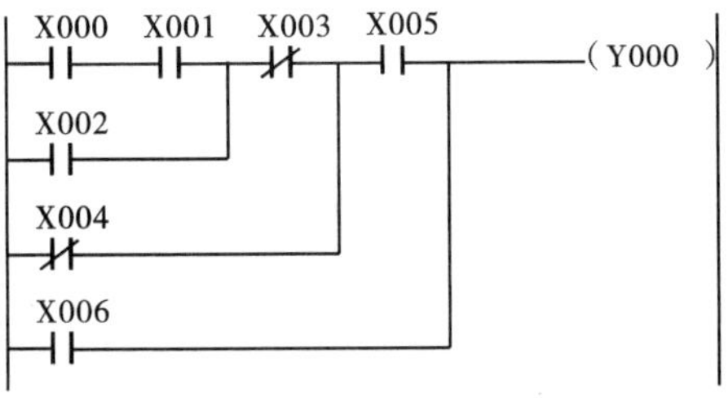

（a）梯形图

0	LD	X000
1	AND	X001
2	OR	X002
3	ANI	X003
4	ORI	X004
5	AND	X005
6	OR	X006
7	OUT	Y000
8	END	

（b）指令表

图 4-16　OR 及 ORI 指令的使用

注意:(1)OR、ORI 用于并联一个触点。若多个触点并联需要使用 ORB 指令。

(2)OR、ORI 指令是从该指令的当前步开始的,对前面的 LD 或 LDI 指令进行并联。并联的次数无限制。

在任务 2 中,当瓶子从传送带上移过来时,它被两个光电管 PC1 和 PC2 检测。这两个光电管经过恰当的安排能检测瓶子是否直立。从它们那儿得到两个输入 X002 和 X001。如果瓶子处于直立状态,光电管 PC1 和 PC2 就给 X002 和 X001 ON 信号。这意味着推出杆 RM1 将不会动作,因为程序不能驱动输出 Y001;当瓶子处于非直立状态时,光电管 PC1 和 PC2 就给 X002 ON 信号、X001 OFF 信号,能够驱动输出 Y001。软元件分配表如表 4-4 所示,梯形图及指令表如图 4-17 所示。

表 4-4　任务 2 软元件分配表

器件	PLC 软元件	说明
PC1	X002	光电管自动检测瓶底
PC2	X001	光电管自动检测瓶顶
RM1	Y001	推出杆

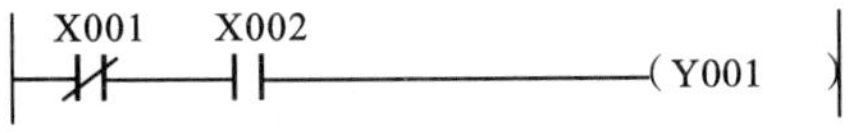

（a）梯形图

1	LDI	X001
2	AND	X002
3	OUT	Y001
4	END	

（b）指令表

图 4-17　酒瓶检测控制程序

【例 4-2】　如图 4-18 所示,在一个自动停车场的入口处设置有一个双向自动检票栏,可以保证双向车辆通过,但任一时刻只允许一辆车通过,且四盏双向车辆的通行指示灯会给出相应的提示(允许通行显示 GO,禁止通行显示 STOP)。如何用 PLC 程序实现这个控制过程呢?

分析:当一辆车接近检票栏时,会触发一个接近开关,是 PX1 还是 PX2,这决定于车来的方向。当 PX1 或 PX2 被触发时,输入 X001 和 X002 信号被 PLC 接收。

每个输入触发一个输出,Y001 或 Y002。接着被驱动的输出使通行指示灯接通,允许车辆通过,也就是说,一盏灯指示 GO,而另一盏灯也由同一个输出信号控制,指示 STOP。

需要指出的是，当一辆车进入停车场时，面对车辆的通行指示灯 LP1 会显示 GO，而背对车辆的通行指示灯 LP2 会显示 STOP。同样，当一辆车离开停车场时，面对车辆的通行指示灯 LP4 会显示 GO，而背对车辆的通行指示灯 LP3 会显示 STOP。如图 4-18 所示，LP1 和 LP3 被安装在一起，面向进入停车场的方向；LP2 和 LP4 被安装在一起，面向离开停车场的方向。

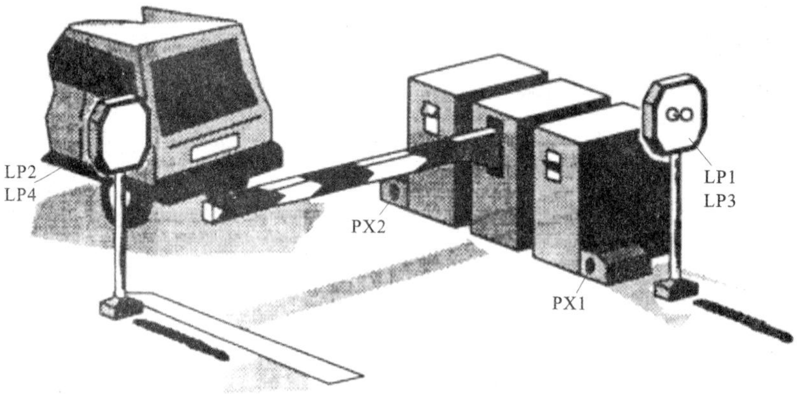

图 4-18　双向自动检票栏示意图

如果有两辆车同时要通过检票栏，互锁机构会保证在任何时刻只有一辆车通过。先触发的接近开关“锁定”另一个接近开关驱动的输出。程序中应规定同时通行的情况永远不会发生。

软元件分配，如表 4-5 所示，梯形图和指令表如图 4-19 所示。

表 4-5　例 4-2 软元件分配表

器件	PLC 软元件	说明
PX1	X001	车进入停车场
PX2	X002	车离开停车场
LP1	Y001	GO（正要进入的车辆）
LP2		STOP（正要离开的车辆）
LP3	Y002	STOP（正要进入的车辆）
LP4		GO（正要离开的车辆）

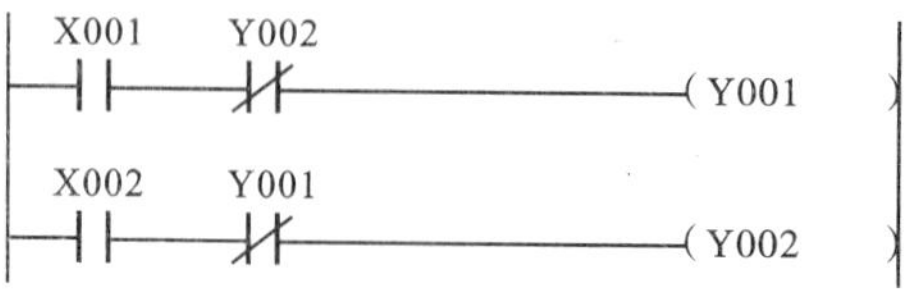

（a）梯形图

0	LD	X001
1	ANI	Y002
2	OUT	Y001
3	LD	X002
4	ANI	Y001
5	OUT	Y002
6	END	

（b）指令表

图 4-19　双向自动检票栏控制程序

【例 4-3】 如图 4-20 所示,通过两个按钮控制风扇的运行/停止。按下 PB1,风扇 MTR1 运行,松开 PB1 时,风扇仍然运行。而按下 PB2,风扇 MTR1 停止。如何用 PLC 程序描述这个控制过程呢?

分析:按下按钮 PB1,风扇运行。按钮 PB1 在 PLC 中表示为输入 X000。X000 接通,输出 Y001 被接通,这样使得风扇 MTR1 运行。若为使风扇运转而一直按着 PB1,很不方便。一个简单的自锁电路由此产生,它通过把程序输出 Y001 当作一个输入条件来实现。这意味着按钮 PB1 只需要按一下,风扇就能连续运转起来。但是,风扇怎么停呢?使用与停止按钮 PB2 相连的常闭触点 X001 输入,锁定输出 Y001 就被"关断",风扇就停止了。

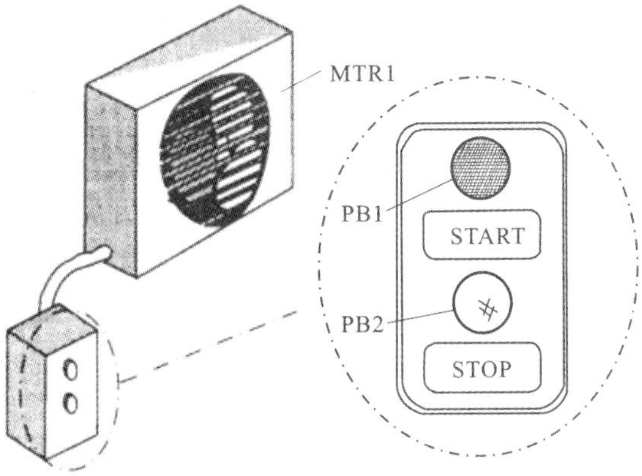

图 4-20 风扇的运行/停止控制示意图

软元件分配,如表 4-6 所示,梯形图及指令表如图 4-21 所示。

表 4-6 例 4-3 软元件分配表

器件	PLC 软元件	说明
PB1	X000	运行按钮
PB2	X001	停止按钮
MTR1	Y001	电机电源

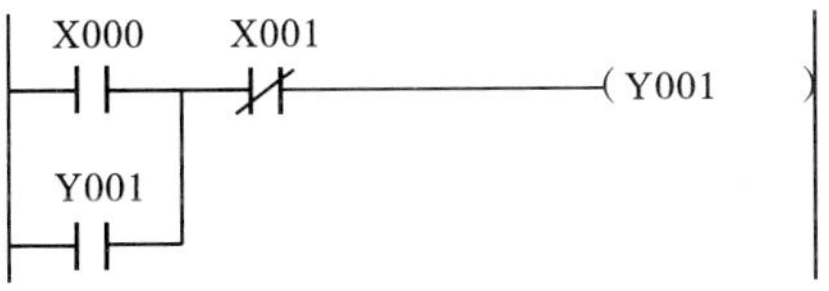

(a)梯形图

0	LD	X000
1	OR	Y001
2	ANI	X001
3	OUT	Y001
4	END	

(b)指令表

图 4-21 风扇运行/停止控制程序

4.4　FX 系列 PLC 中 M 元件与 ANB 和 ORB 指令的使用

【任务 3】　闪烁的指示灯

怎样编写 PLC 的程序才能使一盏指示灯亮 0.5 s 然后灭 0.5 s，并不断循环，产生闪烁的效果呢？

分析：使用 PLC 内部的辅助继电器 M 或者定时器可以完成这样的任务。

4.4.1　可编程控制器的 M 元件与应用

PLC 内部有许多辅助继电器，其作用相当于继电器－接触器控制线路中的中间继电器和输出继电器，辅助继电器只能由程序来驱动，每个辅助继电器有无限对动合、动断触点，但辅助继电器的触点仅供内部编程使用，不能直接驱动外部负载，外部负载必须由输出继电器的输出触点来驱动，辅助继电器的表示符号为 M。

在 FX 系列 PLC 中，辅助继电器又分为三类。

4.4.1.1　通用辅助继电器

FX 系列 PLC 中，通用辅助继电器按十进制编号，编号分别为 M000 ~ M499，共 500 点（在 FX 系列 PLC 中，除输入/输出继电器外，其他所有器件都是十进制编码）。通用辅助继电器在编程中的使用方法和普通输出继电器一样，只是它不能用来直接驱动输出电路。

4.4.1.2　断电保持辅助继电器

PLC 在运行中若发生突然断电，输出继电器和通用辅助继电器全部变为断开状态。上电后，除 PLC 运行时被外部输入信号接通的外，其他仍断开。有些控制系统要求保持断电时的状态，断电保持辅助继电器就能满足这种要求。之所以能够实现断电保持功能，是因为在 PLC 的外部电源断开后，PLC 内部的锂电池会作为后备电源来保证断电保持辅助继电器的继续工作。断电保持辅助继电器又分断电保持用辅助继电器和断电保持专用辅助继电器两种。

断电保持用辅助继电器的编号为 M500 ~ M1023，共 524 点，可用参数设置方法将其修改为非断电保持用。

断电保持专用辅助继电器的编号为 M1024 ~ M3071（共 2 048 点），它的断电保持特性不可改变。

断电保持专用辅助继电器与断电保持用辅助继电器的区别在于，断电保持用辅助继电器可用参数设定，可变更为非断电保持区域，而断电保持专用辅助继电器关于断电保持的特性无法用参数来改变。

具有断电保持功能的辅助继电器的梯形图如图 4-22 所示。在此电路中 X000 接通后，M600 动作，其后即使 X000 再断开，M600 的状态也能保持。因此，若停电或 X000 断开，再运行时 M600 也能保持停电前的状态。但 X001 的动断触点若断开，M600 就复位。

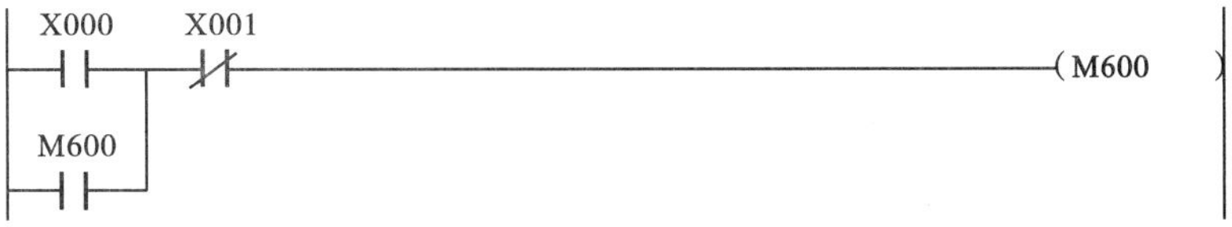

图 4-22 断电保持辅助继电器梯形图

4.4.1.3 特殊辅助继电器

FX_{2N}系列 PLC 特殊辅助继电器的编号为 M8000 ~ M8255,共 256 点,它们各自具有特定的功能。下面将常用的特殊辅助继电器列举如下:

M8000:RUN(运行)监控,PLC 运行时接通;

M8001:RUN(运行)监控,PLC 运行时断开;

M8002:初始化脉冲,在 PLC 开始运行之初 ON 一个扫描周期;

M8003:初始化脉冲,在 PLC 开始运行之初 OFF 一个扫描周期;

M8011:10 ms 时钟脉冲,以 10 ms 为周期振荡,5 ms 为 ON、5 ms 为 OFF;

M8012:100 ms 时钟脉冲,以 100 ms 为周期振荡;

M8013:1 s 时钟脉冲,以 1 s 为周期振荡;

M8014:1 min 时钟脉冲,以 1 min 为周期振荡;

M8034:全输出禁止,在执行完当前扫描周期到 END 后,外部的输出全变为 OFF;

M8039:定时扫描。

注意:未定义的特殊辅助继电器不可在用户程序中使用,辅助继电器的动合与动断触点在 PLC 内部可无限次地自由使用。

在任务 3 中,要使指示灯产生闪烁的效果,使用内部辅助继电器 M8013 就能达到要求。表 4-7 是软元件分配表,图 4-23 是梯形图和指令表。

表 4-7 任务 3 软元件分配表

器件	PLC 软元件	说明
	M8013	1 s 时钟脉冲,以 1 s 为周期振荡
LP1	Y001	指示灯

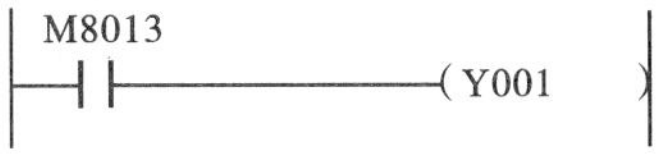

(a) 梯形图

0	LD	M8013
1	OUT	Y001
2	END	

(b) 指令表

图 4-23 闪烁指示灯的程序

【例 4-4】 断电保持辅助继电器的用途示例。如图 4-24(a)所示,在断电后恢复供电时,用断电保持辅助继电器使平台的运行方向信号保持不变。

分析:运行过程如下:

(1)X000 = ON(左限位),M600 = ON;

(2)平台右移,Y000 = ON,电机正转;

(3)断电;

(4)平台停止;

(5)复电(M600 = ON);

(6)平台继续右移;

(7)X001 = ON(右限位);

(8)M600 = OFF;

(9)M601 = ON;

(10)平台左移,Y001 = ON,电机反转。

对应的梯形图如图 4-24(b)所示。

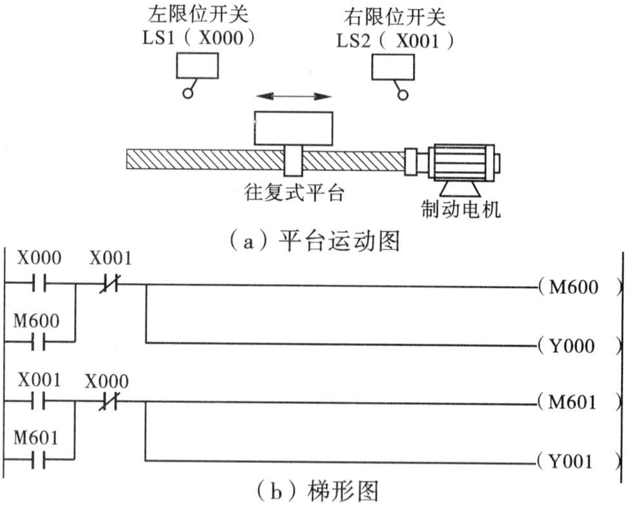

图 4-24　断电保持辅助继电器的用途示例

4.4.2　电路串联块指令(ANB)

ANB(And Block):回路块与指令,是无操作目标元件,用于并联回路块的串联连接。

两个或两个以上触点并联的电路称为并联回路块,ANB 用于由两个或两个以上触点并联的回路块的串联连接。将并联回路块与回路块串联连接时,回路块开始用 LD、LDI 指令,回路块结束后用 ANB 指令连接起来。

ANB 指令不带元件编号,是一条独立指令,ANB 指令对每个回路块单独使用,也可以成批使用。多个回路块串联时,如果对每个回路块使用 ANB 指令,则串联回路块数没有限制。但是,由于 LD、LDI 指令的重复次数限制在 8 次以下,所以在成批使用时,连续使用 ANB 指令的次数不得超过 8 次。ANB 指令的使用如图 4-25 所示。有两种编程方式,分别为一般编程法(见指令表程序 1)和集中编程法(见指令表程序 2)。

按一般编程法,每写完两个触点组,紧跟着就编写 ANB 指令,然后接着写第三个触点组,再写一个 ANB 指令。在程序中将三个触点组分别设为 a、b、c,按一般编程法编程,

PLC 运行的结果是先处理 a 和 b 两个触点组(即 a×b),然后将(a×b)看成一个新触点组与 c 触点组进行处理[(a×b)×c]。而按集中编程法,将三个触点组都先写完,然后连续编写两个 ANB 指令,这种编程方法在 PLC 中运行的逻辑结果与一般编程法是一致的。但在具体执行过程中却不同,它是先处理 b 和 c 两个触点组(即 b×c),然后将(b×c)看成一个新触点组与 a 触点组进行处理,即[(b×c)×a]。

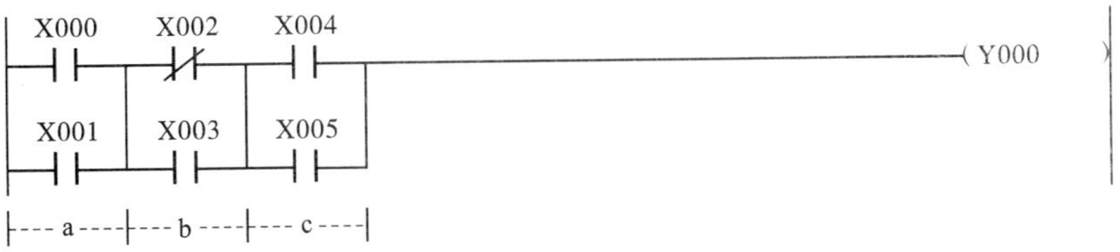

图 4-25　ANB 指令的使用

对这两种编程指令,程序执行中先后次序不同,是因为集中编程法启用了存入指令的堆栈寄存器的下层空间,而一般编程法只启用堆栈寄存器的第一层。集中编程法中将指令按 a、b、c 顺序压入堆栈寄存器,当 a、b、c 从堆栈中弹出时按“先入后出”原则进行。所以,最先弹出的是 c 和 b,然后才是 a,那么执行指令的结果就是先 b×c,然后才进行(b×c)×a 的处理。

一般编程法(指令表程序 1):

```
LD      X000 }
OR      X001 } a
LDI     X002 }
OR      X003 } b
ANB ……  a×b
LD      X004 }
OR      X005 } c
ANB ……  (a×b)×c
OUT     Y000
END
```

集中编程法(指令表程序 2):

```
LD      X000 }
OR      X001 } a
LDI     X002 }
OR      X003 } b
LD      X004 }
OR      X005 } c
ANB ……  b×c
ANB ……  (b×c)×a
OUT     Y000
END
```

ANB 指令的应用示例如图 4-26 所示。

4.4.3　电路并联块指令(ORB)

ORB(Or Block):回路块或指令,用于串联回路块的并联连接。

由两个或两个以上触点串联的电路称为串联回路块,将串联回路块并联连接时用 ORB 指令,回路块开始用 LD、LDI 指令,块结束后用 ORB 指令连接起来。ORB 指令不带元件编号,是一条独立指令。ORB 指令对每个回路块单独使用,也可以成批使用。多个回路块并联时,如果对每个回路块使用 ORB 指令,则并联回路块数没有限制,但是,由于 LD、LDI 指令的重复次数限制在 8 次以下。所以,在成批使用时,连续使用 ORB 指令的次数和 ANB 一样不得超过 8 次。ORB 指令的使用如图 4-27 所示。

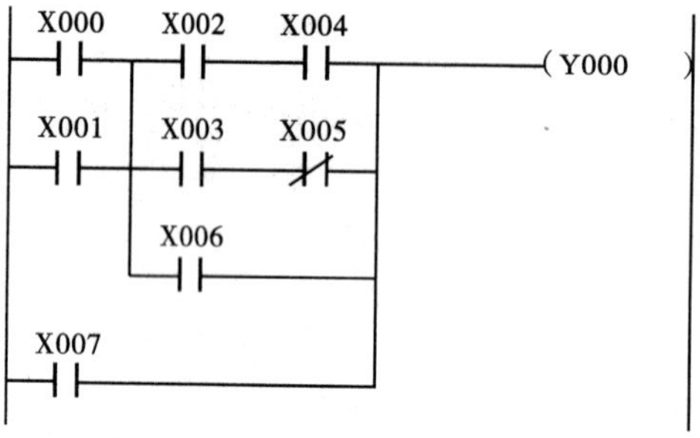

（a）梯形图

LD	X000
OR	X001
LD	X002
AND	X004
LD	X003
ANI	X005
ORB	
OR	X006
ANB	
OR	X007
OUT	Y000
END	

分支起点（LD X002、LD X003）

并联块结束（ORB、OR X006）

与前面回路串联（ANB）

（b）指令表

图 4-26　ANB 指令的应用示例

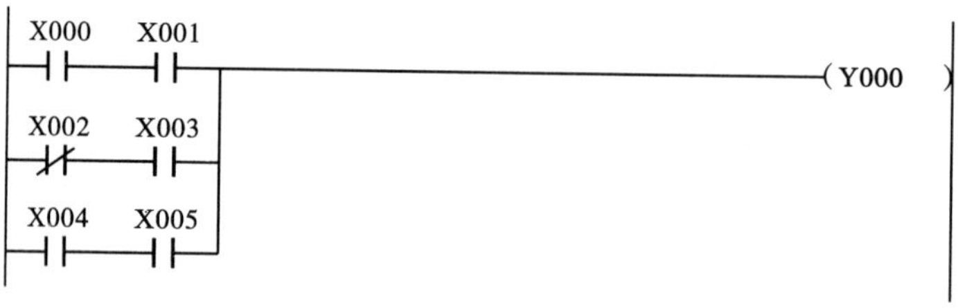

图 4-27　ORB 指令的使用

一般编程法		集中编程法	
LD	X000	LD	X000
AND	X001	AND	X001
LDI	X002	LDI	X002
AND	X003	AND	X003
ORB		LD	X004
LD	X004	AND	X005
AND	X005	ORB	
ORB		ORB	
OUT	Y000	OUT	Y000
END		END	

ORB 指令的应用示例如图 4-28 所示。

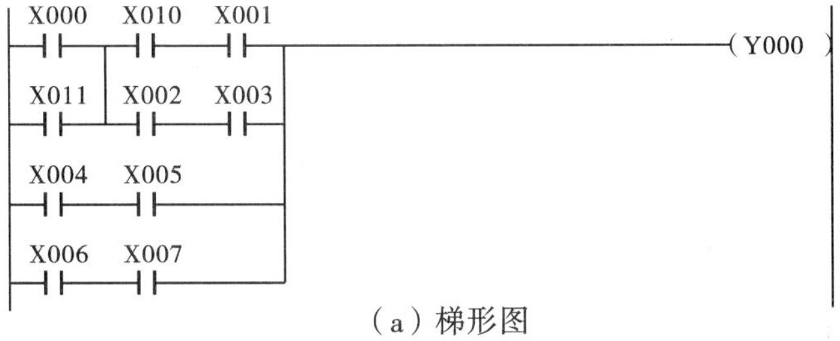

（a）梯形图

```
LD   X000  ←┐ a
OR   X011  ←┘
LD   X010  ←┐ b
AND  X001  ←┘
LD   X002  ←┐ b1
AND  X003  ←┘
ORB  -----------  b+b1
ANB  -----------（b+b1）×a=a1
LD   X004  ←┐ c
AND  X005  ←┘
ORB  -----------c+a1=c1
LD   X006  ←┐ d
AND  X007  ←┘
ORB  -----------  d+c1
OUT  Y000
END
```

（b）指令表

图 4-28　ORB 指令应用示例

【例 4-5】　图 4-29 所示是一个楼梯间照明控制示意图,要求无论是用楼上的开关(LS1)还是楼下的开关(LS2)都可以同时打开或者关闭楼顶的灯(LP1)和楼底的灯(LP2)。

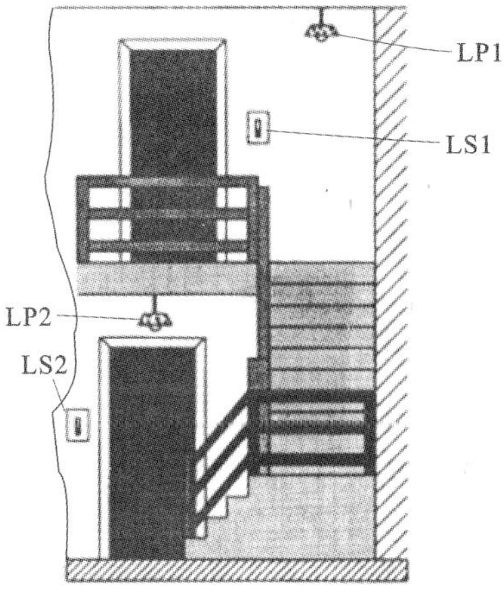

图 4-29　楼梯间照明控制示意图

分析:这是一个典型的双重控制问题。下楼梯时,按下开关 LS1,LP1 和 LP2 都点亮,到达楼下时,按下开关 LS2,LP1 和 LP2 都熄灭;上楼梯时,按下开关 LS2,LP1 和 LP2 都点亮,到达楼上时,按下开关 LS1, LP1 和 LP2 都熄灭;即 LP1 和 LP2 同时受 LS1 和 LS2 的控制。

表 4-8 是软元件分配表,图 4-30 是梯形图和指令表。

表 4-8　软元件分配表

器件	PLC 软元件	说明
LS1	X001	楼梯间顶灯开关
LS2	X002	楼梯间底灯开关
LP1	Y001	楼梯间顶灯
LP2		楼梯间底灯

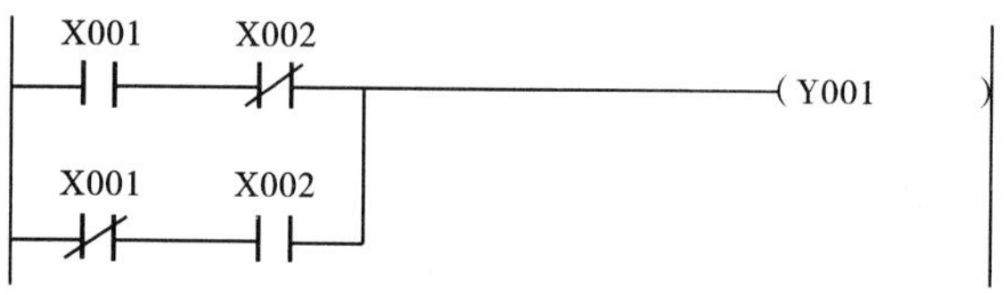

(a) 梯形图

0	LD	X001
1	ANI	X002
2	LDI	X001
3	AND	X002
4	ORB	
5	OUT	Y001
6	END	

(b) 指令表

图 4-30　楼梯间照明控制程序

4.5　FX 系列 PLC 的 T 元件的应用

【任务 4】　自动栏杆

在高速公路入口收费处,当汽车缴费后,栏杆抬起,允许汽车通过,10 s 后栏杆会自动放下。那么如何用 PLC 程序实现这个过程呢?

分析:在这个问题中,栏杆抬起后,并不是立即放下来,而是延迟 10 s,再放下。所以,程序中应该使用定时器,利用 T 元件可以定时任意长的时间,使用非常方便。下面将详细介绍 T 元件(定时器)的使用。

4.5.1　可编程控制器的 T 元件介绍

定时器在 PLC 中的作用相当于一个时间继电器,它有一个设定值寄存器(一个字长)、一个当前值寄存器(一个字长)以及无限个接点(一个位)。对于每一个定时器,这 3 个量使用同一地址编号名称,但使用场合不一样,其所指也不一样。通常在一个 PLC 中有几十至数百个定时器 T。

定时器可以对 PLC 内 1 ms、10 ms、100 ms 的时钟脉冲进行加法计算,当达到其设定值时,输出触点动作(即动合触点闭合,动断触点断开)。FX_{2N}系列 PLC 中定时器编号见表 4-9。

表 4-9 定时器编号

	T0 ~ T199	T200 ~ T245	【T246 ~ T249】	【T250 ~ T255】
定时器 T	200 点 100 ms 子程序用 T192 ~ T199	46 点 10 ms	4 点 1 ms 积算*	6 点 100 ms 积算*

注:【】内的元件为电池备用区。

* 为电池备用固定区,区域特性不能变更。积算是累积计算的意思。

对定时器内数值的设定,可以采用用户程序存储器内的常数 K(十进制常数)直接设置,也可用数据寄存器 D 的内容进行间接设置。

FX_{2N}系列 PLC 中共有 256 个定时器。

T0 ~ T199 为 200 个 100 ms 普通定时器,每个定时器的定时范围为 0.1 ~ 3 276.7 s。

T200 ~ T245 为 46 个 10 ms 普通定时器,每个定时器的定时范围为 0.01 ~ 327.67 s。

T246 ~ T249 为 4 个 1 ms 积算定时器。

T250 ~ T255 为 6 个 100 ms 积算定时器。

图 4-31 所示为在梯形图中应用普通非累计(非积算式)定时器编程举例。在软件中,输入 X0 与输入 X000、输入 Y0 与输入 Y000、输入 X1 与输入 X001 效果是相同的,没有任何区别,故通常在原理图和时序图中,将 X000 写成 X0、Y000 写成 Y0,更为简练,也便于识图。

X0 接通时,T200 线圈被驱动, T200 的当前值计数器对 10 ms 时钟脉冲进行累积(加法)计数,即每过 10 ms(0.01 s)当前值加 1,该值与设定值 K123 不断进行比较,当两值相等时,输出触点接通。即定时线圈得电后,其触点计时开始,1.23 s 后动作。当 X0 动合触点接通时间小于 K 值时断开,再次 X0 动合触点接通时,累计时间又重新计算,如图 4-31(c)所示。

在 X0 连续接通 1.23 s 后,T200 的触点才动作。

指定定时器的编号为 T0 ~ T199 中的任意一个(如 T20),则每隔 100 ms,当前值加 1。同样,设定值为 K123,从 X0 接通到定时结束时间间隔为 12.3 s。

4.5.2 可编程控制器的 T 元件应用举例

【例 4-6】 用定时器设计一个指示灯闪烁电路。

闪烁电路梯形图如图 4-32(a)所示。设开始时 T0 和 T1 均为 OFF,当 X0 为 ON,T0 线圈通电 2 s 后,T0 的动合触点接通,使 Y0 = ON,同时 T1 的线圈通电,开始定时;T1 线圈通电 3 s 后,它的动断触点断开,使 T0 = OFF,T0 的动合触点断开,使 Y0 = OFF,同时使 T1 线圈释放,其动断触点接通,T0 又开始定时;以后 Y0 的线圈将这样周期性地通电和断电,直到 X0 = OFF, Y0 通电和断电的时间分别等于 T1 和 T0 的设定值。各元件的动合触点接通、断开的情况如图 4-32（b）所示。

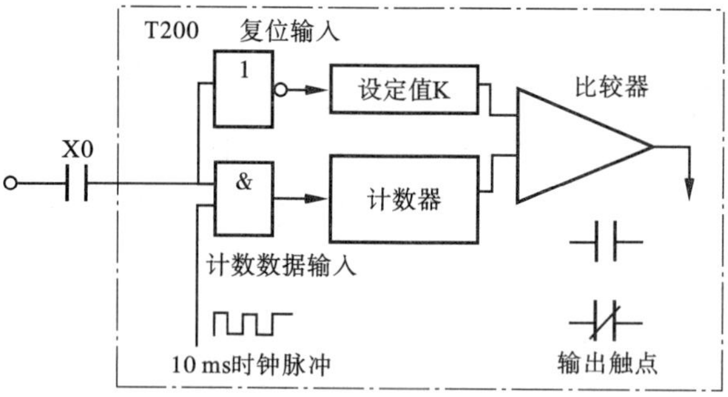

（a）工作原理

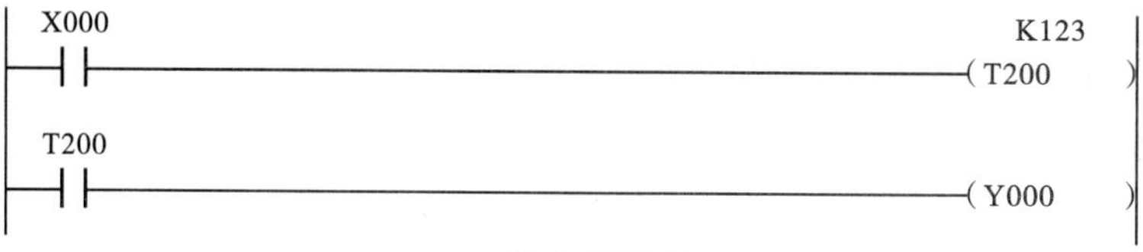

（b）梯形图

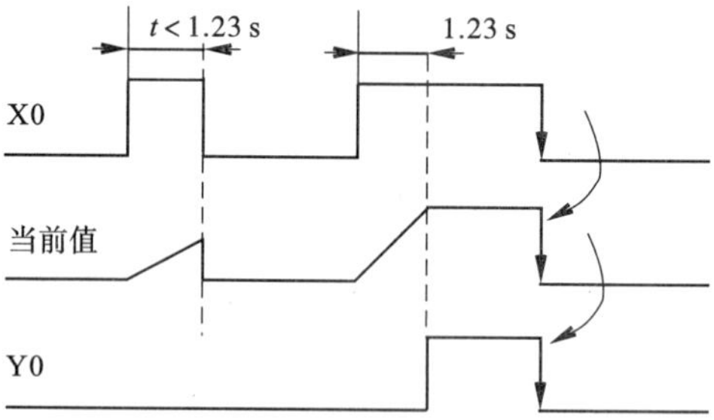

（c）时序图

图 4-31　普通定时器应用举例

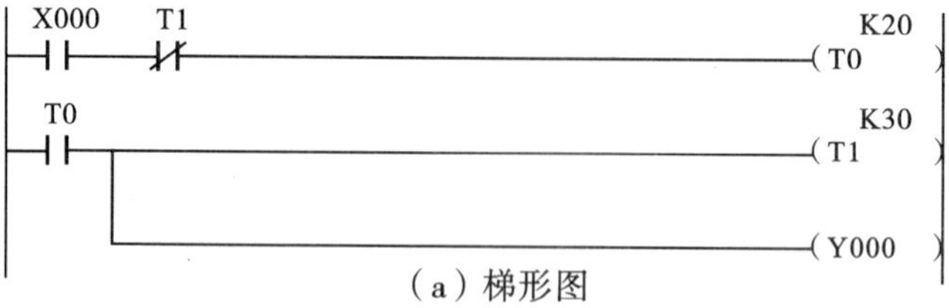

（a）梯形图

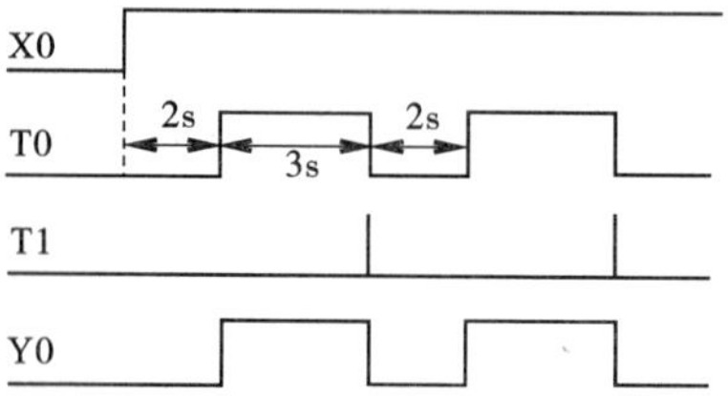

（b）时序图

图 4-32　闪烁电路

在 FX 系列 PLC 的定时器中,最长的定时时间是 3 276.7 s,如果需要更长的定时时间可采用以下方法。

【例 4-7】 用多个定时器组合实现 9 000 s 的延时。

用多个定时器组合实现延时的梯形图及时序图如图 4-33 所示,当 X0 = ON 时,T0 线圈得电并开始延时(3 000 s),延时到 T0 动合触点闭合,又使 T1 线圈得电,开始计时(3 000 s);当定时器 T1 延时时间到,其动合触点闭合,使 T2 线圈得电,开始计时(3 000 s);当定时器 T2 延时时间到,其动合触点闭合,Y0 接通。因此,从 X0 = ON 开始到 Y0 接通共延时 9 000 s。

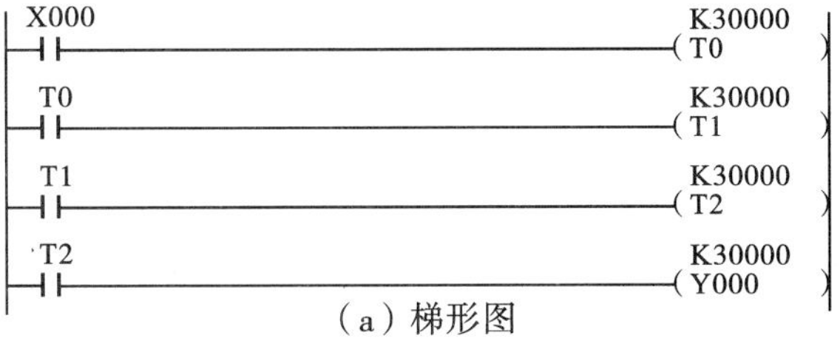

(a) 梯形图

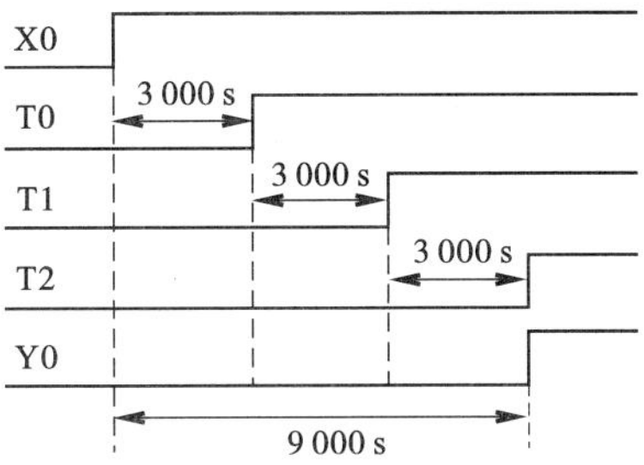

(b) 时序图

图 4-33 例 4-7 的梯形图与时序图

图 4-34 所示为累计(积算式)定时器编程举例。图中当输入 X1 接通时,定时器线圈 T250 = ON,当前值计数器开始对 100 ms 时钟脉冲累积(加法)计数,即每过 100 ms(0.1 s)其当前值加 1,该值不断与设定值 K345 进行比较,两值相等时,T250 触点动作。从 X1 接通到 T250 触点动作时间间隔为 34.5 s。

与普通定时器不同的是,当定时器线圈 T250 计时期间线圈断电或终止(即未到 34.5 s,X1 断开或 PLC 断电)时,当前值可保持。当输入 X1 再次接通时,定时器不是从 0 开始计时,而是从断电的那一时刻累计,前后累计时间共 34.5 s 后,T250 延时时间到,T250 触点动作。当触点动作累计时间超过 34.5 s 后,X1 断开 T250 线圈电路,T250 触点也不会自动复位,直到复位输入 X2 接通时,定时器才复位,T250 触点才复位。

此外,在 FX_{2N}系列 PLC 中还有两个内置的模拟电位器,可以通过它们给指定的定时器设定定时值。

模拟电位器的数值,可根据需要进行调整,数值保存在特殊数据寄存器中。电位器右转可使当前值在 0 ~ 255 之间增加。

VR1:模拟电位器 1,当前值保存于 D8030;

VR2:模拟电位器 2,当前值保存于 D8031。

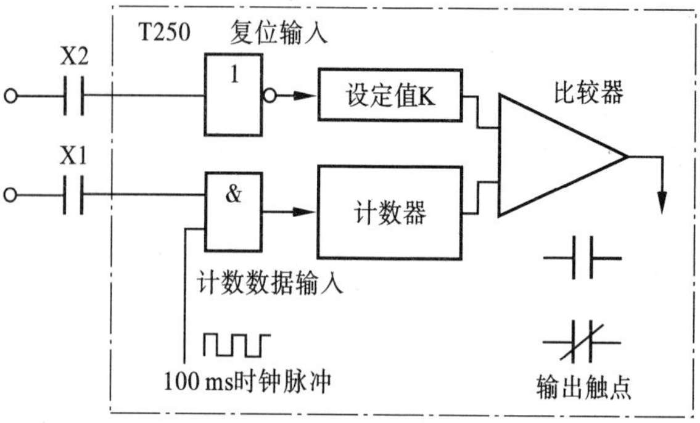

(a) 工作原理

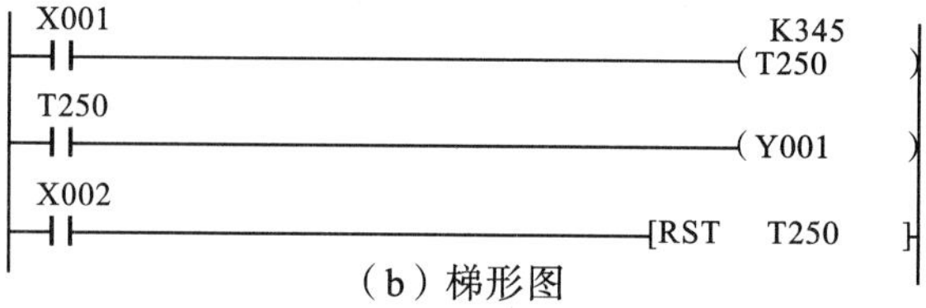

(b) 梯形图

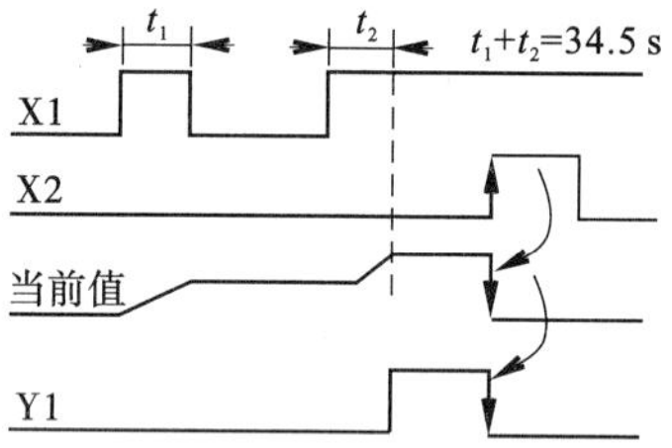

(c) 详细动作

图 4-34　积算式定时器编程举例

【例 4-8】 将 VR1 值作为定时器 T0 的设定值。

梯形图如图 4-35 所示。

由于 T0 为 100 ms 定时器,因此 T0 的值可通过 VR1 进行 0 ~ 25.5 s 的设定。若将 VR1 值的 10 倍作为定时器 T1 的设定值,可选择如图 4-36 所示的梯形图编程。

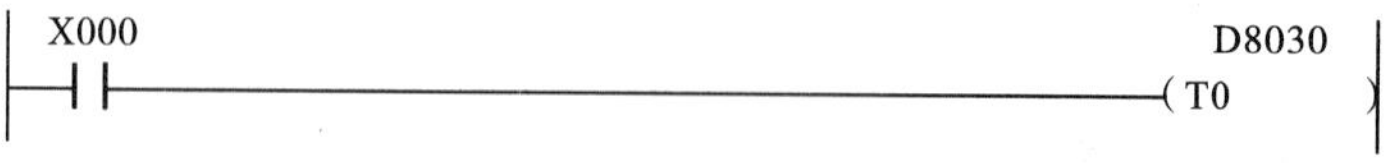

图 4-35　将 VR1 值作为定时器 T0 的设定值

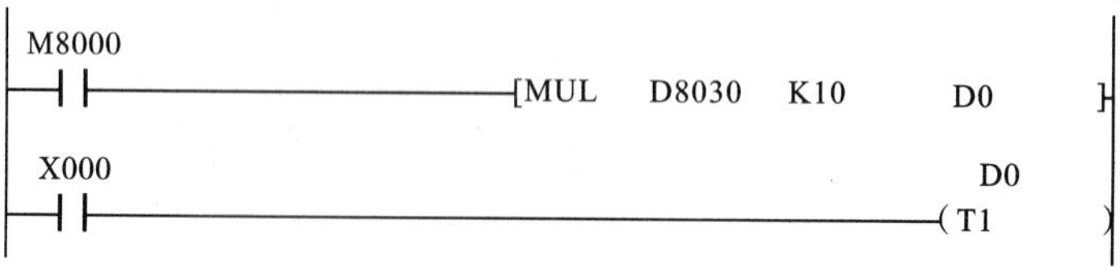

图 4-36　将 VR1 值的 10 倍作为 T1 的设定值

将 VR1 值的 10 倍作为 T1 的设定值，因此 T1 可以通过 VR1 进行 0 ~ 255 s 的设定。通过以上定时器的编程，可制作用电位器定时的模拟定时器。

在任务 4 中，当一辆车缴费后，工作人员按下按钮 PB1，栏杆 MTR1 抬起，因为 PB1 的初始输入是瞬时的，所以用来驱动栏杆升起的输出自锁。定时器计时 10 s 后，自锁关断。这时，输出 Y000 关断，栏杆回到水平位置，等待下一辆车。

表 4-10 是软元件分配表，图 4-37 是梯形图和指令表。

表 4-10　软元件分配表

器件	PLC 软元件	说明
PB1	X000	收费站放行按钮
MTR1	Y000	抬起栏杆
	T000	栏杆复位的时间延迟

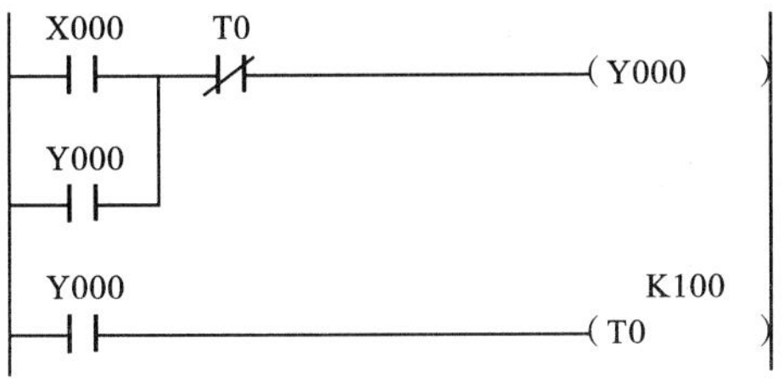

（a）梯形图

0	LD	X000	
1	OR	Y000	
2	ANI	T0	
3	OUT	Y000	
4	LD	Y000	
5	OUT	T0	K100
8	END		

（b）指令表

图 4-37　自动栏杆的程序

4.6　FX 系列 PLC 的 C 元件的应用

【任务 5】　统计传送带上瓶子的数量

如图 4-38 所示，PC1 是计数光电管，LP1 是停止传输指示灯。当瓶子随传送带移动时，可以通过光电管来统计传送的瓶子的数量，当计满时，停止传输指示灯点亮。如何用 PLC 程序实现？

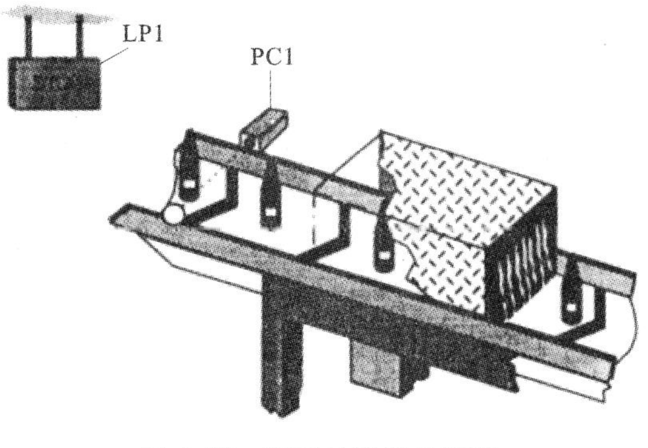

图 4-38　瓶子计数器示意图

分析:统计数量这类问题,可以使用内部软元件计数器 C。

下面我们将介绍计数器 C 元件的用法。

4.6.1　可编程控制器 C 元件介绍

FX 系列 PLC 中共有 256 个计数器,其编号为 C0 ~ C255。这些计数器分为三大类:C0 ~ C199 为 200 个 16 位计数器,C200 ~ C234 为 35 个 32 位计数器,C235 ~ C255 为 21 个高速计数器,具体分配见表 4-11。

表 4-11　FX 系列 PLC 计数器分配表

型号	$FX_{2N}-16M$	$FX_{2N}-32M$	$FX_{2N}-48M$	$FX_{2N}-64M$	$FX_{2N}-80M$	$FX_{2N}-128M$	扩展时
计数器C	16 位加计数		32 位可逆		32 位高速可逆计数,最大 6 点		
	C0 ~ C99	【C100 ~ C199】	C200 ~ C219	【C220 ~ C234】	【C235 ~ C245】	【C246 ~ C250】	【C251 ~ C255】
	100 点	100 点	20 点	掉电 15 点	1 相单向计数输入	1 相双向计数输入	2 相计数输入
	通用 *1	保持用 *2	通用 *1	保持用 *2	*2	*2	*2

注:【】内的元件为电池备用区。

*1 为非备用区。根据参数设定,可以变更为备用区。

*2 为电池备用区。根据参数设定,可以变更为非电池备用区。

4.6.1.1　16 位计数器

FX 系列 PLC 中的 16 位计数器为 16 位加计数器,其设定值范围在 K1 ~ K32767(十进制常数)。设定值设为 K0 和 K1 具有相同的意义,它们都在第一次计数开始输出触点动作。16 位计数器分为一般通用型计数器和断电保持型计数器。C0 ~ C99 为一般通用型计数器,C100 ~ C199 为断电保持型计数器。

加计数器的动作过程如图 4-39 所示。X11 为计数输入,X10 为复位输入,当 X10 = 0,而 X11 每接通一次,计数器的当前值加 1。图 4-39 中所示计数器 C0 的设定值为 K10,当 X11 接通 10 次时,计数器的当前值由 9 变为 10,这时 C0 的输出触点接通,动合触点闭合、动断触点断开。若 X11 再次接通,计数器的当前值也不再变化,且 C0 一直保持输出。

当计数器复位输入电路接通(复位输入 X10 接通),则执行 C0 的复位指令,计数器当前值变为 0,输出触点断开。

如果切断 PLC 电源,一般通用型计数器(C0 ~ C99)的计数值被清除,而断电保持型计数器(C100 ~ C199)则可存储停电前的计数值。当再来计数脉冲时,这些计数器按上一次的数值累计计数;当复位输入电路接通,计数器当前值被置为 0。

计数器除用常数 K 直接设定之外,还可由数据寄存器间接指定。例如,指定 D10 为计数器的设定值,若 D10 的存储内容为 123,则置入的设定值为 K123。

4.6.1.2　32 位加/减计数器

FX 系列 PLC 中的 32 位计数器为加/减计数器,其设定值的设定范围在 −K2 147 483 648 ~ +K2 147 483 647(十进制常数)。

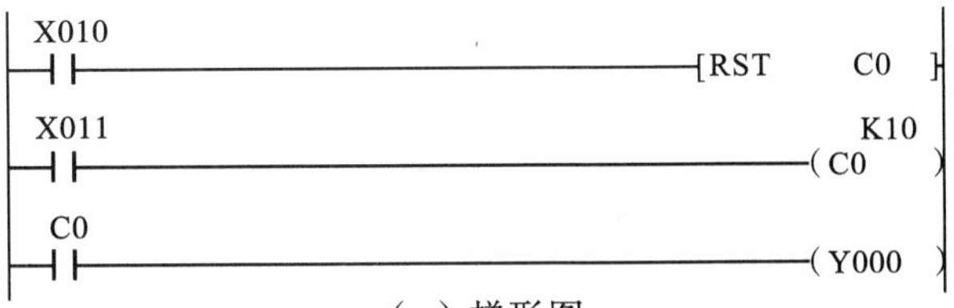

(a) 梯形图

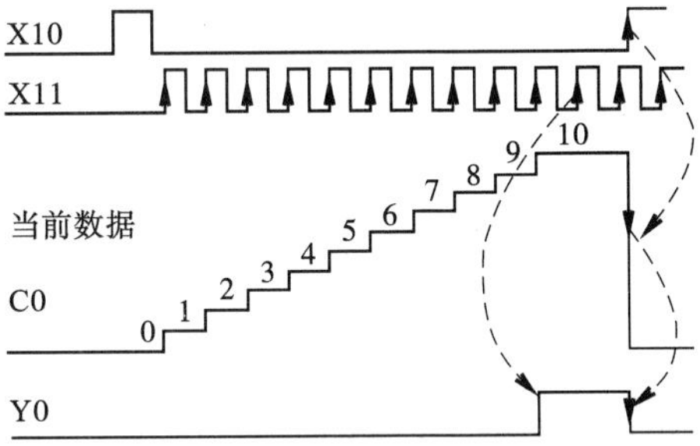

(b) 详细动作

图 4-39　加计数器的动作过程

32 位双向计数器是递加型计数还是递减型计数将由特殊辅助继电器 M8200 ~ M8234 设定。特殊辅助继电器接通(置 1)时,为递减型计数;特殊辅助继电器断开(置 0)时,为递加型计数。

32 位加/减计数器分为一般通用型计数器和断电保持型计数器,C200 ~ C219 为一般通用型计数器,C220 ~ C234 为断电保持型计数器。

计数器的设定值可以直接用常数置入,也可以由数据寄存器间接指定。用数据寄存器间接指定时,将连号的数据寄存器的内容视为一对,作为 32 位数据处理。如果指定 D0 作为计数器的设定值,D1 和 D0 两个数据寄存器的内容合起来作为 32 位设定值。

加/减计数器的动作过程如图 4-40 所示。X14 为计数的输入,其动合触点由 OFF 变为 ON 时,C200 可实现加计数或减计数。

当 X12 断开时,C200 为加计数器。X14 的触点由 OFF 至 ON 变化一次,C200 内的当前值加 1。当 X12 接通时,C200 为减计数器。X14 的触点由 OFF 至 ON 变化一次,C200 内的当前值减 1。

图 4-40(a)所示程序中 C200 的设定值为 -5,当计数器的当前值由 -6 向 -5 增加时,触点接通,而由 -5 向 -6 减小时,其触点复位。如果从 2 147 483 647 起进行加计数(图中的 X12 触点断开),当前值就成为 -2 147 483 648,同样若从 -2 147 483 648 起进行减计数,当前值就成了 2 147 483 647。这种动作称为环形计数或循环计数。当复位输入 X13 接通(ON)时,计数器的当前值为 0,输出触点也复位。

若复位输入 X13 接通,执行 RST 指令,计数器 C200 复位,当前值变为 0,其触点复位。使用断电保持型计数器(C220 ~ C234)时,计数器的当前值、输出触点的动作状态、复位状态均能断电保持。

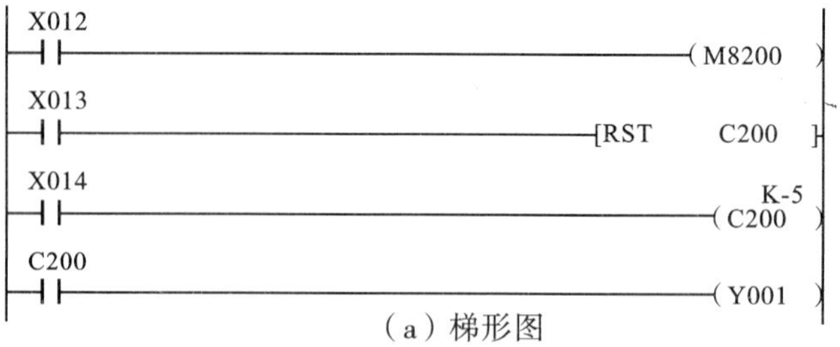

（a）梯形图

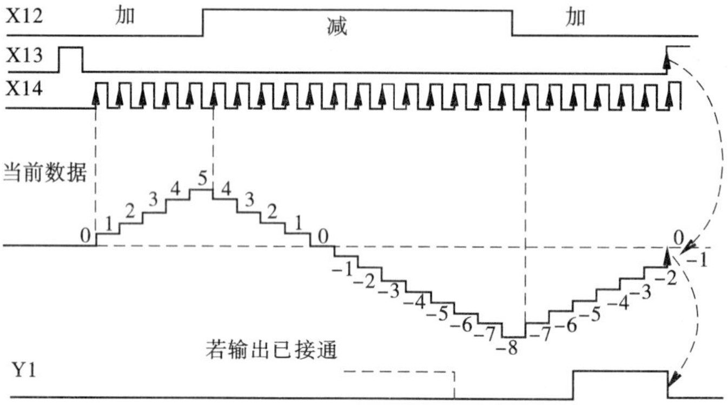

（b）详细动作

图 4-40　加/减计数器的动作过程

32 位计数器可当作 32 位数据寄存器使用，但不能用作 16 位应用指令中的软元件。

4.6.1.3　高速计数器

FX 系列 PLC 中内置高速计数器，高速计数器的编号为 C235 ~ C255，共 21 个。这些高速计数器均为 32 位计数器，按编号不同分别占用 X0 ~ X7 八个输入端子。各高速计数器对应的输入端子的应用情况见表 4-12。

表 4-12　高速计数器输入端子的应用

输入	1 相						1 相带启动/复位					1 相 2 输入（双向）					2 相（A－B 相）输入				
	C 235	C 236	C 237	C 238	C 239	C 240	C 241	C 242	C 243	C 244	C 245	C 246	C 247	C 248	C 249	C 250	C 251	C 252	C 253	C 254	C 255
X0	U/D						U/D			U/D		U	U		U		A	A		A	
X1		U/D					R			R		D	D		D		B	B		B	
X2			U/D					U/D			U/D		R		R			R		R	
X3				U/D				R			R			U		U			A		A
X4					U/D				U/D					D		D			B		B
X5						U/D			R					R		R			R		R
X6										S					S					S	
X7											S					S					S

注：U—加计数器；D—减计数器；A—A 相输入；B—B 相输入；R—复位输入；S—启动输入。

不作为高速计数器输入使用的输入端子，可以在顺序控制程序内作为普通输入使用；

不作为高速计数器使用的高速计数器编号,也可以作为32位数据寄存器使用。

在用高速计数器时,与输入编号相对应的滤波器常数自动变更,以对应高速的信号获取。

高速计数器捕获高速脉冲的范围如下:

C251(2相)最高30 kHz,C235、C236、C246(1相)最高60 kHz;

C252~C255(2相)最高5 kHz,C237~C245、C247~C250(1相)最高10 kHz。

在高速计数器的输入端中,X0、X2、X3的最高频率为10 kHz,X1、X4、X5的最高频率为7 kHz,X6和X7也是高速输入,但只能用作启动信号而不能用于高速计数。不同类型的计数器可同时使用,但它们的输入不能共用。输入端X0~X7不能同时用于多个计数器。例如,若使用了C251,下列计数器不能使用:C235、C236、C241、C244、C246、C247、C249、C252、C254等,因为这些高速计数器都要使用输入X0和X1。

注意:不要用计数器输入端作为计数线圈的驱动触点。

高速计数器是按中断原则运行的,因而它独立于扫描周期。选定计数器的线圈应以连续方式驱动,以表示这个计数器及其有关输入连续有效,其他高速处理不能再用其输入端子。

高速计数器可分为如下三类:

1. 单相单输入计数器C235~C245

单相单输入计数器也称为1相1输入计数器。在FX系列PLC中,这类计数器的编号为C235~C245,共11个。它们的计数方式和触点动作方式与普通的32位计数器相同。当作为加计数器时,计数器达到设定值触点动作,并保持接通状态。作为减计数器时,计数器达到设定计数数值则复位。

单相输入计数器是加计数还是减计数,取决于对应的标志继电器M8235~M8245,当标志继电器输入接通时为减计数,断开时为加计数。

2. 单相双输入计数器C246~C250

单相双输入计数器又称为1相2输入计数器,FX系列PLC中,其编号为C246~C250,共5个。这类计数器具有加计数输入端和减计数输入端,有的还具有复位输入端(C247、C248)或同时具有复位和启动输入端(C249、C250)。

3. 双相双输入计数器C251~C255

在双相双输入计数器中,最多可有两个双相32位二进制递加/递减计数器。双相双输入计数器又称为2相输入计数器或A-B相输入计数器,在FX系列PLC中的编号为C251~C255,共5个。双相双输入计数器是32位加/减计数的二进制计数器。其计数的动作过程与前述的32位加/减计数器相同。

A相、B相的信号决定计数器是加计数还是减计数。当A相输入为ON状态时:

B相输入为OFF→ON则为加计数;

B相输入为ON→OFF则为减计数。

4.6.2 可编程控制器C元件应用举例

【例4-9】 用定时器和计数器组合,实现长延时功能电路。

用定时器与计数器组合实现长延时的梯形图和时序图如图 4-41 所示，当 X0 = OFF 时，T0 = OFF 和 C0 = OFF。当 X0 = ON 时，T0 开始计时，3 000 s 后 T0 定时时间到，其动断触点断开，使它自己复位，复位后 T0 的当前值变为 0，它的动合触点接通，使自己的线圈重新通电，又开始计时。T0 将这样周而复始地工作。T0 动合触点通、断一次，计数 1 次。当计到 K30000 次时，C0 动合触点接通 Y0，总时间为 3 000 × 30 000 s ＝25 000 h。

（a）梯形图

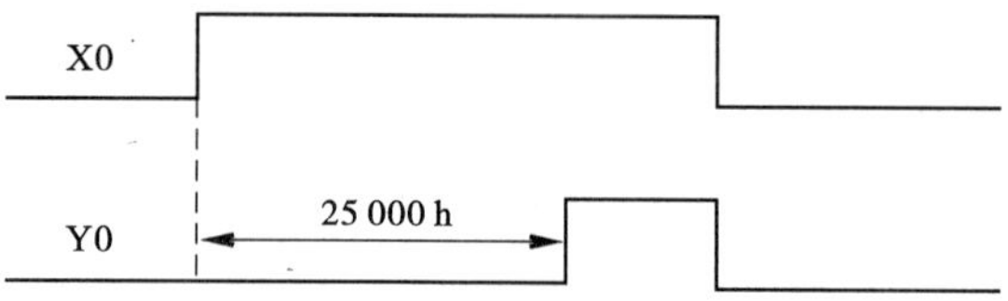

（b）时序图

图 4-41　定时器与计数器组合实现长延时

【例 4-10】　自动循环送料小车工作示意图如图 4-42 所示。小车处于起始位置时，SQ0 受压。系统启动后，小车在起始位置装料，20 s 后向右运动，到 SQ1 位置时，SQ1 受压，小车卸料，12 s 后再返回起始位置，此时 SQ0 受压，小车装料，20 s 后向右运动直到 SQ2 位置卸料（在 SQ1 位置上不停），16 s 后返回起始位置。以后重复上述过程，直至有复位信号输入。

根据小车的工作循环过程可以画出 SQ0、SQ1、SQ2 及定时器的时间关系图，如图4-42 所示，因为小车在第一次到达 SQ1 时要改变运动方向，而第二次和第三次到达 SQ1 时不改变运动方向，所以可以利用计数器的计数功能来决定到达 SQ1 时是否改变小车的运动方向。定时器用来记录装料时间。

由经验设计法可知，小车控制属于一种双向控制，非常适合采用 PLC 控制，PLC 控制的送料小车软元件分配见表 4-13。送料小车 I/O 接线图如图 4-43 所示。

送料小车控制程序梯形图如图 4-44 所示。

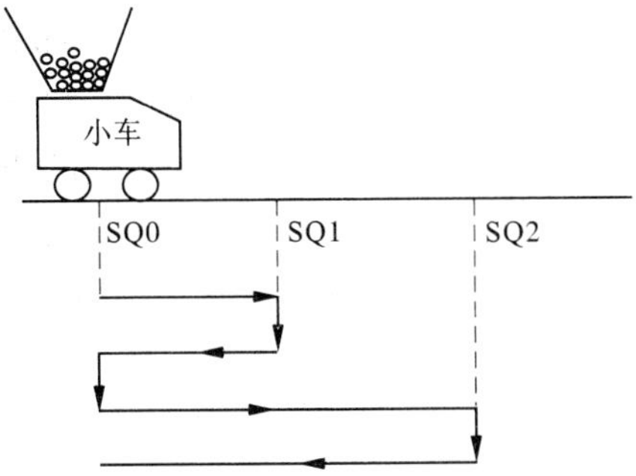

图 4-42 送料小车工作示意图

表 4-13 软元件分配表

器件	PLC 软元件	说明
SQ0	X000	左端位置开关
SQ1	X001	中间位置开关
SQ2	X002	右端位置开关
SB1	X003	启动按钮
SB2	X004	复位按钮
	Y000	小车右行
	Y001	小车左行

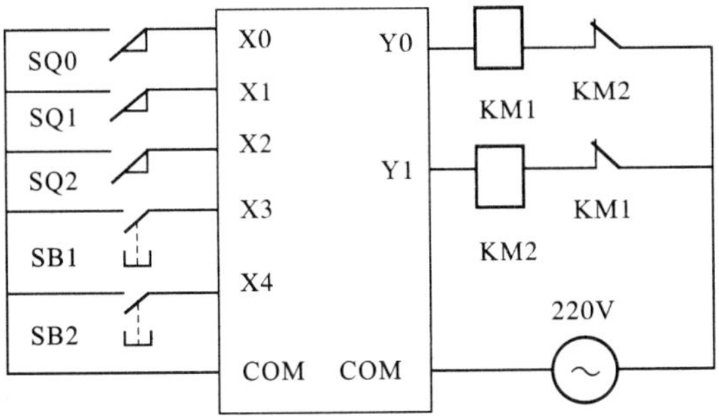

图 4-43 送料小车 I/O 接线图

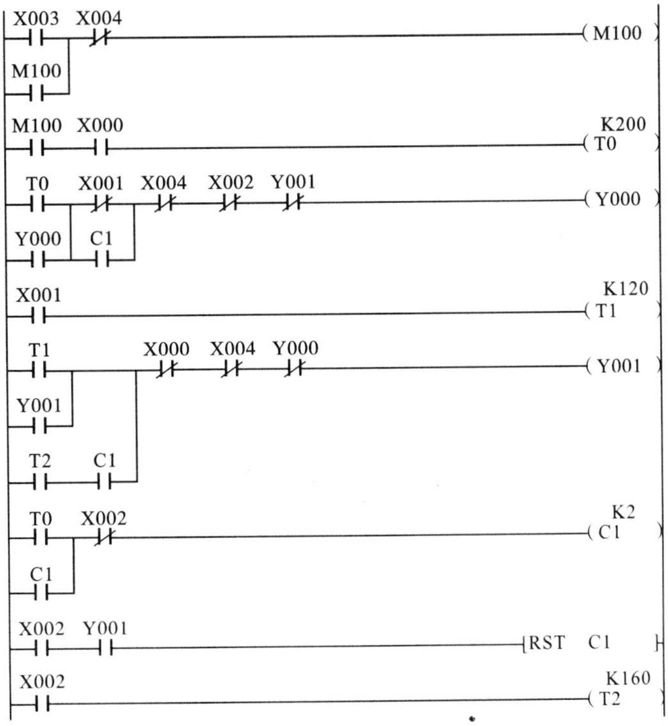

图 4-44 送料小车控制程序梯形图

其说明如下：中间辅助继电器 M100 作为系统工作开始继电器，启动信号 X3 使 M100 = ON，复位信号 X4 使 M100 = OFF。只有当 M100 = ON 时，小车才能循环工作，当 M100 = OFF 时，小车回到起始位置后停止工作。

当启动信号 X3 = 1 时，小车位于 SQ0 开始定时装料，20 s 后定时器接通，小车右行（即 Y0 得电）。当小车离开 SQ0 时，定时器 T0 复位，但 Y0 的自锁功能使 Y0 得电，小车继续右行。小车行至 SQ1 时，计数器减 1，由于 SQ1 的动断触点断开，使 Y0 失电，小车停止右行。

小车到达 SQ1 处使 SQ1 的动合触点闭合，T1 得电延时 12 s（卸料），使 Y1 得电，小车左行。Y1 的自锁功能使得小车左行直至达到 SQ0 位置。

定时器 T0 重新定时，小车第二次装料，之后小车右行，均与第一次相同，但是当小车行至 SQ1 时，计数器减 1 至零，使 C1 的动合触点接通，因此小车继续右行直至达到 SQ2 位置，SQ2 的动断触点断开，Y0 失电，小车停止右行。SQ2 动合触点接通 T2，16 s 后 T2、C1 的动合触点接通 Y1，小车再次改变为左行回到起始点 SQ0 处。

SQ2 与 Y1 的动合触点串联使计数器 C1 复位，为下一次循环作准备。小车左行至 SQ0 位置停止，等待下一次循环。

在任务 5 中，我们使用软元件计数器 C 来实现对数量的统计。

表 4-14 是软元件分配表，图 4-45 是梯形图和指令表。

表 4-14　例 4-10 软元件分配表

器件	PLC 软元件	说明
PC1	X000	瓶子计数光电管
LP1	Y000	停止传输指示灯
	C0	计数器

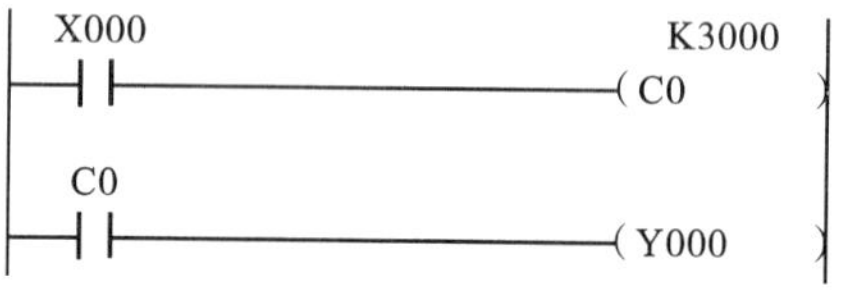

（a）梯形图

0	LD	X000	
1	OUT	C0	K3000
4	LD	C0	
5	OUT	Y000	
6	END		

（b）指令表

图 4-45　瓶子计数器程序

4.7　FX 系列 PLC 的置位、复位、脉冲输出及空操作指令的应用

【任务 6】　精确的跑表

如图 4-46 所示，这是一块运动俱乐部训练课用的跑表，按下按钮 PB1 时，计时开始。当到达终点，跑步者挡住底线上的光电管 PC1 时，停止计时。这种计时器的计时精度是毫秒级的。下一次跑步开始时，按下 PB1，计时重新开始。如何用 PLC 程序实现这个过程？

分析:为了能够精确计时,可以考虑使用计数器 C 和内部辅助继电器 M8011(M8011 可以提供一个 10 ms 的计时脉冲),计数值与以毫秒计的跑步时间成正比。当跑步者挡住底线上的光电管 PC1 时,计数和由此得到的计跑时间停止。计数值保存在计数器 C 中,将此值简单地除以 100 会得出以秒计的时间。在下一次跑步开始时,按下按钮 PB1,计数器 C 复位。在程序中应该设定一个跑步开始标志,当到达终点时该标志复位,可以重新开始计时。

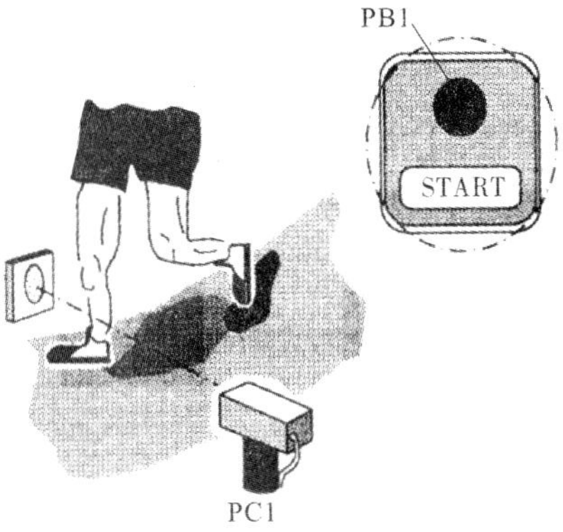

图 4-46　跑表工作示意图

4.7.1　置位/复位指令(SET、RST)

SET:置位指令,用于线圈动作的保持,它可以对 Y、M、S 操作。

RST:复位指令,用于解除线圈动作的保持,对数据寄存器(D)、定时器(T)、计数器(C)、变址寄存器(V、Z)清零。它可以对 Y、M、S、T、C、D 操作。

SET、RST 指令的使用如图 4-47 所示,X0 一旦接通,再断开,Y0 仍保持接通;X1 接通后,Y0 保持断开。对 M、S 等其他可操作元件的作用也是一样的。对同一个元件,SET、RST 指令可多次使用,顺序是任意的,但最后执行的一条有效。对数据寄存器(D)、定时器(T)、计数器(C)、变址寄存器(V、Z)清零,可以用 RST 指令。此外,累计定时器 T246 ~ T255 当前值的复位、触点的复位也可以使用 RST 指令。RST 指令在计数器、定时器组合电路中的应用如图 4-48 所示。

(a) 梯形图

0	LD	X000
1	SET	Y000
2	LD	X001
3	RST	Y000
4	LD	X002
5	SET	M0
6	LD	X003
7	RST	M0
8	END	

(b) 指令表

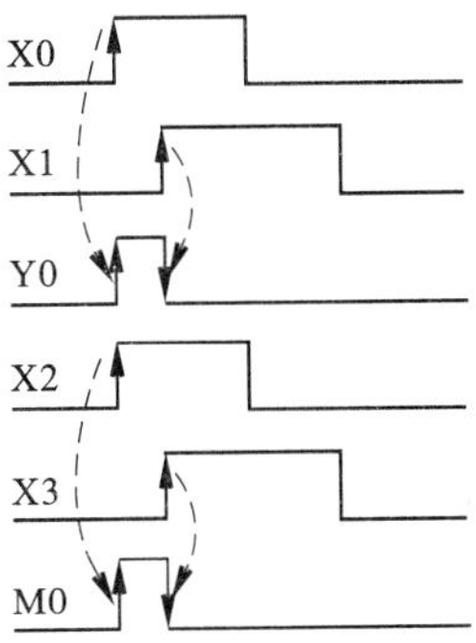

(c) 时序图

图 4-47　SET、RST 指令的使用

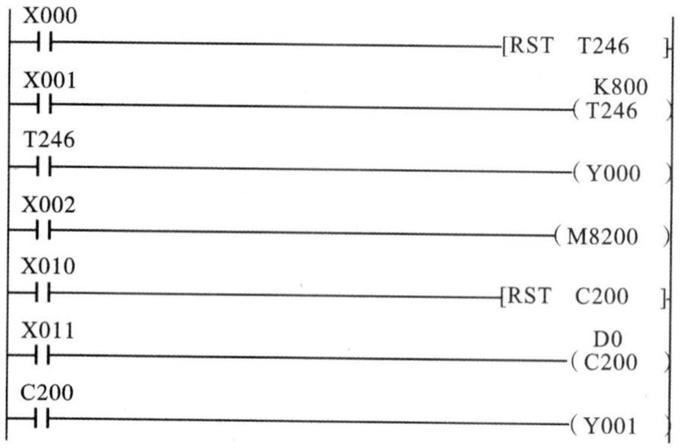

（a）梯形图

0	LD	X000	
1	RST	T246	
3	LD	X001	
4	OUT	T246	K800
7	LD	T246	
8	OUT	Y000	
9	LD	X002	
10	OUT	M8200	
12	LD	X010	
13	RST	C200	
15	LD	X011	
16	OUT	C200	D0
21	LD	C200	
22	OUT	Y001	
23	END		

（b）指令表

图 4-48　RST 指令在定时器与计数器组合电路中的应用

当 X0 接通时，输出接点 T246 复位，定时器的当前值也成为 0。输入 X1 接通期间，T246 接收 1 ms 时钟脉冲并计数，计到 800 时 Y0 就动作。32 位计数器 C200 根据 M8200 的开关状态进行递加或递减计数，它对 X11 动合触点开关次数计数。C200 的触点是否动作取决于计数方向及是否达到 D0 中所存的设定值。

输入 X10 动合触点接通时，计数器 C200 当前值清零。

4.7.2　脉冲输出指令（PLS、PLF）

PLS：上升沿微分输出（上升沿脉冲）指令，使用 PLS 指令后，元件 Y、M 仅在驱动输入由 OFF 变为 ON 时的一个扫描周期内动作（置 1）。

PLF：下降沿微分输出（下降沿脉冲）指令，使用 PLF 指令后，元件 Y、M 仅在驱动输入由 ON 变为 OFF 时的一个扫描周期内动作。

PLS 指令在输入信号上升沿产生脉冲输出，而 PLF 指令在输入信号下降沿产生脉冲输出，这两条指令都占两个程序步。它们的目标元件是 Y 和 M，但特殊辅助继电器不能作目标元件。使用 PLS 指令，元件 Y、M 仅在驱动输入接通后的一个扫描周期内动作（置 1）；而使用 PLF 指令，元件 Y、M 仅在输入断开后的一个扫描周期内动作。

注意：PLS、PLF 指令只能用于 Y、M 元件，特殊辅助继电器不能用作 PLS 或 PLF 的操作元件。

PLS、PLF 指令应用示例如图 4-49 所示。

【例 4-11】　利用 PLS 指令组成对输入信号的分频（二分频）电路。

其梯形图及时序图如图 4-50 所示。

（a）梯形图

0	LD	X010
1	PLS	M0
3	LD	M0
4	SET	Y000
5	LD	X001
6	PLF	M1
8	LD	M1
9	RST	Y000
10	END	

（b）指令表

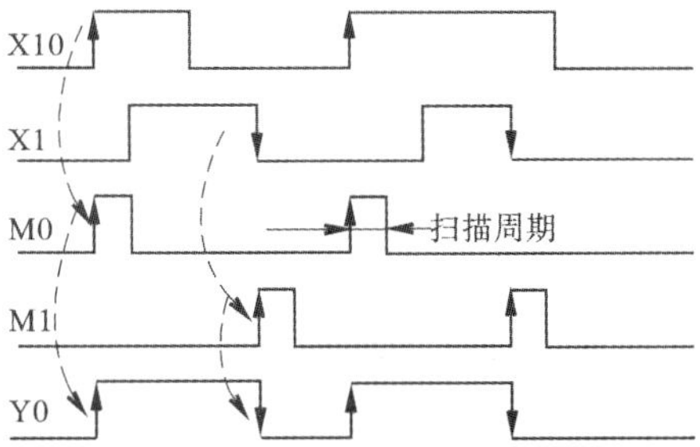

（c）时序图

图 4-49 PLS、PLF 指令应用示例

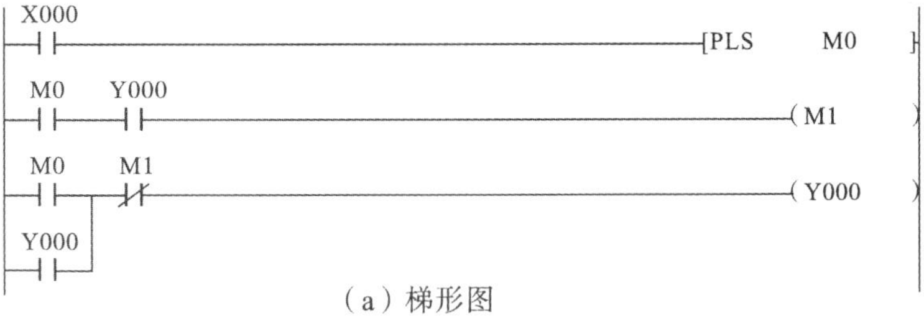

（a）梯形图

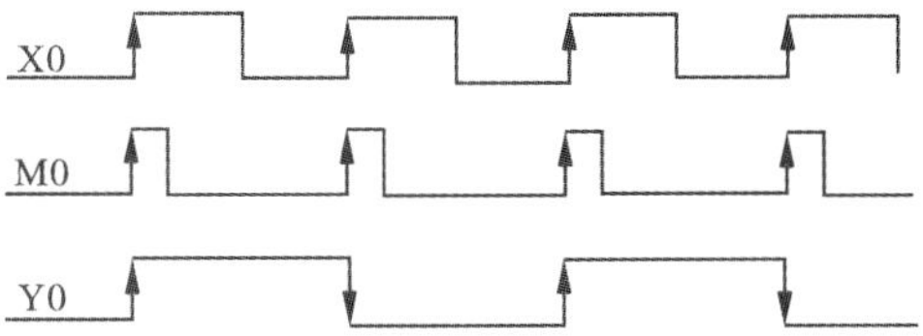

（b）时序图

图 4-50 二分频电路

当 X0 接通上升沿时，M0 产生一个扫描周期宽度的脉冲。梯形图第二行的 Y0 是断开的，所以 M1 未接通。在梯形图的第三行，M0 的动合触点接通，使 Y0 接通。Y0 的动合触点自锁。

当 X0 再次接通上升沿时，M0 同样产生一个扫描周期宽度的脉冲，在梯形图第二行 Y0 动合触点已接通，因此使得梯形图第三行的 Y0 断开，产生波形的下降沿。

使用 PLS 和 PLF 指令时应注意以下几点：

(1) PLS 和 PLF 指令都是在程序循环扫描过程中只需执行一次的指令。不同之处是上升沿触发还是下降沿触发。

(2)PLS 和 PLF 指令可以单独使用,也可同时使用。单独使用时没有什么限制,当同时使用在一个程序中时,最多可使用 48 次,否则编程器会显示 PLS OVER 错误信息,并把第 49 个 PLS 或 PLF 指令作废。

【例 4-12】 如果容器为空或按下停止按钮,抽水泵停止工作,工作情况如图 4-51 所示。

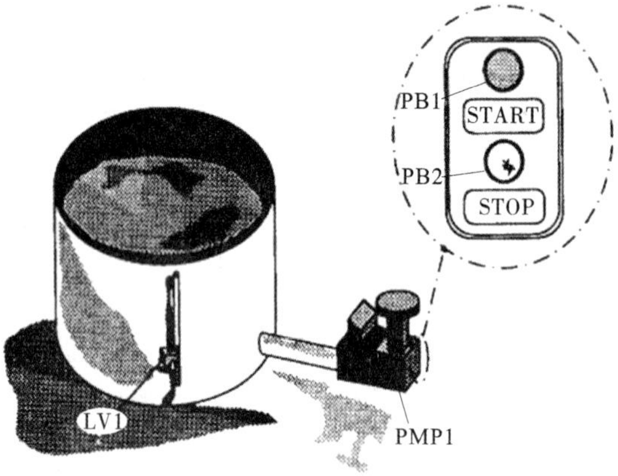

图 4-51　抽水泵工作原理图

泵从容器中抽水,按下标明为 START 的按钮 PB1(X000),泵开始工作。

只要容器中有水(X002 为 ON),而且标明为 STOP 的按钮 PB2(X001)没有被按下,泵会一直工作;PMP1 由输出 Y000 驱动。

如果在泵工作期间的某一时刻,容器被抽干了,即低水位检测器 LV1 被触发(X002 会变为 OFF),泵会自动停止。实际上,低水位检测器提供可编程控制器常闭触点输入,也就是说,有水时,输入 X002 为 ON,实际的低水位检测器为 OFF。因此,若低水位检测器失效,即总是 ON(X002 会变为 OFF),系统不允许泵工作,故在故障时是安全的。

如果按下停止按钮,泵也会停止。当泵停下来时,必须按下启动按钮 PB1 来复位/重新启动泵。

软元件分配表见表 4-15,梯形图和指令表见图 4-52。

表 4-15　例 4-12 软元件分配表

器件	PLC 软元件	说明
PB1	X000	启动按钮
PB2	X001	停止按钮
LV1	X002	低水位检测器
PMP1	Y000	泵电机
	M0	中间继电器

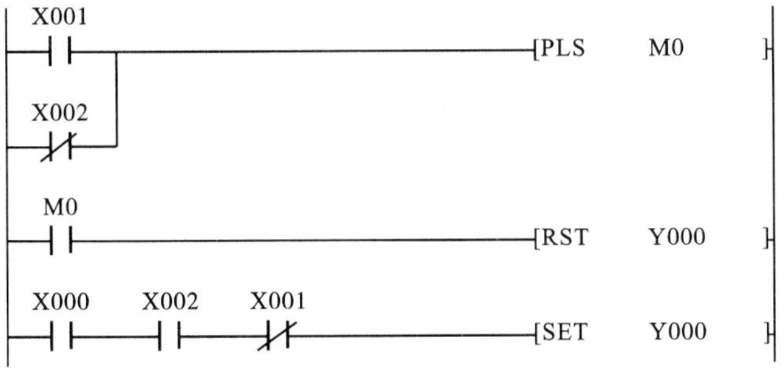

(a) 梯形图

0	LD	X001
1	ORI	X002
2	PLS	M0
4	LD	M0
5	RST	Y000
6	LD	X000
7	AND	X002
8	ANI	X001
9	SET	Y000
10	END	

(b) 指令表

图 4-52 抽水泵控制程序

任务 6 中可以用 SET 和 RST 指令并配合计数器 C 来精确计时，软元件分配表见表 4-16，梯形图和指令表见图 4-53。

表 4-16 任务 6 软元件分配表

器件	PLC 软元件	说明
PB1	X000	启动按钮
PC1	X001	用于停止计时的检测光电管
	M100	开始计时标志
	C220	计时时间，以 10 ms 为单位(C220 是 32 位计数器)
	M8011	内部 10 ms 时钟脉冲

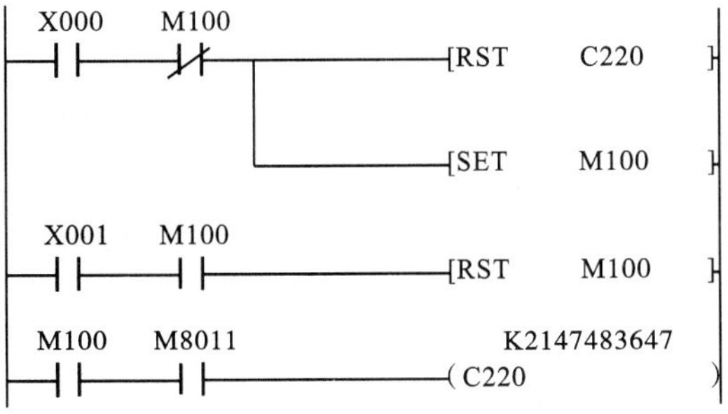

(a) 梯形图

0	LD	X000	
1	ANI	M100	
2	RST	C220	
4	SET	M100	
5	LD	X001	
6	AND	M100	
7	RST	M100	
8	LD	M100	
9	AND	M8011	
10	OUT	C220	K2147483647
15	END		

(b) 指令表

图 4-53 精确的跑表程序

4.7.3 可编程控制器空操作指令(NOP)

NOP:空操作指令，是一条无动作、无目标元件、占一个程序步的指令。NOP 指令应用(用 NOP 指令改变电路)的例子如图 4-54 所示。

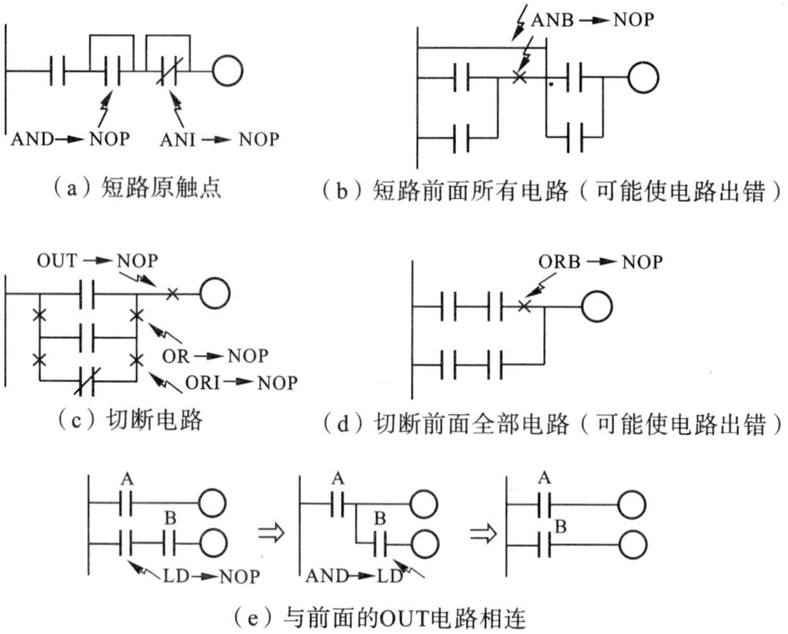

图 4-54　NOP 指令应用示例

空操作指令使该步序作空操作。用 NOP 指令替代已写入指令,可以改变电路。在程序中加入 NOP 指令,在改动或追加程序时可以减少步序号的改变。执行完清除用户存储器的操作后,用户存储器的内容全部变为空操作指令。

将已写入的指令换成 NOP 指令,电路将有可能发生变化,编程时务必注意。

从图 4-54 中可知,当把串联或串联块指令改为 NOP 时,程序相当于短接原触点或将前面所有电路短路;把并联或并联块指令改为 NOP 时,程序相当于断开原触点或切断前面所有电路。

4.7.4　边沿信号的检测举例

在许多控制系统中,常常要遇到一个设备动作时,另一个设备也随之动作,当源信号保持高电平时,被控信号动作一次后就不再动作了。这就是由一个信号的上升沿或下降沿来启动某些控制功能,即不管信号的电平如何,只有检测到该信号状态由“0”变为“1”或者由“1”变为“0”的过程才起作用。这就涉及边沿信号的检测问题。

对边沿信号的检测有两种方法,分别称为指令检测法和程序检测法。指令检测法是指直接使用 PLC 的指令系统中提供的边沿信号检测指令,如三菱 FX_{2N}系列 PLC 就有专用的边沿信号检测指令,可直接采用。而很多 PLC 的指令系统没有提供边沿信号的检测指令,程序设计中如果需要对边沿信号进行检测,就要自己设计一段程序来实现这种功能,即程序检测法。

边沿信号检测程序的设计原理并不复杂,基本思路是:每个周期都把检测的信号的状态记忆下来,并与前一个周期的状态相比较:如果状态有变化,就产生边沿信号,并保持一个周期,否则就不产生边沿控制信号。

边沿信号的检测程序如图 4-55 所示,包括上升沿信号检测与下降沿信号检测两段。

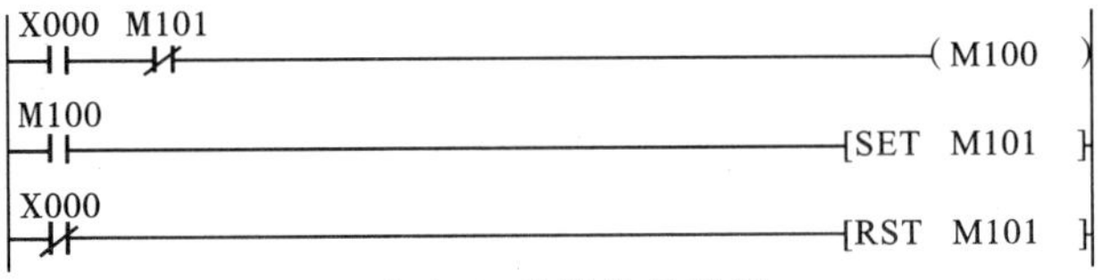

(a) 上升沿信号检测

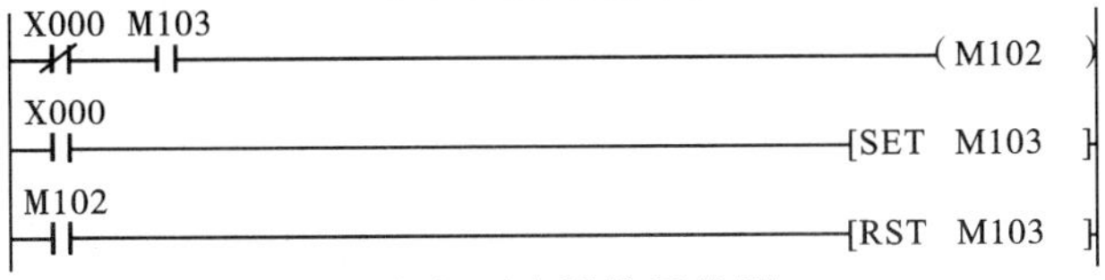

(b) 下降沿信号检测

图 4-55 边沿信号检测程序

上升沿信号检测程序梯形图如图 4-55(a)所示。

第一个扫描周期:X0 没有状态变化,M100 和 M101 的状态均为 0。

第二个扫描周期:X0 的状态由 0 变为 1,执行程序的第一行时,第二行尚未扫描,因此 M101 仍为 0 状态,M100 被置 1;当执行到第二行时,M101 也被置 1。

第三个扫描周期:X0 仍保持为 1 状态,M101 也为 1 状态,M100 被清零。M101 保持 1 状态,直到某一个扫描周期中 X0 变为 0 状态时,M101 变为 0 状态。

这样就实现了对输入信号 X0 上升沿的检测,使 M100 保持宽度为一个扫描周期的时间脉冲信号。下降沿信号检测程序梯形图如图 4-55 (b)所示。

4.8 FX 系列 PLC 的常用应用指令

可编程控制器除了基本逻辑指令和步进指令,还有很多的应用指令(也称功能指令)。应用指令适用于工业自动化控制中的数据运算和特殊处理。这些应用指令实际上是许多功能不同的子程序,它们大大地扩大了可编程控制器的应用范围,可实现更复杂过程控制系统的闭环控制。

三菱 FX 系列 PLC 的应用指令用功能符号 FNC00 ~ FNC246 表示,各条指令有相对应的助记符。例如,FNC45,助记符为 MEAN,指令含义为求平均值。FNC12,助记符为 MOV,指令含义为数据传送。不同型号的 FX 系列 PLC,其所拥有的应用指令数量不同。

4.8.1 应用指令表达式

图 4-56(a)所示是应用指令的梯形图表达式。X0 后的方框为功能框,分别含有应用指令的名称和参数。图 4-56 则表示当 X0 合上后,数据寄存器 D0 的内容加上 123(十进制),然后送到数据寄存器 D2 中。

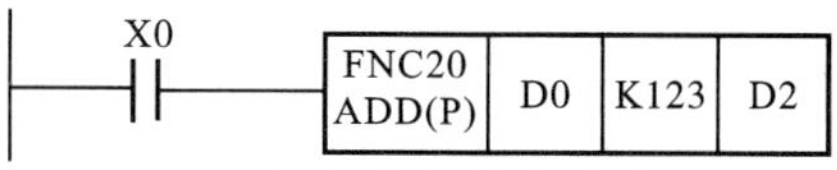

(a) 梯形图表达式

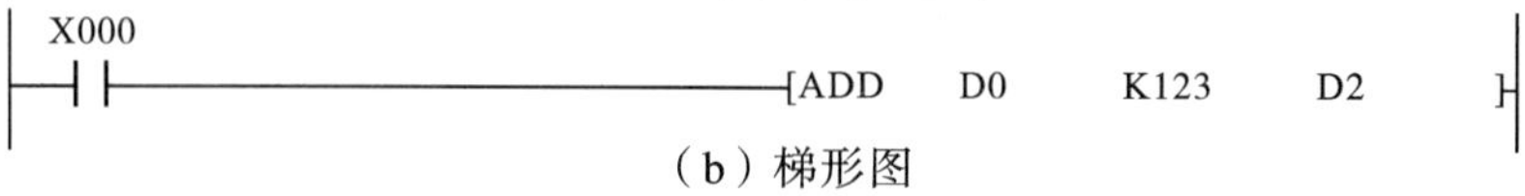

(b) 梯形图

图4-56 应用指令的梯形图

4.8.2 应用指令的含义

应用指令中加法的指令格式及参数形式如图4-57所示。

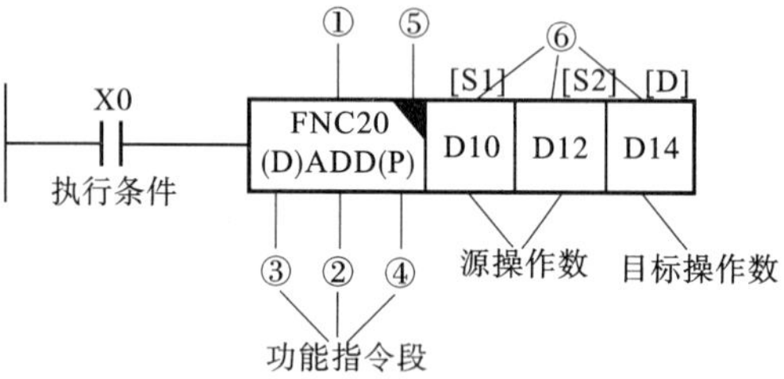

图4-57 加法指令格式及参数形式

下面以图4-57来说明应用指令功能框中各参数的含义：

①为功能代号(FNC)，每条应用指令都有一个固定的编号，FX_{2N}系列的应用指令代号为FNC00～FNC246。例如，FNC00代表CJ(条件转移)，FNC01代表CALL(呼叫)，…，FNC246代表两个数据比较。

②为助记符，ADD表示加法。

③为数据长度指示。有(D)表示为32位数据操作，无(D)表示为16位数据操作。应用指令MOV含义如图4-58所示。图4-58(a)表示将D10中的内容(16位)传送到D12中，图4-58(b)表示将(D21，D20)中的内容(32位)传送到(D23，D22)中。注意，在32位数据传送中每个数据寄存器(D)分别传送16位，而梯形图只标出低16位数据寄存器，即图4-58(b)中的D20、D22。

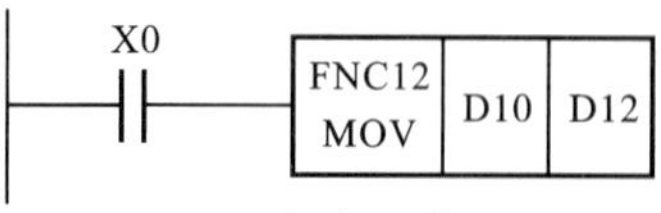

(a) 16位

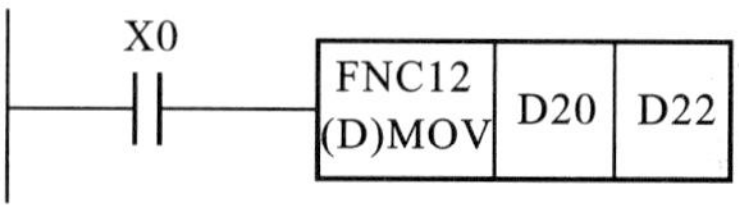

(b) 32位

图4-58 16位与32位数据传送指令

④为脉冲/连续执行指令标志(P)。指令中有(P)表示为脉冲执行型指令，条件满足时执行一个扫描周期。指令中无(P)表示连续执行。图4-59中脉冲执行型、连续执行型指令示例可用来解释此指令。

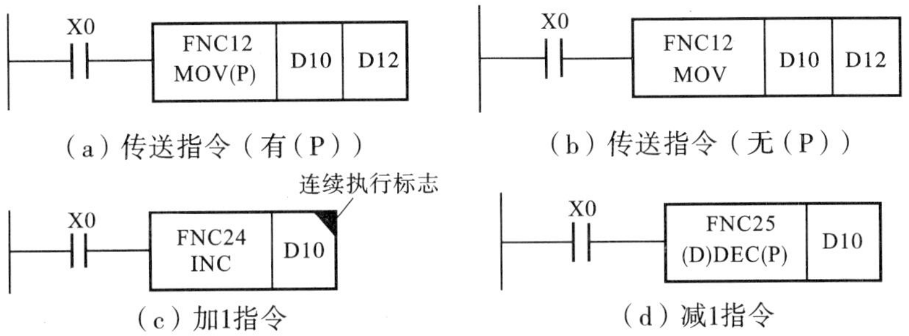

图 4-59 脉冲型、连续执行型指令示例

传送指令(有(P)),当 X0 从 OFF 变为 ON 时,执行一次送数,其他时刻不执行,即[D10]→[D12]。

传送指令(无(P)),当 X0 从 OFF 变为 ON 时,在每个扫描周期都执行数据传送一次,即[D10]→[D12]。

加 1 指令,当 X0 从 OFF 变为 ON 时,D10 中的内容加 1 再送 D10,每扫描一次加 1,即[D10] + 1→[D10]。

减 1 指令,当 X0 从 OFF 变为 ON 时,[D11,D10] - 1→[D11,D10],只执行一次操作且为 32 位数据操作。

⑤为某些特殊指令连续执行符号。如图 4-59(c)所示加 1 指令,每一个扫描周期 D10(源操作数)的内容都发生变化(增加 1)。

⑥为操作数。为应用指令所涉及的数据。[S1]、[S2]为源操作数,分别是数据寄存器(D10、D12)中的内容(数据)。[D]是目标操作数,即 D14 中的内容(数据),目标操作数指的就是应用指令执行后数据结果所在的数据寄存器。源操作数在指令执行后数据不变,而目标操作数在指令执行后可发生变化。K 表示十进制数,H 表示十六进制数。

4.8.3 应用指令的分类与操作数说明

4.8.3.1 应用指令的分类

FX_{2N}系列 PLC 应用指令有 14 类,下面列出其中 9 类:

(1)程序流程指令。如 CJ(条件转移)、CALL(子程序调用)、EI(中断允许)、DI(中断禁止)等。

(2)传送与比较指令。如 CMP(比较)、ZCP(区间比较)、MOV(传送)、BCD(BCD 码变换)等。

(3)运算指令。如 ADD(二进制加法)、SUB(二进制减法)、WOR(字逻辑或)、NEG(求补码)等。

(4)循环移位指令。如 ROR(循环右移)、ROL(循环左移)、SFTR(位右移)、SFTL(位左移)等。

(5)数据处理指令。如 ZRST(批次复位)、DECO(译码)、SOR(BIN 开方运算)、FLT(浮点处理)等。

(6)高速处理指令。如 REF(输入/输出刷新)、MTR(矩阵输入)、PLSY(脉冲输出)等。

(7)便利指令。如 IST(初始化)、SER(数据查找)、SORT(数据排序)等。

(8)外部设备(I/O)指令。如 TKY(数字键 0 ~ 9 输入)、HKY(16 键输入)、FROM、TO 等。

(9)外部设备(SER)指令。如 RS(串行数据传送)、PRUN(八进制传送)、PID(PID 运算)、CCD(校验码)。

4.8.3.2 应用指令操作数说明

下面重点介绍应用指令处理数据和运算过程中均要用到的数据寄存器、变址寄存器、指针。

1. 数据寄存器与位组合数据

1)数据寄存器(D)

数据寄存器用于存储数位数据,其值可通过应用指令、数据存取单元及编程装置(编程器)进行读出或写入。每个数据寄存器都是 16 位,最高位为符号位,0:正数,1:负数,如图 4-60 所示。

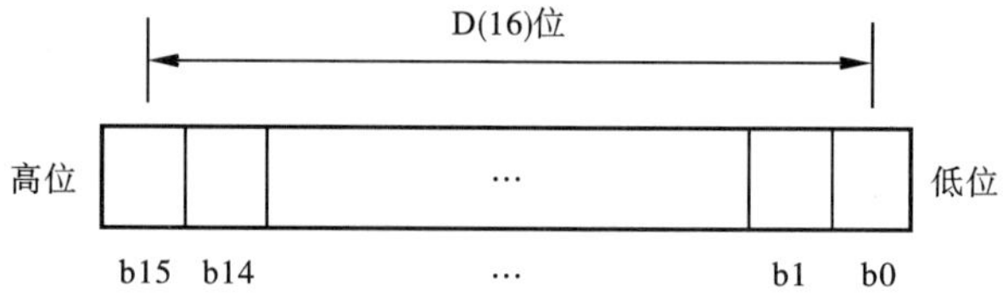

图 4-60 16 位数据寄存器

两个相邻的数据寄存器(如 D10,D11),可组成 32 位数据寄存器,最高位亦是符号位,如图 4-61 所示。

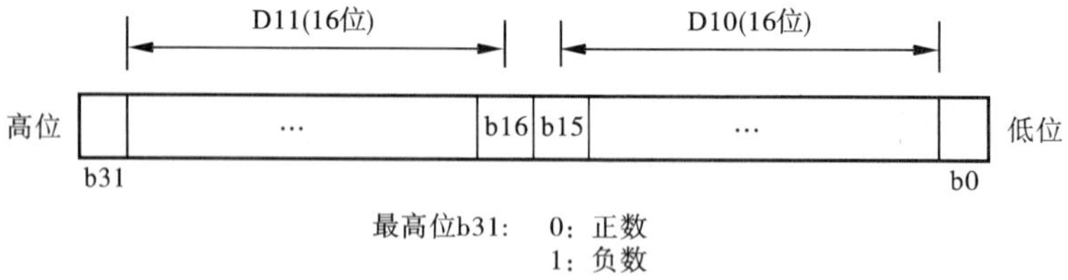

图 4-61 32 位数据寄存器

数据寄存器分一般型、停电保持型和特殊型。FX_{2N} 系列 PLC 数据寄存器 D0 ~ D199 为一般型,共 200 点。D200 ~ D511 为停电保持型,共 312 点。特殊型 D8000 ~ D8255,共 256 点。一般型数据寄存器一旦写入数据,只要不再写入其他数据,其内容就不会变化,但 PLC 停止运行或停电时,所有数据将清零。但在 M8033 被驱动时例外,即数据可以保持。

2)位组合数据

FX 系列 PLC 中,是使用 4 位 BCD 码表示 1 位十进制数据。用位元件表示,4 位一个组合,表示 1 个十进制数。所以,在应用指令中,常用 KnX、KnY、KnM、KnS 位组合数据形式,表示一个十进制数。

例如:

K1X0 表示由 X3 ~ X0 4 个输入继电器的组合。

K2X0 表示由 X7 ~ X0 8 个输入继电器的组合。

K3Y0 表示由 Y13 ~ Y0 12 个输出继电器的组合。

K4Y0 表示由 Y17 ~ Y0 16 个输出继电器的组合。

2. 变址寄存器(V、Z)

1)变址寄存器的形式

变址寄存器也是可进行读、写的寄存器,字长为 16 位,共有 16 个,分别为 V0 ~ V7 和 Z0 ~ Z7。

变址寄存器也可以组成 32 位数据寄存器,组合状态如图 4-62 所示,最多可组合 16 个 32 位变址寄存器。

变址寄存器的使用如图 4-63 所示。

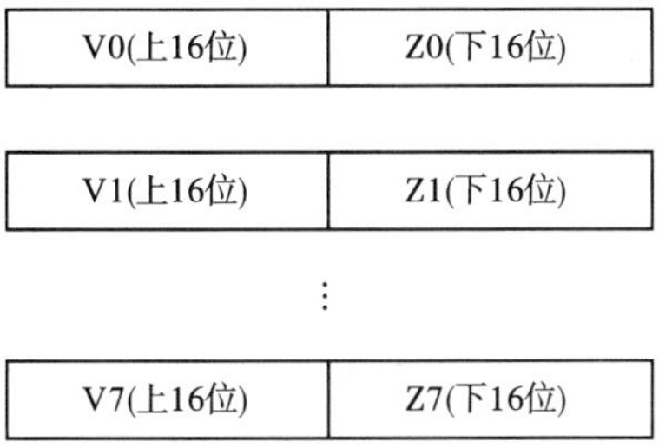

图 4-62　组合成 32 位变址寄存器

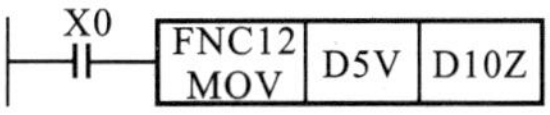

图 4-63　变址寄存器使用示例

当 V = 9,Z = 12 时,D5V = D5 + 9 = D14;D10Z = D10 + 12 = D22。

当 X0 = 1 时,则 D14→D22。

当 V = 8 时,则 D5 + 8 = D13,D13→D22。

注意:在处理 16 位指令时,可以任意选用 V 或 Z 变址寄存器,而在处理 32 位应用指令中的软元件或处理超过 16 位范围的数值时,必须使用 Z0 ~ Z7。

2)变址寄存器有关参数的修改

A. 数据寄存器编号的修改

(1)16 位指令操作数的修改。如图 4-64(a)所示,当 X0 = 1 或 X0 = 0 时,则将 K0 或 K10 向变址寄存器 V0 传送。若 X1 = 1 接通,当 V0 = 0 时,则 K500 向 D0(D0 + 0 = D0)传送。当 V0 = 10 时,则将 K500 向 D10(D0 + 10 = D10)传送。

(2)32 位指令操作数的修改。如图 4-64(b)所示,因为(D)MOV 指令是 32 位操作指令,因此在该指令中使用的变址寄存器也必须指定为 32 位。在 32 位指令中应指定变址寄存器的 Z 侧(低位用 Z0 ~ Z7),实际上就暗含指定了与低位组合的高位侧 V 侧(V0 ~ V7)。

B. 常数 K 的修改

常数 K 的修改情况也同软元件编号 D、Z 等修改一样。如图 4-64(c)所示，当 X5 = 1 时，如 V5 = 0，则 K6V5 = K6(K6 + 0 = K6)，将 K6 向 D10 传送；若 V5 = 20，则 K6V5 = K26(K6 + 20 = K26)，将 K26 向 D10 传送。

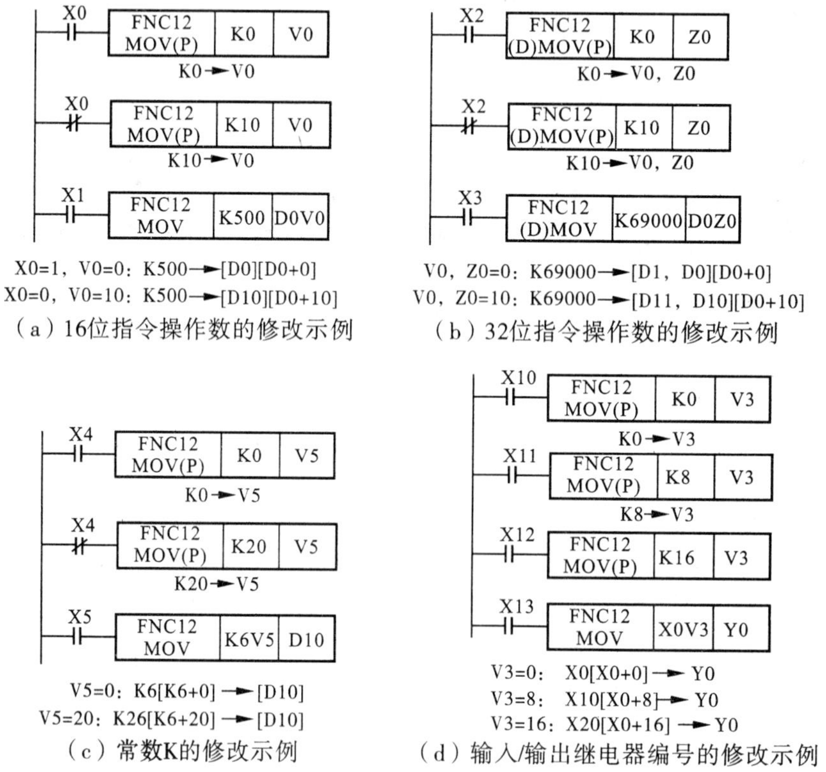

图 4-64　变址寄存器参数修改示例之一

C. 输入/输出继电器八进制软元件编号的修改

如图 4-64(d)所示。用 MOV 指令变址，改变输入，使输入变换成 X7 ~ X0 或 X17 ~ X20 送到输出端 Y7 ~ Y0。

当 X10 = 1 时，K0→V3；当 X11 = 1 时，K8→V3；当 X12 = 1 时，K16→V3。这种变换是将变址值 0、8、16，通过八进制的运算(X0 + 0 = X0)、(X0 + 8 = X10)、(X0 + 16 = X20)，确定软元件编号，使输入端子发生变化。之所以在 X 编号中使用的是八进制，是因为 FX_{2N} 系列 PLC 中 X 端子编号为 X0 ~ X7，X10 ~ X17，X20 ~ X27，…，不能用十进制出现 X8、X9、X18、X19 等错误编号。

D. 定时器当前值的修改

如图 4-65 所示，若要对 T0 ~ T9 定时器当前值进行显示，可以利用变址寄存器简单地构成。图 4-66 是接线示意图。

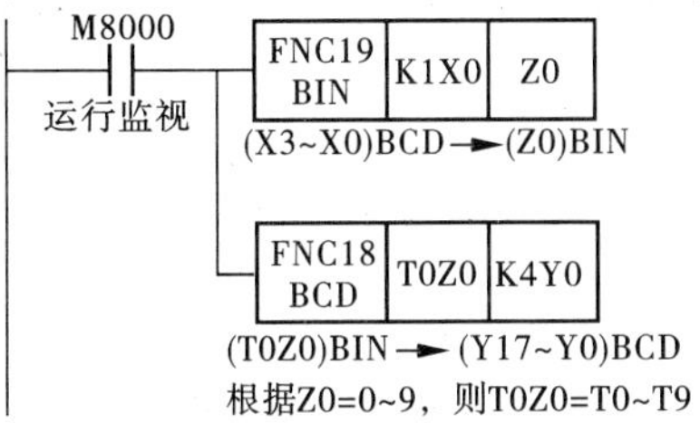

图 4-65 变址寄存器参数修改示例之二
(梯形图表达式)

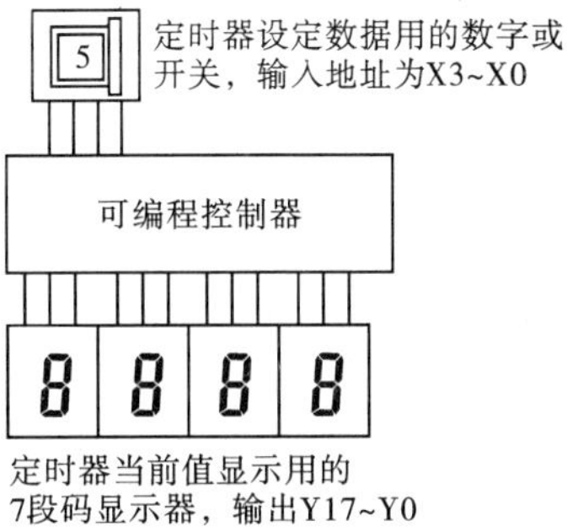

图 4-66 变址寄存器参数修改示例之二
(接线示意图)

3. 指针(P/I)

指针用作跳转、中断等程序的入口地址，与跳转、子程序、中断程序等指令一起应用，其地址号用十进制数分配。按用途可分为分支指针(P)和中断指针(I)两类。FX_{2N}系列PLC分支用P，有P0~P62共63点，结束跳转用P63，1点；插入输入用I00□(X0)，I10□(X1)，…，I50□(X5)共6点，插入计数用I6□□~I8□□，共3点。

1)分支指针P

分支指针P用于条件跳转指令、子程序调用指令，地址号P0~P63(FX_{2N})，共63点，而P63则相当于END指令，表示跳转结束。

注意：在编程时，指针号不能重复使用。

图4-67所示为分支指针P的应用实例。图4-67(a)所示的是指针P在条件跳转中的使用情况，如果X1=1，通过FNC00(CJ)指令跳转到指定的标号P0位置，执行随后的程序。图4-67(b)所示的是指针P在子程序调用中的使用情况，如果X1=1，执行FNC01(CALL)指令的标号P1位置的子程序，以FNC02(SRET)指令返回原位置。

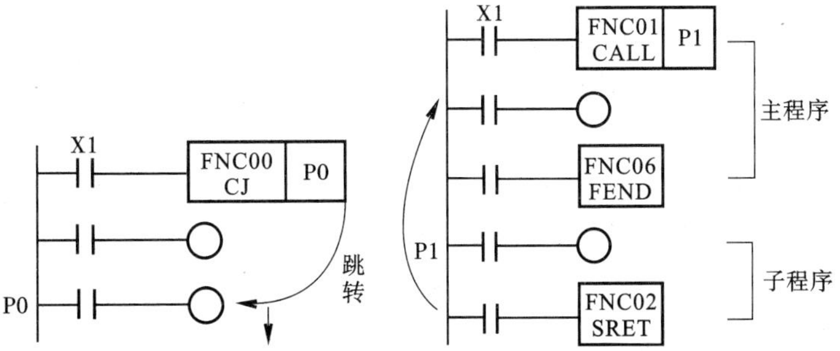

(a) 条件跳转 (b) 子程序调用

图 4-67 分支指针 P 的应用

如图4-68所示，P63是跳转结束指针，在程序中不编程。在使用FNC00(CJ)指令时，P63意味着向END跳转。

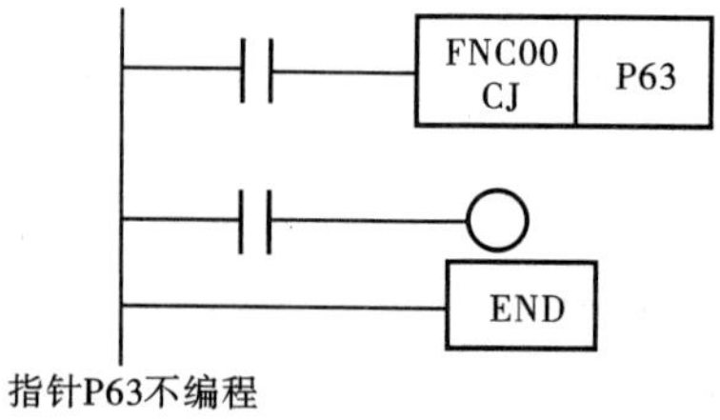

图 4-68　P63 指针功能

2) 中断指针 I

中断指针 I 有以下三种类型,与应用指令 FNC03(IRET)中断返回、FNC04(EI)允许中断、FNC05(DI)禁止中断一起组合使用。

A. 输入中断 I

I00□ ~ I50□,共 6 点,指针格式如下:

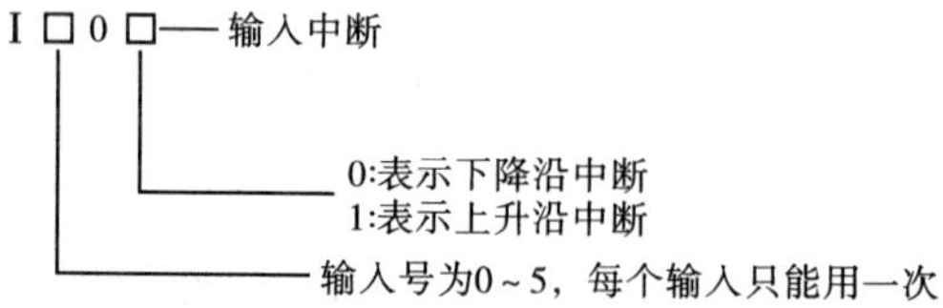

输入中断是接收外界信号(X0 ~ X5)所引起的中断,它不受可编程控制器的扫描周期的影响。触发该输入信号,则执行中断子程序。

B. 定时器中断

I6□□ ~ I8□□,共 3 点,指针格式如下:

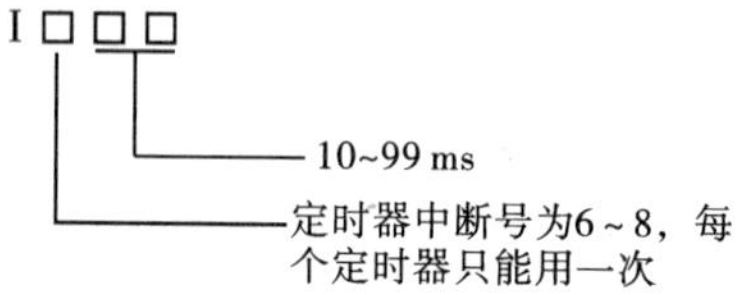

定时器中断为机内信号中断,由编号为 6 ~ 8 的三个专用定时器控制。例如,I820 表示每隔 20 ms 就执行标号为 I820 处的中断程序一次,在 IRET 指令执行时返回。

4.8.4　程序流向控制指令

下面将对程序流向控制的一些应用指令作简要介绍。

程序跳转及中断指令共有 10 条,这 10 条指令含义见表 4-17。

表 4-17　程序流向控制指令及含义

FNC□□	指令助记符	指令名称及功能
00	CJ	条件跳转,程序跳到 P 指针标号处
01	CALL	子程序调用,调用 P 指针标号处程序,可嵌套 5 层
02	SRET	子程序返回,从 CALL 调用的子程序返回主程序
03	IRET	中断返回,从中断子程序返回主程序
04	EI	中断允许(允许中断)

续表 4-17

FNC□□	指令助记符	指令名称及功能
05	DI	中断禁止(禁止中断)
06	FEND	主程序结束
07	WDT	监视定时器刷新
08	FOR	循环开始,可嵌套 5 层
09	NEXT	循环结束

4.8.4.1 条件跳转指令 CJ(FNC00)

1. 指令使用

图 4-69 所示为条件跳转指令在梯形图中的具体应用格式。

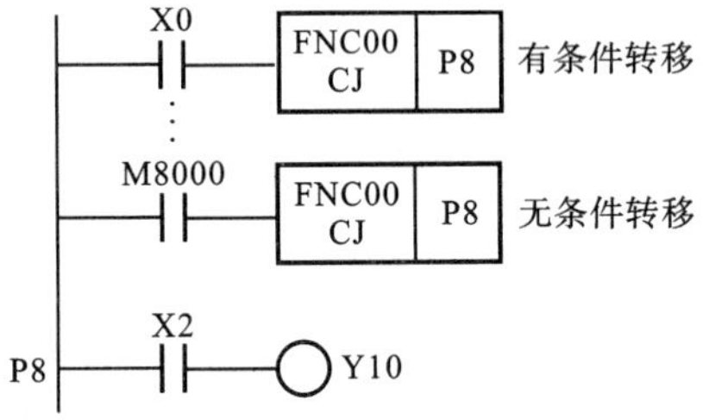

图 4-69 条件跳转指令的应用格式

在图 4-69 中,若 X0 为 ON,程序跳转到标号 P8 处;若 X0 为 OFF,则顺序执行程序,这是有条件转移。若执行条件为 M8000,则成为无条件跳转,因为 M8000 触点在 PLC 通电运行时就自动接通。

一个标号只能使用一次,但两条跳转指令可以使用同一标号。编程时,标号要占一行。

图 4-70 所示为带有标号 P3 的跳转指令编程。

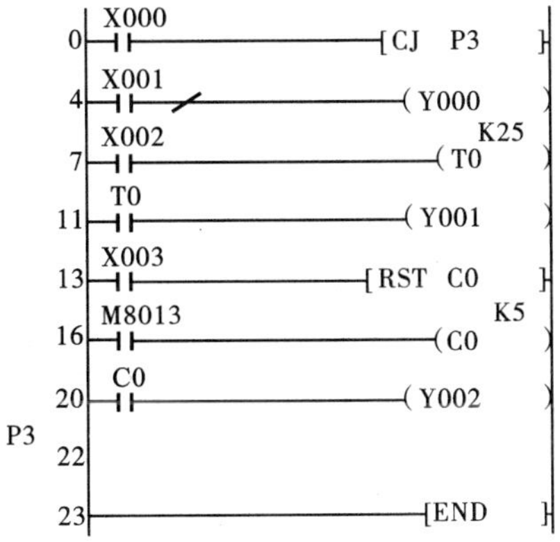

(a) 梯形图

0	LD	X000	
1	CJ	P3	
4	LD	X001	
5	INV		
6	OUT	Y000	
7	LD	X002	
8	OUT	T0	K25
11	LD	T0	
12	OUT	Y001	
13	LD	X003	
14	RST	C0	
16	LD	M8013	
17	OUT	C0	K5
20	LD	C0	
21	OUT	Y002	
22	P3		
23	END		

(b) 指令表

图 4-70 条件跳转指令的编程

注意：P3 在指令表中不编程，INV 指令用于改变当前处于梯形图网络中嵌入位置的逻辑状态。

当 X0 为 OFF 时，程序正常运行，X1 = 0，Y0 = 1，X2 = 1，T0 定时 2.5 s，Y1 = 1，X3 = 0，C0 计 5 次，Y2 = 1。若 X0 为 ON，则跳到 P3 处，使继电器输出，定时器、计数器值均保持不变。此时若 X0 变为 OFF，又继续执行程序，继电器输出根据输入条件动作，而定时器、计数器继续往下定时或计数。

2. 应用举例

工业控制中经常用到手动和自动控制电路，两种电路程序要切换。图 4-71 所示即为采用 CJ 指令完成手动和自动控制切换的程序，X0 为切换方式开关，X1 为手动计数脉冲，M8013 为秒脉冲，X10 为清零开关。

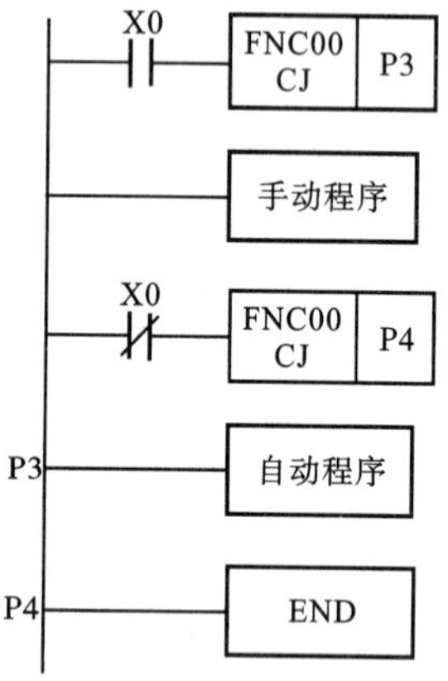

（a）流程图

0	LD	X010	
1	OR	M8002	
2	RST	C0	
4	RST	C1	
6	LD	X000	
7	CJ	P3	
10	LD	X001	
11	OUT	C0	K5
14	LD	C0	
15	OUT	Y000	
16	LDI	X000	
17	CJ	P4	
20	P3		
21	LDI	M8013	
22	OUT	Y001	
23	OUT	C1	K10
26	LD	C1	
27	OUT	Y002	
28	P4		
29	END		

（b）指令表

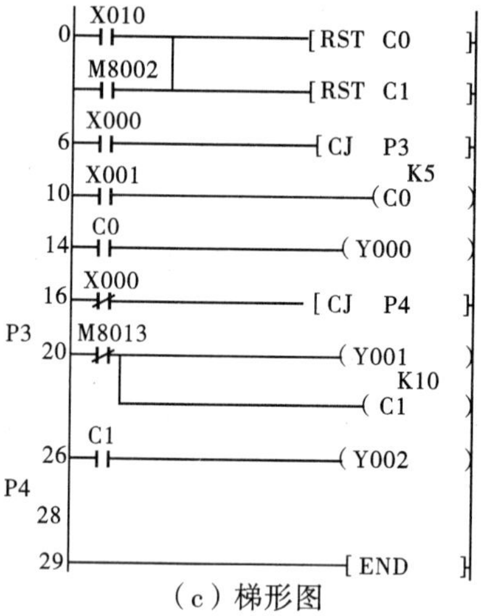

（c）梯形图

图 4-71　利用 CJ 指令完成自动/手动方式切换程序

当 X0 为 OFF 时，执行手动程序，X1 输入 5 个脉冲信号，Y0 有输出。当 X0 为 ON 时，执行自动程序，Y1 输出秒脉冲，C1 对秒脉冲（M8013）计数，计满 10 个数时，Y2 有输出。

4.8.4.2　子程序调用、返回指令 CALL、SRET（FNC01、FNC02）

1. 指令使用

图 4-72 所示为 CALL 指令在程序中的基本使用格式。指针号在程序中只能用一次。

CALL 指令一般安排在主程序中，主程序的结束有 FEND 指令。子程序开始端有 P□□（例如 P10）指针号，最后由 SRET 返回主程序。

图 4-72 中 X0 为调用子程序的条件。当 X0 为 ON 时，调用 P10 ~ SRET 子程序并执行。当 X0 为 OFF 时，不调用子程序，主程序按顺序运行。

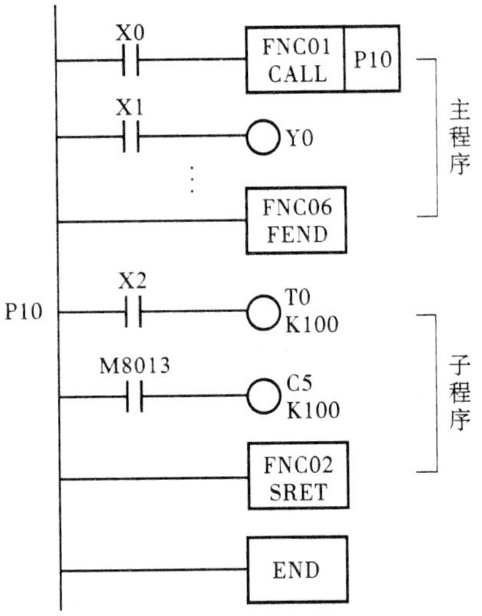

图 4-72 子程序调用指令的基本使用格式

子程序调用指令可以嵌套,最多为 5 级。图 4-73 所示是一嵌套例子。子程序 P11 的调用因采用 CALL(P)指令,是脉冲执行方式,所以在 X0 由 OFF 变为 ON 时,仅执行一次。即当 X0 从 OFF 变为 ON 时,调用 P11 子程序。P11 子程序执行时,若 X11 为 ON,又要调用 P12 子程序执行,当 P12 子程序执行完毕,又返回到 P11 原断点处执行 P11 子程序,当执行到 SRET①处,返回主程序。

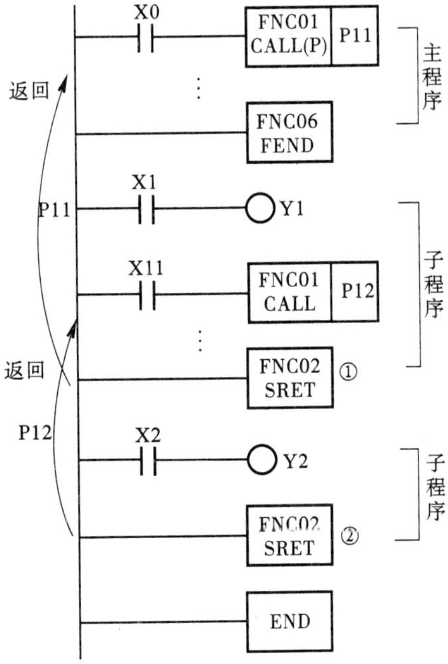

图 4-73 子程序的嵌套示例

2. 应用举例

采用子程序调用指令,可以优化程序结构,提高编程效果。图 4-74 所示为一个调用子程序示例。当 X1 为 OFF 时,若 X0 为 OFF,调用 P1 即 2S 子程序执行,若 X0 为 ON,调用 P0 即 1S 子程序执行;若 X1 为 ON,就不能调用 P0、P1 子程序,而调用 P2 即 4S 子程序并执行。

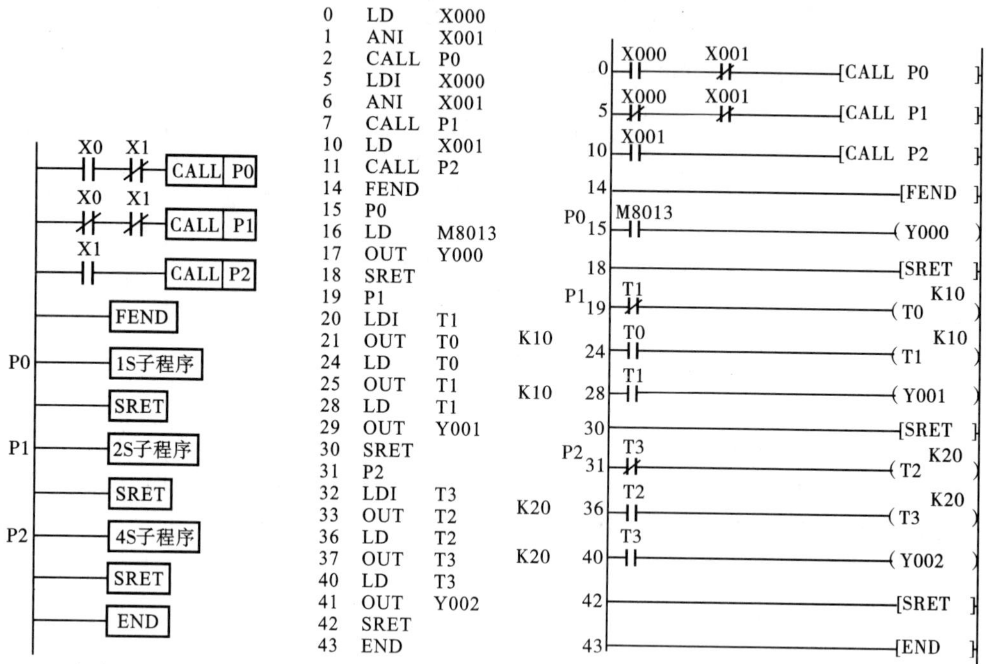

（a）流程图　　（b）指令表　　（c）梯形图

图 4-74　子程序调用应用示例

4.8.4.3　**中断指令** IRET、EI、DI(FNC03、FNC04、FNC05)

1. 使用说明

IRET:中断返回,从中断子程序返回主程序;EI:允许中断;DI:禁止中断。图 4-75 所示为中断指令使用说明。EI ~ DI 为允许中断区间,当中断条件出现在主程序此区间内,则转向执行有中断标号的子程序。

中断子程序开始有中断标号,由 IRET 返回。中断子程序一般出现在主程序后面。中断标号必须对应允许中断的条件。中断标号含义如下:

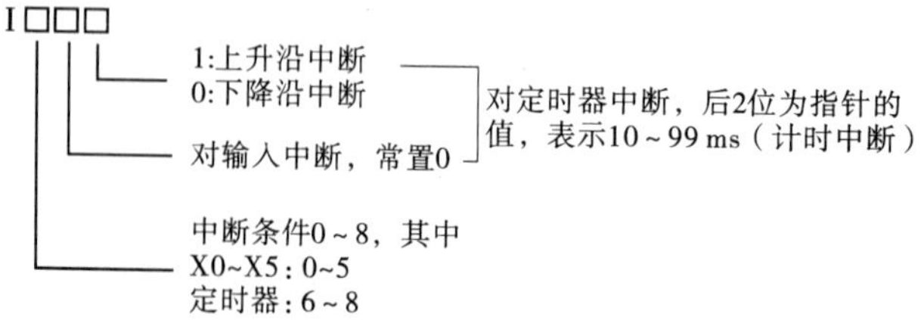

在中断条件 0 ~ 8 中,0 ~ 5 表示与输入条件 X0 ~ X5 对应,在图 4-75 中,中断标号

I001 表示 X0 为 ON 时在上升沿执行中断子程序Ⅰ,I101 表示 X1 为 ON 时在上升沿执行中断子程序Ⅱ;6～8 为定时器中断条件(标号),如 I610 表示指定定时器 6 每计时 10 ms 执行一次中断子程序,同理,I899 表示定时器 8 每计时 99 ms 执行一次中断子程序。

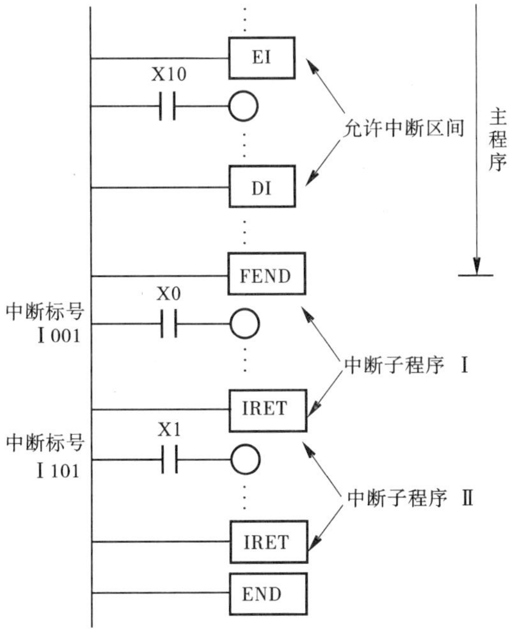

图 4-75 中断指令的使用

中断子程序最多可嵌套两级,多个中断信号同时出现,中断标号低的有优先权。

对中断标号为 I00□～I50□的输入中断,对应 M8050～M8055 为 ON 时中断被禁止。对中断标号为 I6□□～I8□□的定时器中断,对应 M8056～M8058 为 ON 时中断被禁止。

在特殊场合,主程序设计中采用中断指令,可以有目的地预先应付突发事件。中断指令也适用于一些必须定时监控诊断的主程序。

2. 应用举例

(1)外部输入中断子程序。图 4-76 所示为一外部输入中断子程序。在主程序执行时,当特殊辅助继电器 M8050 为 OFF 时,标号 I001 的中断子程序允许执行。当 PLC 外部输入信号 X0 有上升沿信号时,执行中断程序一次,执行完毕后返回主程序。Y10 由 M8013 驱动,每秒内输出一次,而 Y0 输出是当 X0 在上升沿脉冲时,驱动其为“1”信号,此时 Y11 输出就由 M8013 当时状态决定。若 X10 为 ON,则 M8050 为 ON,I001 中断子程序禁止执行。

(2)定时器中断子程序。图 4-77 所示为一定时器中断子程序。中断标号为 I610,利用定时器 6,每计时 10 ms 中断子程序执行一次。每执行一次中断子程序使数据寄存器 D0 内容加 1,当加到 1 000 时使 Y2 置 1。为验证中断程序正确与否,在主程序中加入了定时电路 T0,T0 触点控制 Y1,当 X10 由 ON 变为 OFF 时,经延时 10 s 后,Y1、Y2 应同时为“1”状态。

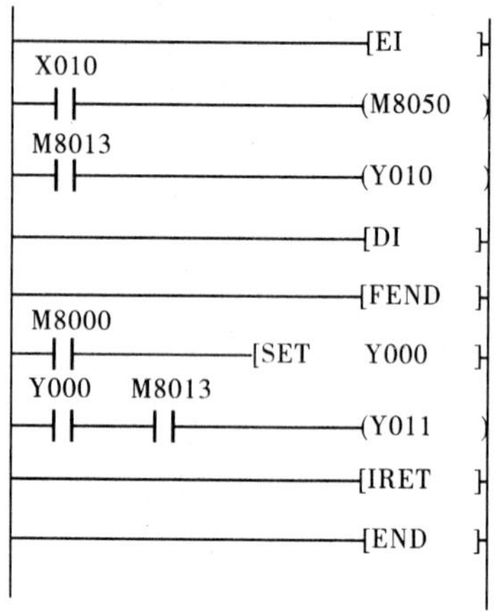

图 4-76　外部输入中断子程序

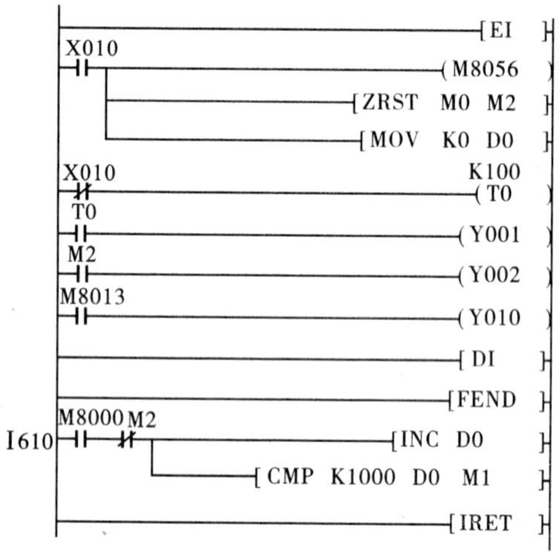

图 4-77　定时器中断子程序

INC 为加 1 指令，CMP 为比较指令，当 1 000 > [D0] 时，M1 = 1；1 000 = [D0]，M2 = 1；1 000 < [D0]，M3 = 1（图 4-77 中未画出 M1、M3 触点）。当 X10 = 1，M8056 = 1 时，中断被禁止。这时 M0 ~ M2 复位（ZRST），K0（数据为 0）传送（MOV）到 D0 中。

4.8.4.4　主程序结束指令 FEND（FNC06）

FEND 指令表示主程序结束。程序执行到 FEND 时，进行输入、输出处理，监视定时器和计数器刷新，全部完成以后返回到程序的第 0 步。

使用该指令时应注意，子程序和中断子程序必须写在主程序结束指令 FEND 和 END 指令之间。

在有跳转（CJ）指令的程序中，用 FEND 作为主程序和跳转程序的结束。在调用子程序（CALL）中，子程序、中断子程序应写在 FEND 之后且用 SRET 和 IRET 返回指令。当主程序中有多个 FEND 指令时，CALL 指令或中断子程序必须写在最后一个 FEND 及 END 之间。

结束指令 FEND 的使用如图 4-78 所示。

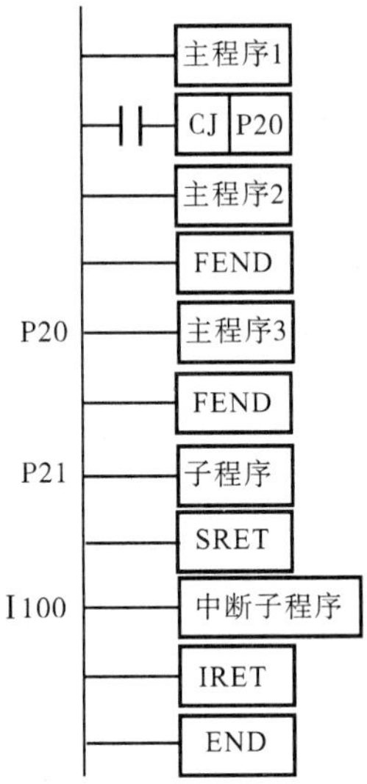

图 4-78 结束指令 FEND 的使用

注意:在主程序 1、2、3 中可以使用 CALL 指向 P21,设置中断区间 EI ~ DI 指针 I100。

4.8.4.5 监视定时指令 WDT(FNC07)

在程序的执行过程中,如果扫描的时间(从第 0 步到 END 或 FEND 语句)超过了 200 ms,则 PLC 将停止运行。在这种情况下使用 WDT 指令可以刷新监视定时器,使程序执行到 END 或 FEND。

WDT 为连续执行型指令,WDT(P)为脉冲执行型指令。两种工作状态的梯形图、波形图如图 4-79 所示。

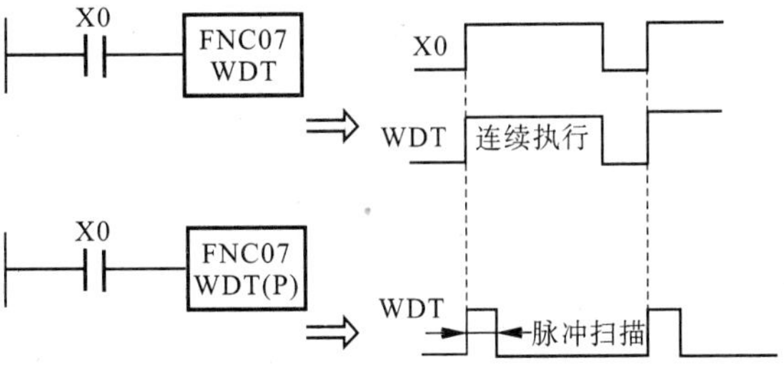

图 4-79 WDT 两种工作状态的梯形图、波形图

要改变监视定时器时间,可通过改变 D8000 的数值进行。图 4-80 所示是将监视定时值设为 300 ms。

利用监视定时指令 WDT 可以将超过 200 ms(FX_{2N}系列 PLC)的程序(假设 240 ms)一分为二。这样,前后两个部分都在 D8000 规定的 200 ms 以下,程序可正常运行。监视定时指令 WDT 的应用如图 4-81 所示。

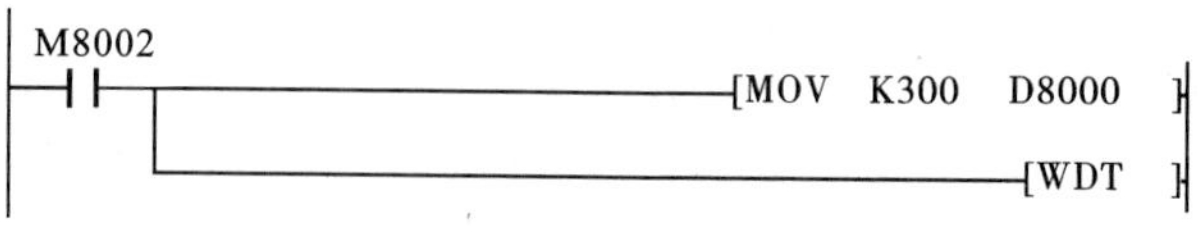

图 4-80　修改监视定时值

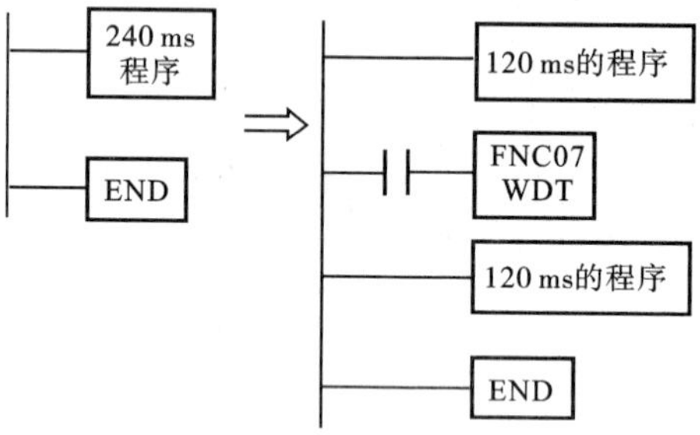

图 4-81　监视定时指令 WDT 的应用

4.8.4.6　循环指令 FOR、NEXT(FNC08、FNC09)

FOR、NEXT 为循环开始和循环结束指令。循环指令的使用如图 4-82 所示,在程序运行时,位于 FOR ~ NEXT 间的程序可循环执行几次后,再执行 NEXT 指令后的程序。循环次数 n 由 FOR 后跟的操作数指定,循环次数值范围为 1 ~ 32 767。

FOR、NEXT 指令可嵌套使用,最多允许 5 级嵌套。图 4-82(b)为 3 级嵌套循环。D0 中可送入数据,如果是 5,则 B 程序循环执行 5 次。

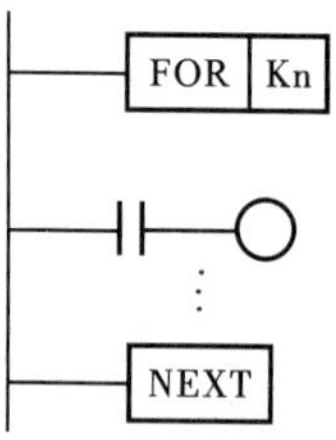

(a) 循环

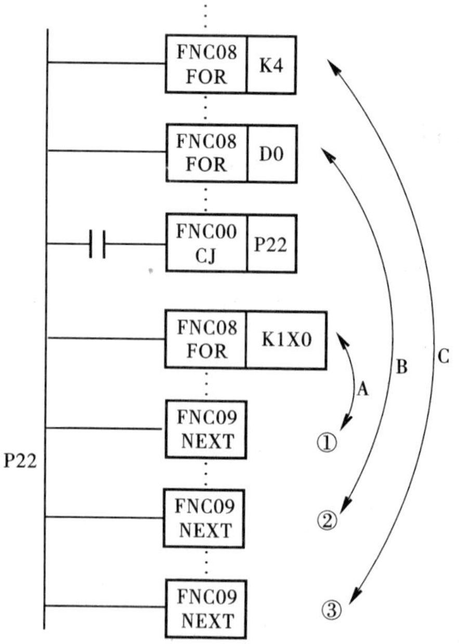

(b) 3级嵌套循环

图 4-82　FOR、NEXT 指令的使用

FOR、NEXT 必须成对使用,否则出错。

NEXT 指令不允许写在 END、FEND 指令的后面。

图 4-83 所示为一个小的循环指令应用例子。Y10 输出可接上指示红灯,预先接通输入开关 X0,使 X0 = 1,则程序运行到循环部分时,红灯可闪亮 10 次,每次亮时 2 s。

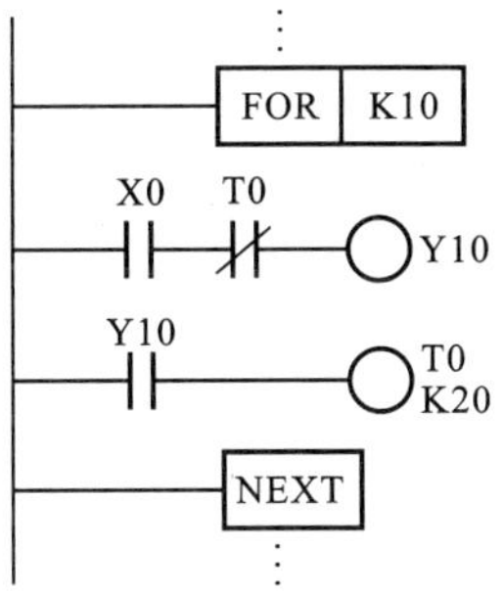

图 4-83　FOR、NEXT 应用示例

4.8.5　比较与传送指令

传送、比较指令在程序中使用是十分频繁的。这类指令共有 10 条,下面将重点介绍其中的几条。

4.8.5.1　**比较指令** CMP、ZCP(FNC10、FNC11)

1. 指令说明

CMP 为比较指令,ZCP 为区间比较指令。要清除比较结果,用复位指令。

1)比较指令 CMP

比较指令 CMP 的使用及复位如图 4-84 所示。比较指令是将源操作数[S1]、[S2]中的数据进行比较,比较结果影响目标操作数[D]的状态。当 X0 = OFF 时,CMP 指令不执行。M0、M1、M2 保持不变。当 X0 = ON 时,[S1]、[S2]比较,即 C20 计数值与 K100 比较。若[C20] < 100,则 M0 = 1,Y0 = 1;若[C20] = 100,则 M1 = 1,Y1 = 1;若[C20] > 100,则 M2 = 1,Y2 = 1。

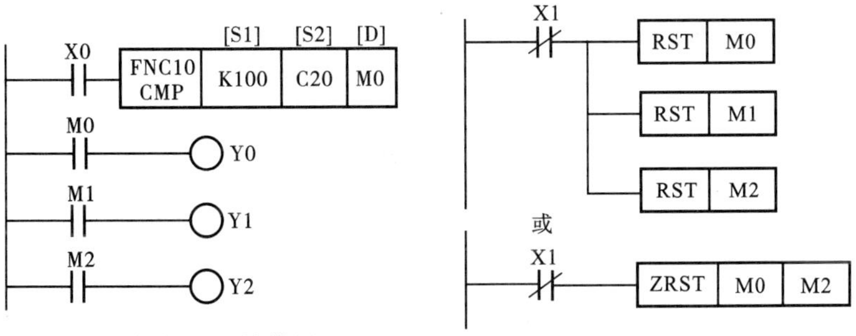

(a) CMP的使用　　(b) CMP中目标操作数的复位

图 4-84　比较指令 CMP 的使用及复位

2）区间比较指令 ZCP

区间比较指令 ZCP 的使用如图 4-85 所示，该指令是将一个数[S]与两个源操作数[S1]、[S2]进行代数比较，比较结果影响目标操作数[D]的状态。X0 = ON 时，C30 计数值与 K100 和 K120 比较，若[C30] < 100，则 M3 = 1，Y0 = 1；若 100≤[C30]≤120，则 M4 = 1，Y1 = 1；若[C30] > 120，则 M5 = 1，Y2 = 1。

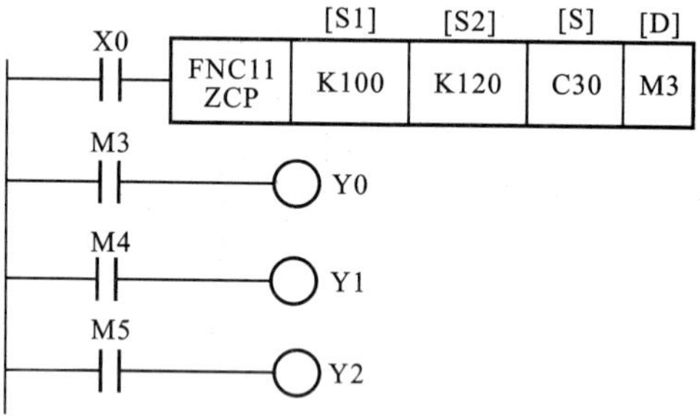

图 4-85　区间比较指令 ZCP 的使用

2. 应用示例

图 4-86(a)所示为 CMP 的应用示例。若 X0 为 ON，[C0] < 10 时，Y0 = 1；[C0] = 10 时，Y1 = 1；[C0] > 10 时，Y2 = 1。如在 Y10 端安装一个指示灯，可以看到该指示灯在 X0 为 ON 后不停闪烁，这是由 T0、T1 定时电路决定的，亮及灭的时间都为 1 s，C0 计数该灯（Y10）闪烁次数，C0 计数到 15 次，Y3 = 1。

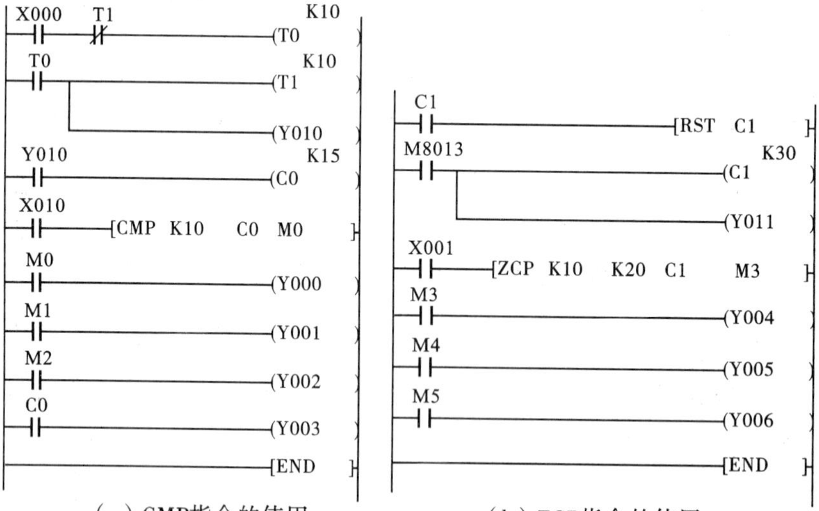

（a）CMP指令的使用　　　（b）ZCP指令的使用

图 4-86　比较指令的应用示例

图 4-86(b)所示为 ZCP 指令的应用示例。当 X1 为 ON 时，[C1] < 10，Y4 = 1；10≤[C1]≤20，Y5 = 1；[C1] > 20，Y6 = 1。Y11 为内部秒脉冲 M8013 的输出，如在该输出端（Y11）上接一个指示灯，可看到该灯每秒亮 1 次。C1 计数该灯亮的次数。如在 Y4、Y5、

Y6 输出上也接指示灯,不难看出,这三个指示灯依次亮 10 s。

4.8.5.2　传送指令 MOV(FNC12)

1. 基本格式

传送指令 MOV 的格式如图 4-87 所示。MOV 指令分 16 位传送和 32 位传送,如图 4-87(a)中所示带(P)表示脉冲执行 16 位数传送,图 4-87(b)中不带(P)但带有(D),表示连续执行 32 位数传送,数据从(D1,D0)传送到(D11,D10),D0, D10 中只写出了数据寄存器的低位。

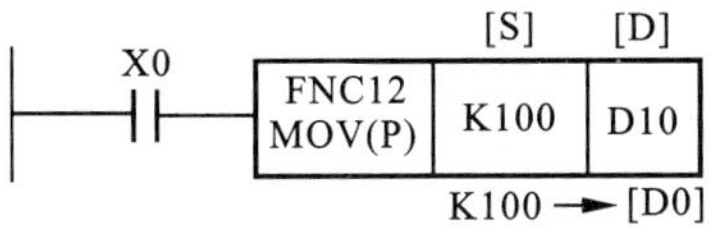

(a) 16位脉冲执行传送

(b) 32位传送

图 4-87　传送指令的格式

2. 应用举例

图 4-88 所示是 MOV 指令的两个应用。图 4-88(a)是计数值传送,即读计数器 C0 的当前值,送到数据寄存器 D20 中。图 4-88 (b)是定时值间接传送,即将数 K200 传送给 D12,而 D12 中数值(200)作为定时器 T20 的定时值。图 4-89 所示是将 PLC 输入端 X0 ~ X3 的状态送到输出端 Y0 ~ Y3 的两种编程方法,应用 MOV 指令变得更简单。

注意:在 MOV 指令中 K1X0,K1Y0 是位组合数据,分别表示 X0 ~ X3,Y0 ~ Y3。

(a) 计数值传送

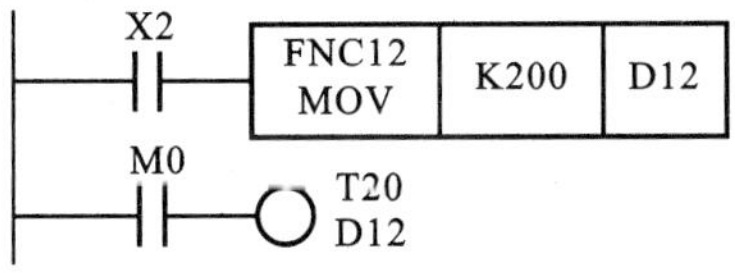

(b) 定时值间接传送

图 4-88　传送指令的应用

(a) 基本指令编程方法

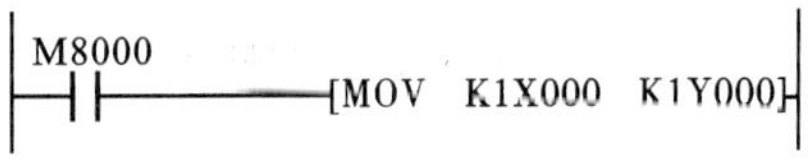

(b) 应用指令编程方法

图 4-89　传送数值的两种编程方法

4.8.5.3　反相传送指令 CML(FNC14)

1. 指令说明

反相传送指令 CML 的格式与功能如图 4-90、图 4-91 所示。当条件 X0 为 ON 时,将源操作数 D0 中的二进制数每位取反然后送到目标操作数中,D0 中若为常数,则自动地先转换成二进制数。

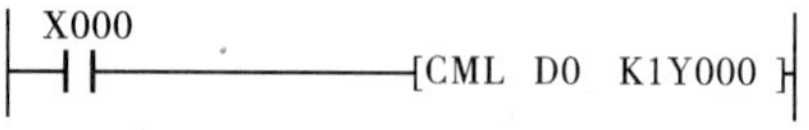

图 4-90　反相传送指令 CML 使用格式

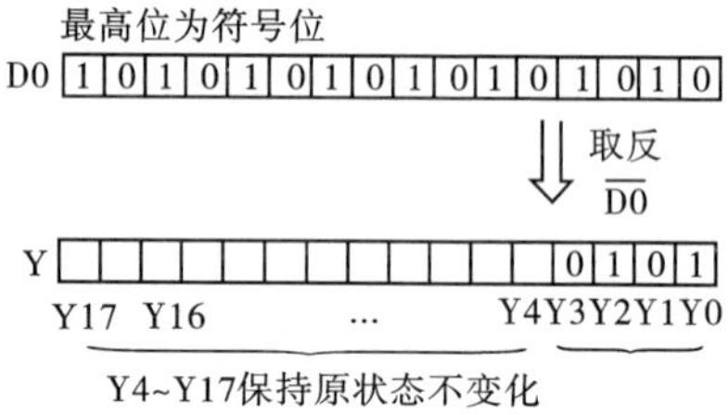

图 4-91　反相传送指令 CML 功能

2. 应用举例

本例为 CML 作反相输入或输出指令。如图 4-92 所示,把 X0 ~ X3 的状态取反然后传送给 M0 ~ M3,程序在使用 CML 指令后更简单(INV 为取反指令)。

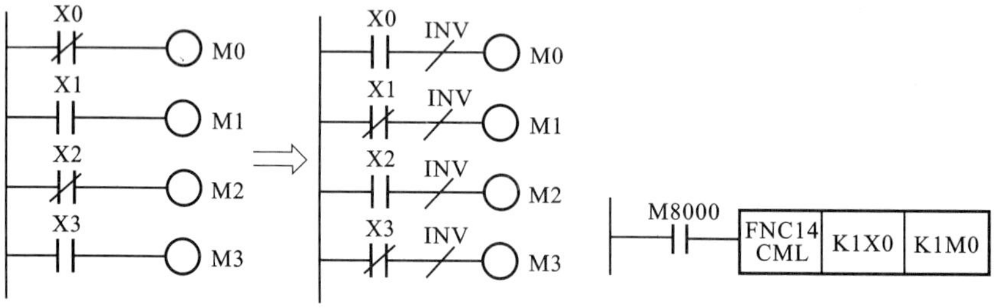

图 4-92　反相传输指令的应用

4.8.5.4　数据交换指令 XCH(FNC17)

1. 指令说明

数据交换指令 XCH 的格式与功能如图 4-93 所示 ,当 X0 为 ON 时,则将 D10、D11 中的数据进行交换。如果[D10] = 150,[D11] = 200,执行该指令 XCH 后,[D10] = 200,[D11] = 150。

若[D1]、[D2]为同一地址号,在特殊继电器 M8160 接通后,表示数据的高 8 位与低 8 位交换,同理,用(D)XCH 指令,在该条件下表示高 16 位与低 16 位交换,如图 4-94 所示。

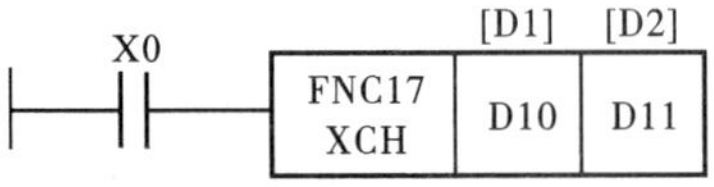

图 4-93　XCH 指令格式与功能

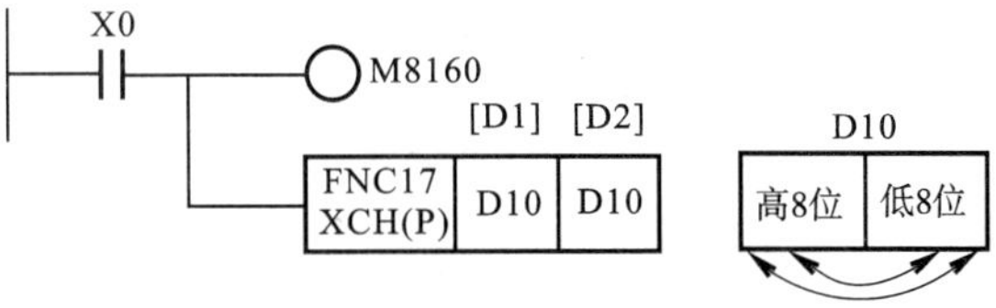

图 4-94　XCH 指令的特殊说明

2. 注意事项

该指令用脉冲执行型较好，即 XCH(P)，可达到一次交换数据的效果。若采用连续执行型(XCH)，则每个扫描周期均在交换数据，这样最后的交换结果就不能确定，在编程时应引起注意。

4.8.5.5　BCD 码变换指令 BCD(FNC18)

1. 指令说明

BCD 码变换指令是将源地址中的二进制数转换成 BCD 码后送到目标地址中，其格式与功能如图 4-95 所示。当 X0 为 ON 时，源地址中 D12 中的二进制数转换成 BCD 码送到 Y0 ~ Y7 目标地址中。在 X0 为 OFF 时不执行该指令。

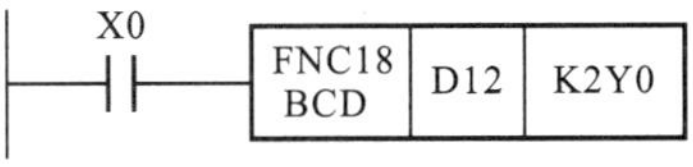

图 4-95　BCD 指令格式与功能

2. 注意事项

(1)BCD 指令转换结果超过 0 ~ 9 999(16 位运算)或 0 ~ 99 999 999(32 位运算)时，则出错。

(2)若将 PLC 的二进制数据转换成 BCD 码并用 LED 七段显示器显示，可使用 BCD 指令。

4.8.5.6　二进制变换指令 BIN(FNC19)

BIN 指令与 BCD 指令相反，它是将源地址中即[S]中的 BCD 码转换成二进制存入目标地址[D]中，其格式与功能如图 4-96 所示。执行 BIN 指令，将 Y0 ~ Y7 中的 BCD 码转换成二进制数送到 D13 中。BCD 码数值范围为 0 ~ 9 999(16 位操作)或 0 ~ 99 999 999(32 位操作)，如遇常数 K 将自动进行二进制变换处理。

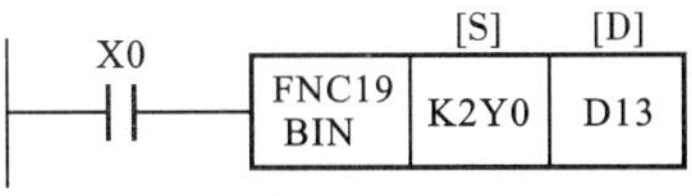

图 4-96　BIN 指令格式与功能

4.8.6 算术运算与字逻辑运算指令

4.8.6.1 加法指令 ADD(FNC20)

1. 指令说明

加法指令 ADD 是将指定源元件中的二进制数相加,其结果送到指定目标元件中,其格式与功能如图 4-97 所示。当 X0 为 ON 时,源元件[S1]、[S2]的两个数据寄存器 D10、D12 中的二进制数相加后送到目标元件[D]即 D14 中,即[D10] + [D12]→[D14]。ADD 为二进制代数运算指令。

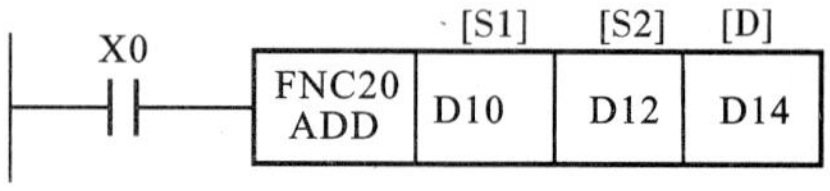

图 4-97 ADD 指令格式与功能

2. 注意事项

算术运算操作指令影响 3 个常用标志,即 M8020 零标志、M8021 借位标志、M8022 进位标志。即如果运算结果为 0,则零标志 M8020 置 1;如果运算结果超过 32 767(16 位运算)或 2 147 483 647(32 位运算),则进位标志 M8022 置 1;如果运算结果小于 -32 767 或 - 2 147 483 647,则借位标志 M8021 置 1。源元件[S1]、[S2]中可以写常数 K。

4.8.6.2 减法指令 SUB(FNC21)

减法指令 SUB 是将源元件[S1]、[S2]中的二进制数相减,结果送至目标元件[D]中,其格式与功能如图 4-98 所示。当 X0 为 ON 时,两个源元件 D10, D12 中的数相减,即[D10] - [D12]→[D14]。(D)SUB 为 32 位数相减,即[D11,D10] - [D13,D12]→[D15,D14]。

SUB 指令的操作对标志位元件的影响与加法指令相同。

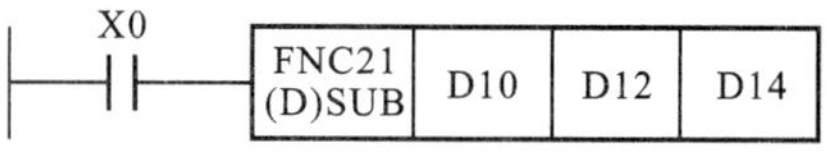

图 4-98 SUB 指令格式与功能

4.8.6.3 乘法指令 MUL(FNC22)

乘法指令 MUL 是将指定的源元件中的二进制数相乘,结果送到指定的目标元件中去,其格式与功能如图 4-99 所示。乘法指令分为 16 位和 32 位两种运算。

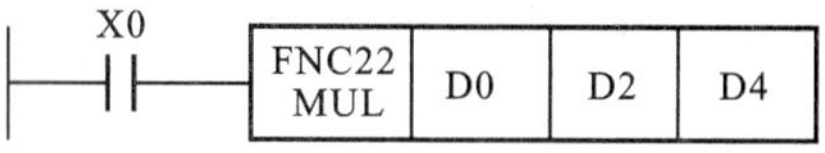

图 4-99 MUL 指令格式与功能

(1)16 位运算。当 X0 为 ON 时,[D0] × [D2]→[D5,D4]。虽然源操作数是 16 位,目标操作数却是 32 位。当[D0] =8,[D2] =9 时,[D5,D4] =72。最高位为符号位,0 为

正,1 为负。

(2)32 位运算,指令为(D)MUL。若图 4-99 中,指令改为(D)MUL,有[D1,D0]×[D3,D2]→[D7,D6,D5,D4],源操作数为 32 位,目标操作数为 64 位。如[D1,D0]=150,[D3,D2]=189,[D7,D6,D5,D4]=28 350。

4.8.6.4 除法指令 DIV(FNC23)

除法指令 DIV 是将指定的源元件中的二进制数相除,[S1]为被除数,[S2]为除数,商送到指定的目标元件[D]中,余数送到[D]的下一个目标元件[D+1]中。除法指令格式与功能如图 4-100 所示。除法指令也分 16 位和 32 位操作,其应用与运算情况如图 4-101 所示。

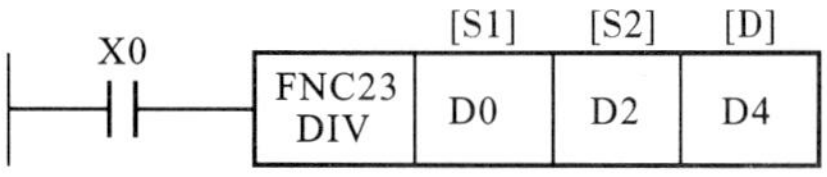

图 4-100 除法指令格式与功能

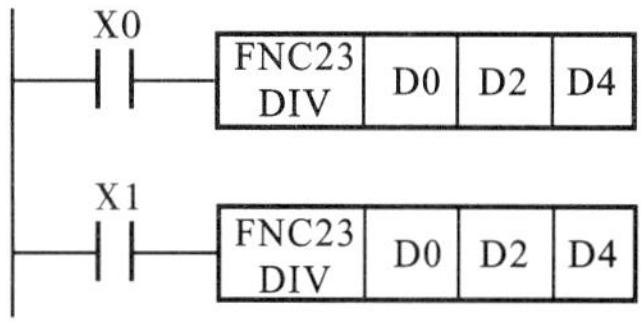

图 4-101 除法指令的应用与运算情况

若为 16 位运算,执行条件 X0 由 OFF 变为 ON 时,[D0]÷[D2]→[D4]。当[D0]=19,[D2]=3 时,[D4]=6,[D5]=1。若为 32 位运算,X1 由 OFF 变为 ON 时,[D1,D0]÷[D3, D2]→[D5,D4],余数在[D7,D6]中。

除数为 0 时,运算出错,V、Z 不能指定在[D]中。位组合元件(如 K1Y0)用于[D]中,得不到余数。商和余数的最高位为符号位。表 4-18 所示是除法运算的 16 位和 32 位对照表。

表 4-18 DIV 16/32 位运算对照表

位数	被除数	除数	商	余数
16 位运算	BIN	BIN	BIN	BIN
	(D0)	(D2)	(D4)	(D5)
	16 位	16 位	16 位	16 位
32 位运算	BIN	BIN	BIN	BIN
	(D1,D0)	(D3,D2)	(D5,D4)	(D7,D6)
	32 位	32 位	32 位	32 位

4.8.6.5 加 1 指令 INC(FNC24)和减 1 指令 DEC(FNC25)

加 1 指令 INC 和减 1 指令 DEC 的格式与功能如图 4-102 所示。当条件 X0 由 OFF 变为 ON 时,D10 中的数自动加 1;当 X1 由 OFF 变为 ON 时,D12 中的数自动减 1。这两条指令在图 4-102 中都是脉冲执行型,X0、X1 在 ON 时只执行一次自动加 1 或减 1。若用连续指令[不带(P)],则 X0、X1 在 ON 时每个扫描周期都会自动加 1 或减 1。

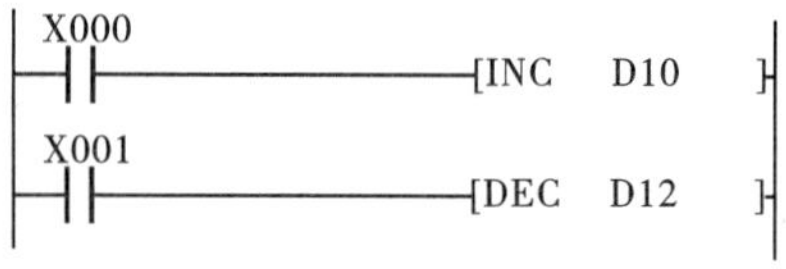

图 4-102 加 1 和减 1 指令格式与功能

4.8.6.6 字逻辑与、或、异或指令

字逻辑与指令 WAND(FNC26)、或指令 WOR(FNC27)、异或指令 WXOR(FNC28)格式及功能如图 4-103 所示。当 X0 由 OFF 变为 ON 时，[S1]、[S2]中的 D10、D12 各位进行与运算(或运算、异或运算)，运算结果送 D14 中。

注意：使用上述指令要注意是采用连续执行型还是脉冲执行型，是 16 位操作还是 32 位操作。

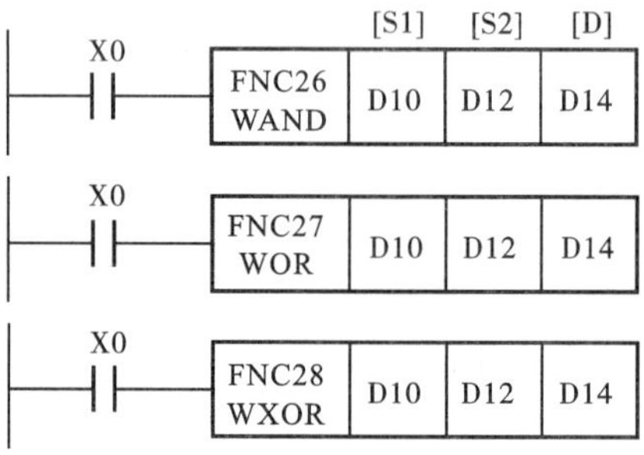

图 4-103 字逻辑运算指令格式与功能

4.8.6.7 算术运算指令应用实例

1. 四则运算式的实现

若某程序中运算(38X ÷255) +2，式中 X 为输入端 K2X0(X0 ~ X7)送入的二进制数，运算结果送输出端 K2Y0(Y0 ~ Y7)端。其梯形图如图 4-104 所示，X20 为启停输入端控制开关。

2. 利用乘、除法实现移位控制

有一组灯共 15 盏，接于输出点 Y0 ~ Y16 上(Y0 ~ Y7，Y10 ~ Y16)，要求灯每隔 1 s 单个移位，并循环。

上述灯组移位控制程序梯形图设计如图 4-105 所示，当 X0 为 ON 时，Y0 先置 1，灯亮。经 M8013(秒脉冲)，K4Y0(Y0 ~ Y16) ×2 即 1 ×2 =2，二进制为 0…010 送 K4Y0，这时 Y1 为 1，灯亮。在 M8013 第二个秒脉冲，K4Y0 =2，K4Y0 ×2 =4，二进制为 0…0100，这时 Y2 为 1，灯亮。一直到 Y16 端灯亮，到 Y17(未接灯)为 1 时，SET 使 Y0 重新置 1，第二次循环开始，从 Y0 灯亮到 Y16 灯亮。

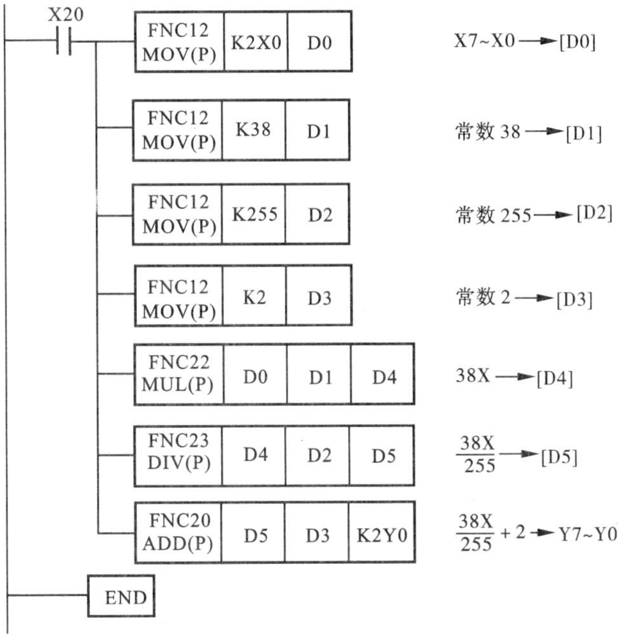

图 4-104 四则运算应用实例

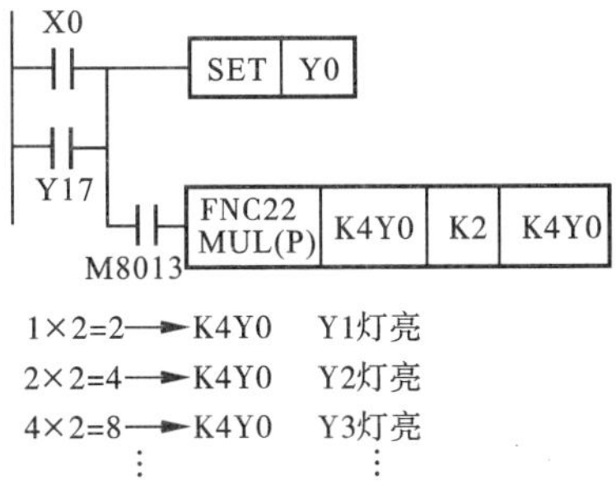

图 4-105 灯组移位控制

【例 4-13】 如图 4-106 所示,统计停车场现有多少辆车。

分析:统计停车的数量,需要两个标志位,M70 和 M71 代表进入或离开停车场。当有一辆车进入停车场时,当前停车数量的记录加 1,即对数据寄存器 D30 的内容执行一次 INC 指令。使用 CMP 指令不断地将数据寄存器 D30 的内容与已知能容纳的最大车辆数作比较,当两值相等时,停车场车位满。此时比较指令使指示灯 LP1(Y004)亮,指示现在停车场车位满。

反之,如果一辆车离开(车离开由标志 M71 驱动),使用 DEC 指令对数据寄存器 D30 内容减 1。当停车场的车辆小于最大数时,指示灯 LP2(Y003)亮,允许车辆进入。

软元件分配表见表 4-19,梯形图和指令表见图 4-107。

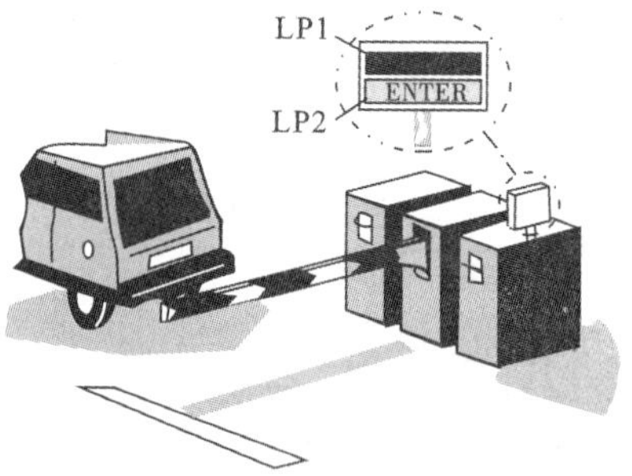

图 4-106　停车场车辆统计系统示意图

表 4-19　软元件分配表

器件	PLC 软元件	说明
LP1	Y004、Y005	停车场车位已满
LP2	Y003	停车场有空车位
	M70	车已进入停车场
	M71	车已离开停车场
	D30	停车场车辆数(最大 =50)
	M8000	PLC 运行常闭触点
INC	FNC24	INC 应用指令
DEC	FNC25	DEC 应用指令
CMP	FNC10	CMP 应用指令

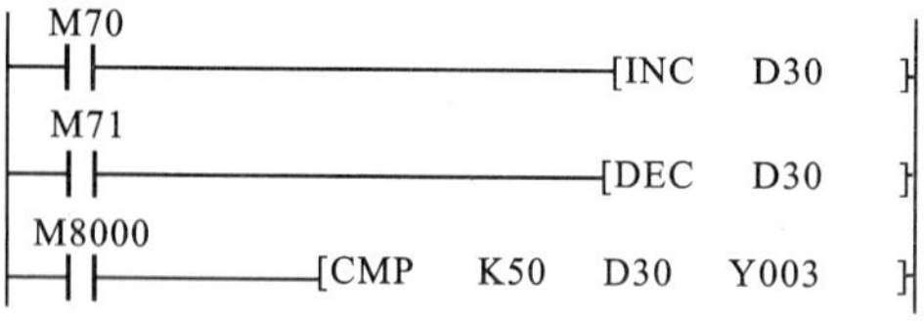


```
0  LD    M70
1  INC   D30
4  LD    M71
5  DEC   D30
8  LD    M8000
9  CMP   K50    D30    Y003
10 END
```

(a) 梯形图　　(b) 指令表

图 4-107　停车场车辆统计系统程序

4.9　FX 系列 PLC 的步进指令

4.9.1　状态元件 S

状态元件 S 是步进顺序控制程序设计时必不可少的软元件，每一个状态元件代表顺序控制程序中的一个步序，用来完成顺序控制中的一个工步。

状态元件分类：初始、回原点、通用、断电保持、外部故障诊断。表 4-20 是状态元件分类表。

表 4-20　状态元件分类

序号	分类	编号	说明
1	初始状态	S0 ~ S9	步进程序开始时使用
2	回原点状态	S10 ~ S19	系统返回原始位置时使用
3	通用状态	S20 ~ S499	实现顺序控制的各个工步时使用
4	断电保持状态	S500 ~ S899	具有断电保持功能
5	外部故障诊断状态	S900 ~ S999	进行外部故障诊断时使用

步进顺序控制程序相当于流水生产线。每条流水生产线都分为若干个工位，每个工位完成产品的一个加工步骤，到生产线的结束工位单位产品生产成型。而在步进顺序控制程序中，同样按照控制要求把系统的控制过程划为若干个顺序相连的阶段，这些阶段称为状态或步，每个状态都执行若干个控制动作，并在状态元件 S 中完成，因此状态元件 S 相当于流水生产线中的工位，PLC 执行完步进顺序控制程序中的所有状态，也就实现了控制要求。

状态元件 S 具有自动复位的特点，即当步进程序执行到某一状态时，该状态元件后的程序执行；若步进程序转移到下一个状态，则前一个状态自动复位，即其后的程序不再执行。

状态元件在不用于步进程序时，可以作为通用辅助继电器(M)使用，其功能和通用辅助继电器相同，如图 4-108 所示。

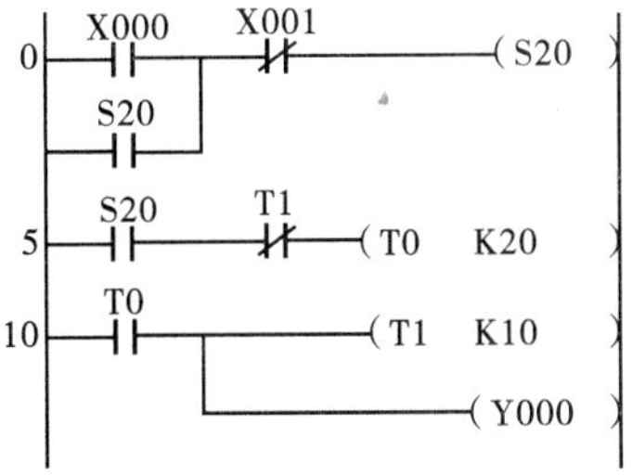

指令表：

0	LD	X000	
1	OR	S20	
2	ANI	X001	
3	OUT	S20	
5	LD	S20	
6	ANI	T1	
7	OUT	T0	K20
10	LD	T0	
11	OUT	T1	K10
14	OUT	Y000	

图 4-108　振荡电路

图 4-108 所示梯形图为一振荡电路，按下 X000 后，Y000 以接通 1 s 断开 2 s 的方式不停振荡，按下 X001 后停止；其中状态元件 S20 起接通和断开电路作用，相当于一通用辅助继电器。

4.9.2　状态转移图

状态转移图是将整个系统的控制过程分成若干个工作状态(S)，确定各个工作状态的控制功能、转移条件和转移方向，再按系统控制要求的顺序连成一个整体，以实现对系统的正确控制。

按结构特点分类，状态转移图分为单流程、选择性分支、并行分支几种。

如图 4-109 所示，当 PLC 上电时，M8002 接通一个扫描周期，步进程序进入初始状态 S0 等待启动；按 X000 启动后，步进程序从状态 S0 转移到 S20，此时 Y000 接通，定时器 T0 开始延时，同时状态 S0 自动复位；延时 1 s 后，T0 常开接通，状态转移到 S21，Y001 接通，定时器 T1 开始延时，同时状态 S20 自动复位，Y000、T0 断开……如此一个个状态依次往下执行，直到状态 S24，T4 延时时间到步进程序转移到状态 S0，等待下一次启动。该状态转移图实现了 Y000 ~ Y004 的流水单循环控制，要实现自动循环可在最后从状态 S24 直接转移到状态 S20。

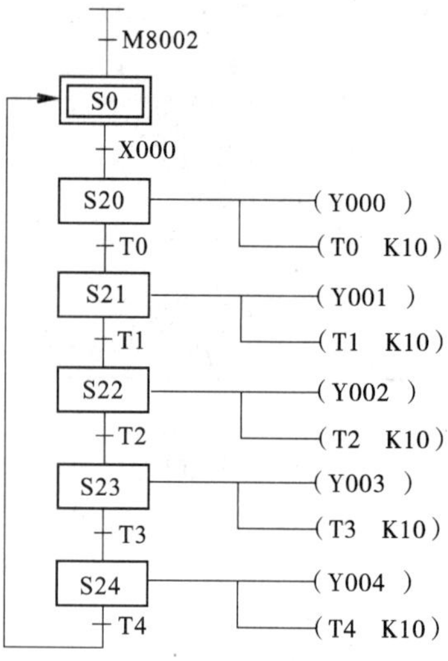

图 4-109　单流程状态转移图

4.9.3　步进指令(STL、RET)

STL：步进节点指令，用于步进节点驱动，并将母线移至步进节点之后。

RET：步进返回指令，用于步进程序结束返回，将母线恢复原位。

三菱 FX_{2N}系列 PLC 的步进指令只有上述两条，但步进程序中连续状态的转移需用 SET 指令完成，因此 SET 指令在步进程序中也是必不可少的。

如图 4-110 所示，上电时步进程序用 SET 指令转入状态 S0，母线转移到步进节点 S0(STL S0)之后，因此其后的触点在写指令语句时应直接用 LD、LDI 指令；当转移条件 X000 为 ON 时，步进程序转入状态 S20……依次类推，当程序执行至状态 S21 时，使用 OUT 指令实现了向状态 S0 的跳转，即用 OUT 指令代替 SET 指令可实现不连续状态之间的跳转。在步进程序结束时，步进节点 S21 后加上步进返回指令 RET，以使母线返回。

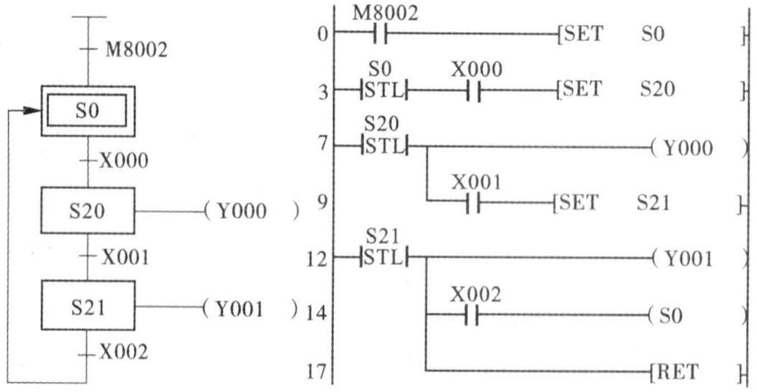

(a) 状态转移图　　(b) 梯形图

0	LD	M8002
1	SET	S0
3	STL	S0
4	LD	X000
5	SET	S20
7	STL	S20
8	OUT	Y000
9	LD	X001
10	SET	S21
12	STL	S21
13	OUT	Y001
14	LD	X002
15	OUT	S0
17	RET	

(c) 指令表

图 4-110　步进指令的用法

4.9.4　几点说明

(1)步进程序编程时必须使用步进节点 STL 指令,程序最后必须使用步进返回指令 RET。

(2)步进节点之后必须先进行线圈驱动,再进行状态转移,顺序不能颠倒。

(3)三菱 FX_{2N}系列 PLC 在步进程序中支持双线圈输出,即在不同状态可以驱动同一编号软元件的线圈,但在相邻的状态使用的定时器或计数器最好不要相同。

(4)在 STL 和 RET 指令之间不能使用主控指令 MC、主控复位指令 MCR。

(5)用步进指令设计系统时,一般以系统的初始条件作为初始状态的转移条件,若系统无初始条件,可用初始化脉冲 M8002 驱动转移。

(6)状态转移指令中不能使用 ANB、ORB、MPS、MRD 和 MPP 指令。

小　结

本章主要介绍可编程控制器的 X、Y、M、T 和 C 元件及其基本逻辑指令的使用和应用实例,在此基础上介绍了常用应用指令的格式、含义、分类及功能,并列举了各应用指令的一些应用实例。

1. 在 PLC 内部有许多具有一定功能的器件,统一称为"软继电器"或"软元件"、在 FX 系列 PLC 中主要元件表示为:X 表示输入继电器,主要用来接收主令元件的状态。Y 表示输出继电器,将进行逻辑组合运算后的信号传送给输出模块,再由它驱动外部负载。M 表示辅助继电器,类似于继电器－接触器控制系统中的中间继电器,只能由程序来驱动。T 表示定时器,编号为 T0～T255。C 表示计数器,编号为 C0 ~C255。

2. 可编程控制器的基本逻辑指令是最基础的编程语言。基本逻辑指令包括取指令 LD,取反指令 LDI、与指令 AND、与非指令 ANI、或指令 OR、或非指令 ORI、回路块与指令 ANB、回路块或指令 ORB、线圈驱动指令 OUT、进栈指令 MPS、读栈指令 MRD、出栈指令 MPP、上升沿脉冲指令 PLS、下降沿脉冲指令 PLF、置位指令 SET、复位指令 RST、空操作指令 NOP 和程序结束指令 END 以及边沿信号的检测。

3. 本章中的转移、子程序调用、比较、传送、移位等应用指令十分频繁地应用在实际编程中,因此作了重点介绍并列举了一些实例。这些应用实例能使读者对应用指令的使用有更深刻的理解。

思考题与习题

4-1　FX_{2N}系列 PLC 中有哪些通用辅助继电器？哪些辅助继电器具有断电保持功能？有哪些特殊辅助继电器？

4-2　FX_{2N}系列 PLC 中,T0～T199 和 T200～T245 定时器有什么区别？T0～T245 和 T246～T255 定时器有什么区别？

4-3　什么是应用指令？应用指令共有几大类？

4-4　什么是位组合元件?

4-5　应用指令中,32 位数据寄存器如何组成?

4-6　两数相减之后得出其绝对值,试编此段程序。

4-7　设计一段程序,当输入条件满足时,依次将计数器 C0 ~ C9 的当前值转换成 BCD 码送到输出元件 K4Y0 中,试画出梯形图。

4-8　试设计一个彩灯交叉显示程序,要求 8 盏灯隔灯显示,每 1 s 变换一次,反复进行。

4-9　如何用双按钮控制 5 台电机的 ON/OFF?

4-10　绘出下列指令程序的梯形图,并比较其功能,指出哪个更加合理。

(A)		(B)	
LD	Y0	LD	X2
LD	X0	AND	X3
ANI	X1	AND	X4
ORB	LD	X0	
LD	X2	ANI	X1
AND	X3	ORB	
AND	X4	OR	Y0
ORB	OUT	Y0	
OUT	Y0		

4-11　将下列指令表转换成梯形图,并说明其工作情况。

LD	M200
ORI	X0
LD	X1
ANI	X2
OR	M313
ANI	M102
LD	M101
ANI	M102
ORB	
ANB	
ORI	X5
OUT	M101

第5章 OMRON(欧姆龙)CPM1A系列PLC的应用

5.1 CPM1A系列PLC

5.1.1 CPM1A系列PLC概述

日本OMRON(欧姆龙,也称为立石公司)电机株式会社是世界上生产PLC的著名厂商之一。OMRON C系列PLC产品以其良好的性能价格比被广泛地应用于化学工业、食品加工、材料处理和工业控制过程等领域,其产品在日本的销量仅次于三菱,居第二位,在我国也是应用非常广泛的PLC之一。

OMRON C系列PLC产品门类齐、型号多、功能强、适应面广,大致可以分成微型、小型、中型和大型四大类产品。整体式结构的微型PLC机是以C20P为代表的机型。叠装式(或称紧凑型)结构的微型机以CJ型机最为典型,它具有超小型和超薄型的尺寸。小型PLC机以P型机和CPM型机最为典型,这两种都属坚固整体型结构,体积更小、指令更丰富、性能更优越,通过I/O扩展可实现10~140点输入/输出点数的灵活配置,并可连接可编程终端直接从屏幕上进行编程。CPM1A型机是OMRON产品用户目前选用最多的小型机系列产品。OMRON中型机以C200H系列最为典型,主要有C200H、C200HS、C200HX、C200HG和C200HE等型号。中型机在程序容量、扫描速度和指令功能等方面都优于小型机,除具备小型机的基本功能外,可配置更完善的接口单元模块,如模拟量I/O模块、温度传感器模块、高速计数模块、位置控制模块、通信连接模块等,可以与上位计算机、下位PLC机及各种外部设备组成具有各种用途的计算机控制系统和工业自动化网络。

在一般的工业控制系统中,小型PLC机要比大、中型机的应用更广泛。在电气设备的控制应用方面,一般采用小型PLC机就能够满足需求。本章将以OMRON公司CPM1A小型机为例作简要介绍。

5.1.2 CPM1A系列PLC的硬件配置

与所有小型机一样,CPM1A系列PLC采用整体式结构,内部由基本单元、电源、系统程序区、用户程序区、输入/输出接口、I/O扩展单元、编程器接口及其他外部设备组成。

5.1.2.1 基本单元

CPM1A系列整体式PLC的基本单元又称主机单元,内含CPU,可以单独使用,是PLC控制系统不可缺少的部分,其外部连接口主要有I/O接线端子、各种外连插座或插槽,以及各种运行信号指示灯等。I/O接线端子可直接用来连接控制现场的输入信号(开关、按钮等）和被控执行部件（接触器、电磁阀等），总的I/O端子数量就称I/O点数，CPM1A系列整体式PLC可分作10点、20点、30点、40点。

在CPM1A系列PLC主机面板上有两个隐藏式插槽。一个是通信编程器插槽，插接手持式编程器即可进行编程和现场调试，或配接一个专用适配器RS-232即可与个人计算机（PC机）连接，在Windows系统平台下可直接用梯形图进行编程操作，大大改进了编程环境，并可以进行实时监控和调试。另一个是I/O扩展插槽，可用于连接I/O扩展单元。

图5-1所示是CPM1A系列主机的面板结构。

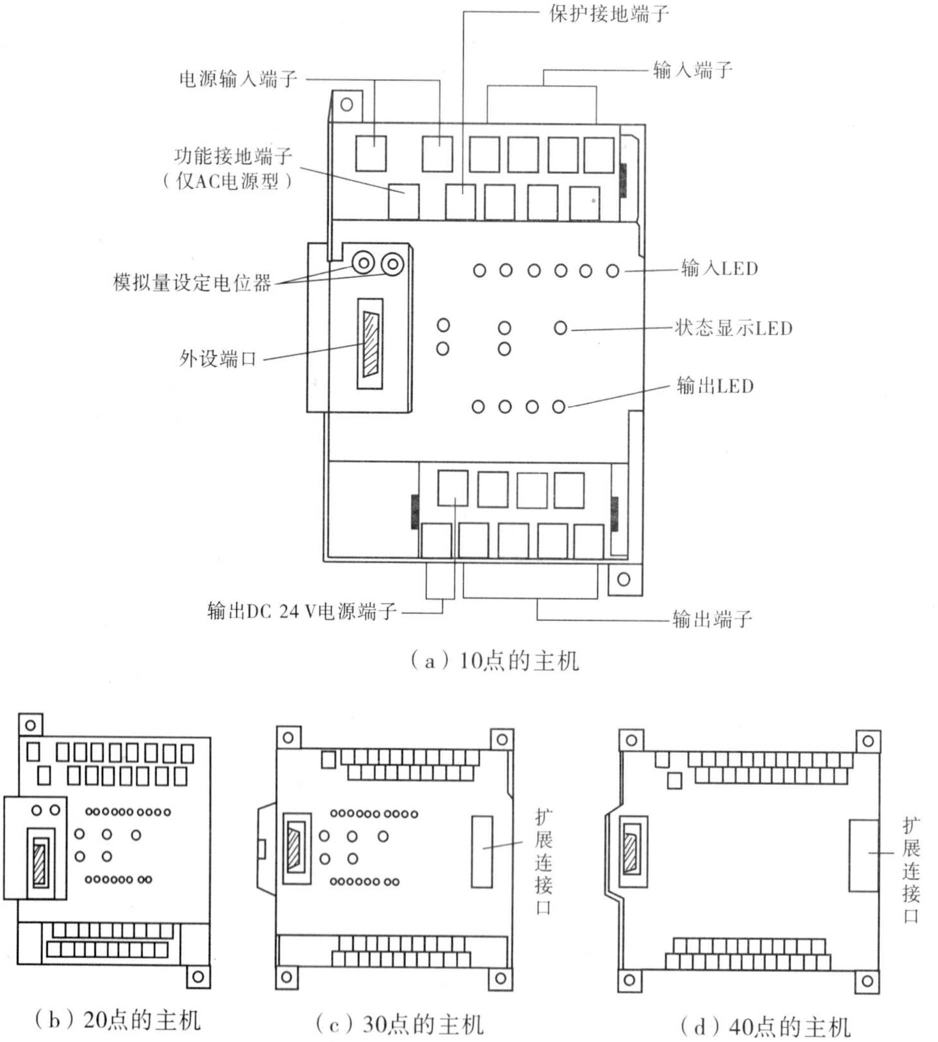

图5-1　CPM1A系列主机的面板结构

CPM1A系列主机各接线端子和接口的作用如下：

（1）电源输入端子。电源输入端子用来接入电源，使用交流100～240 V、直流24 V

电源。

(2)功能接地端子(仅 AC 电源型)。在有严重噪声干扰时,功能接地端子必须接地。

(3)保护接地端子。为了防止触电,保护接地端子务必接地。

(4)输出 DC 24 V 电源端子。DC 24 V 电源端子对外部提供 DC 24 V 电源。

(5)输入端子。输入端子用于连接输入设备。在输入端子中,有以下两种情况要注意:

①00000 ~ 00002 作为高速计数输入端子,计数输入端为 00000、00001,复位输入端为 00002。

②00003 ~ 00006 作为中断输入端子(10 点 I/O 型的主机只有 00003 和 00004 是中断输入端子)。

(6)输出端子。输出端子用于连接输出设备。例如,10 点 I/O 型有 4 个输出点,其编号为 01000 ~ 01003,01000、01001 各用一个 COM 端子,01002、01003 则共用一个 COM 端子。

(7)状态显示 LED。

PWR(绿):电源的接通或断开指示。

RUN(绿):PLC 的工作状态指示。

ERR/ALM(红):严重错误和警告性错误指示。

COMM(橙):通信指示灯。

(8)输入/输出点显示 LED,每一个输入、输出点都对应一个 LED。

(9)模拟量设定电位器。两个模拟量设定电位器可预置参数。

(10)外设端口。通过外设端口可以连接编程器等外部设备。

(11)扩展连接口。用于连接各种扩展单元,如 I/O 扩展单元、特殊功能单元和 I/O 连接单元等。

5.1.2.2 I/O 扩展单元

I/O 扩展单元(见图 5-2)主要用于增加 PLC 系统的 I/O 点数以满足实际应用的需要,I/O 扩展单元与 CPU 单元相似,体积稍小。它没有 CPU,不能单独使用,只有 I/O 扩展插槽而没有通信编程器插槽。在它的左右两侧设有 I/O 连接插座,当 CPU 单元需要扩展 I/O 点数时,可直接采用带扁平电缆的插头连接即可。输入、输出端子分别连接输入或输出电路,其对应 LED 显示灯亮、灭分别表示输入或输出的接通状态。扩展单元的 I/O 点数分别为 12 点/8 点,只有 I/O 点数为 30 点和 40 点的 CPU 单元才能扩展,且最多连接 3 个 I/O 扩展单元。

5.1.2.3 编程工具

CPM1A 系列小型机可采用多种编程设备进行编程,在现场调试和编程比较常用的是手持式编程器。这种编程器体积小、结构紧凑、便于携带。它通过连接电缆直接插入编程器槽,在距主机一定距离处即可进行编程。利用手持式编程器可进行用户程序的输入、修改、调试以及对系统运行情况进行监控等操作。手持式编程器只能用助记符号指令输入程序,而不能直接显示梯形图。CPM1A 主机与手持式编程器 Pr001 的连接见图 5-3。

CPM1A 系列 PLC 也可以采用计算机进行编程和实时监控,OMRON 公司 SYSMAC C

系列PLC配备专用编程软件CX－Programmer，见图5-4。

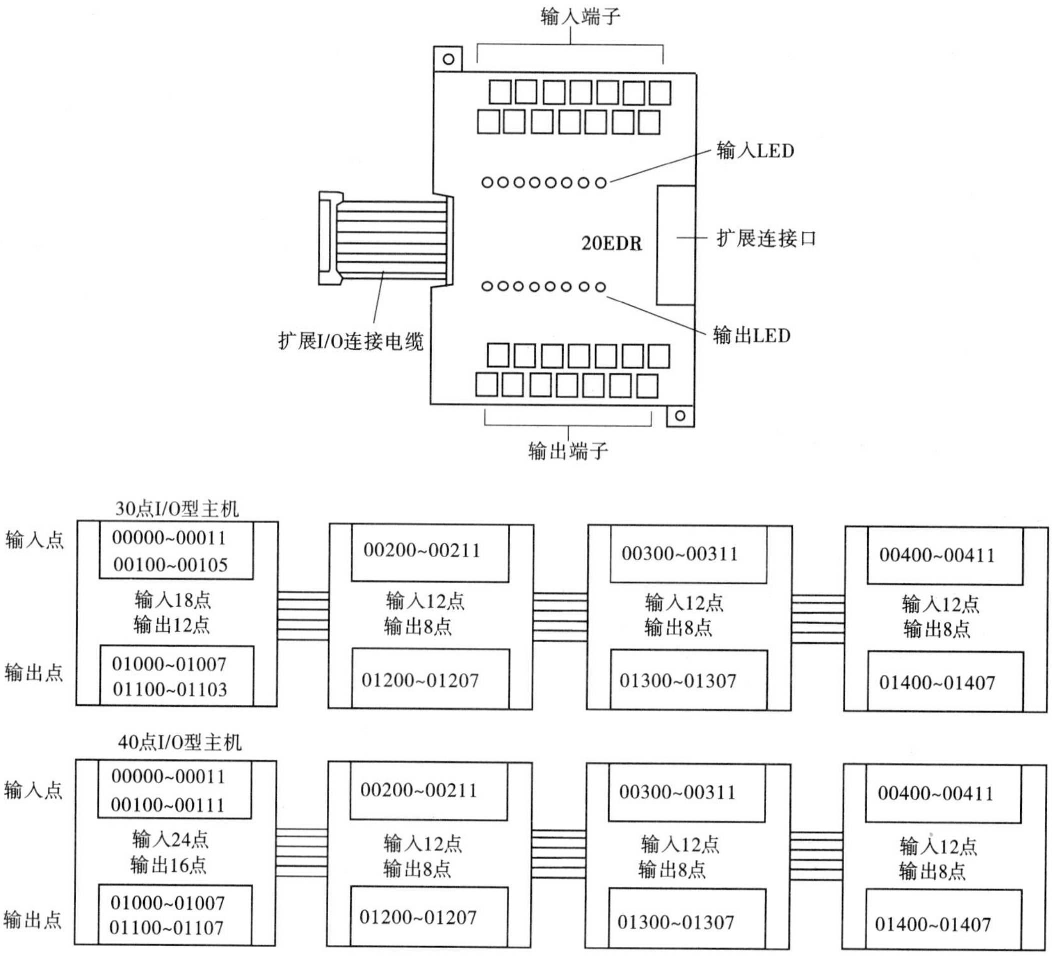

图5-2　CPM1A系列PLC I/O扩展单元

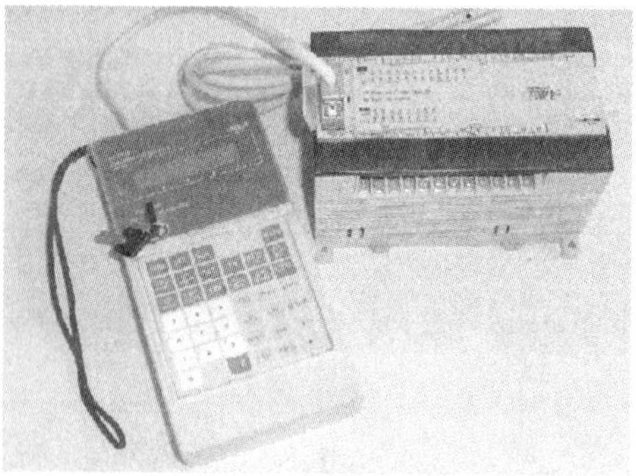

图5-3　CPM1A主机与手持式编程器Pr001的连接

图 5-4　OMRON 专用编程软件 CX - Programmer

5.1.3　CPM1A 系列 PLC 的主要性能指标

5.1.3.1　CPM1A 系列 PLC 主要性能参数

CPM1A 系列 PLC 的主要性能参数见表 5-1，表中所列 I/O 点数为主机本身所带输入/输出(I/O)点数和连接扩展单元后所能达到的最大输入/输出点数(I/O 点数)。

表 5 - 1　CPM1A 系列 PLC 的主要性能参数

特性	10 点 I/O	20 点 I/O	30 点 I/O	40 点 I/O
结构	整体式			
指令条数	基本指令:14 种，功能指令:77 种，计 135 个			
处理速度	基本指令:0.72 ~ 16.3 μs，功能指令:MOV 指令 = 16.3 μs			
程序容量	2 048 字			
最大 I/O 点数 仅本体	10 点	20 点	30 点	40 点
最大 I/O 点数 扩展时	—	—	50、70、90 点	60、80、100 点
输入继电器	00000 ~ 00915 (000CH ~ 009CH)		没有使用的输入/输出继电器通道可用作内部辅助继电器	
输出继电器	01000 ~ 01915 (010CH ~ 019CH)			
内部辅助继电器	512 位:20000 ~ 23115(200CH ~ 231CH)			
特殊辅助继电器	384 位:23200 ~ 25515(232CH ~ 255CH)			
保持继电器	320 位:HR0000 ~ HR1915(HR00 ~ HR19)			
暂存继电器 (TR)	8 位: TR0 ~ TR7			
定时/计数器	128 点:TIM/CNT 000 ~ 127			
数据存储区 (DM)	读/写: 1 024 字(DM0000 ~ DM1023) 只读: 512 字(DM6144 ~ DM6655)			
输入量	主要逻辑开关量			
输出方式	继电器、晶体管、可控硅(晶闸管)			
联网功能	I/O Link 、Host Link (C200、CS1 还可 PC Link)			
工作电源	AC 100 ~ 240 V 或 DC 24 V 、50/60 Hz			

5.1.3.2　CPM1A 系列 PLC 的输入/输出特性

CPM1A 属于小型的 PLC,一般用于逻辑量的控制系统,因此输入/输出主要是开关量信号。其输入特性和输出特性分别见表 5-2 和表 5-3。

5.1.3.3　CPM1A 系列 PLC 的使用条件

CPM1A 系列 PLC 由日本工业化标准 JIS 进行严格考核,能够适应较恶劣的工业生产环境,其各项规格指标见表 5-4。当然,不同型号的 PLC 之间在性能上仍会有某些不同。另外,各种扩展外设也会有相应的型号特性,具体使用时可查阅有关手册。

表 5-2　CPM1A 系列 PLC 输入特性(CPU 单元、扩展 I/O 单元)

项目	规格	线路图
电源电压	DC 24 V、+10%、-15%	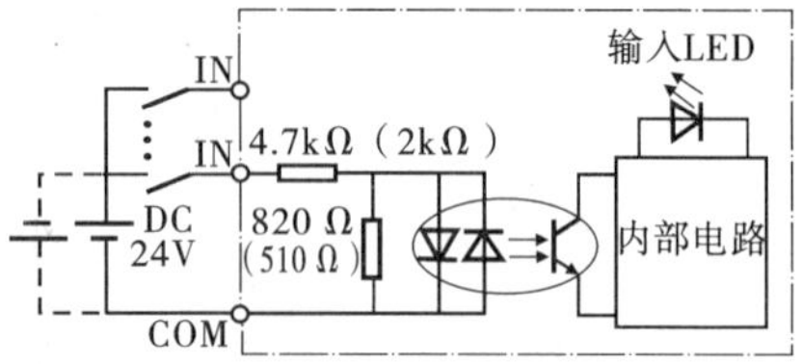
输入阻抗	IN00000～00002:2 kΩ 其他:4.7 kΩ	
输入电流	IN00000～00002:12 mA TYP 其他: 5 mA TYP	
ON 电压	最小 DC 14.4 V	
OFF 电压	最大 DC 5.0 V	
ON 响应时间	1～128 ms 以下(默认 8 ms)*	
OFF 响应时间	1～128 ms 以下(默认 8 ms)*	

注: * 表示实际 ON/OFF 响应时间通过 PLC 系统的设置可切换为 1 ms、2 ms、4 ms、8 ms、16 ms、32 ms、64 ms、128 ms

表 5-3　CPM1A 系列 PLC 输出特性(CPU 单元、扩展 I/O 单元)

继电器输出(CPU 单元、扩展 I/O 单元)				
项目			规格	电路图
最大开关能力			AC 250 V、2 A DC 24 V、2 A	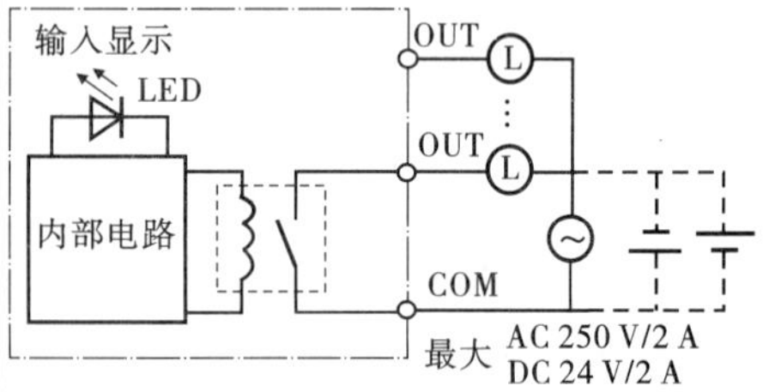
最小开关能力			DC 5 V、10 mA	
继电器寿命	电气性	电阻负载	30 万次	
		感性负载	10 万次	
	机械性		2 000 万次	
ON 响应时间			15 ms 以下	
OFF 响应时间			15 ms 以下	
晶体管输出(CPU 单元、扩展 I/O 单元)				
项目			规格	电路图
最大开关能力			DC 24 V、300 mA	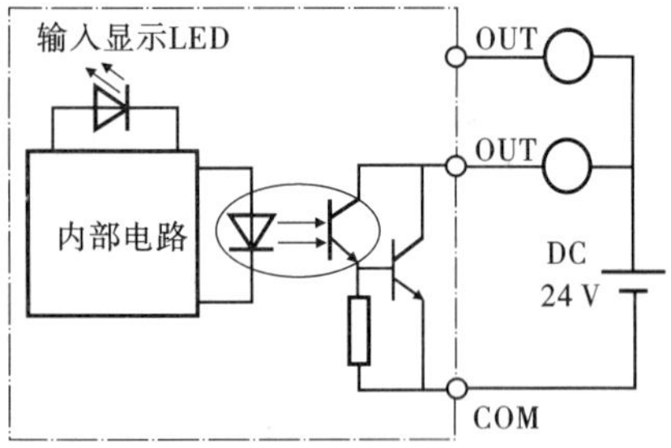
最小开关能力			10 mA	
漏电流			0.1 mA 以下	
残余电压			1.5 V 以下	
ON 响应时间			0.1 ms 以下	
OFF 响应时间			1.0 ms 以下	

表5-4 CPM1A系列PLC的规格指标

类型	型号	输出形式	电源
10点I/O 输入:6点 输出:4点	CPM1A-10CDR-A	继电器	AC 100~240 V
	CPM1A-10CDR-D	继电器	DC 24 V
	CPM1A-10CDT-D	晶体管(NPN)	DC 24 V
	CPM1A-10CDT1-D	晶体管(PNP)	
20点I/O 输入:12点 输出:8点	CPM1A-20CDR-A	继电器	AC 100~240 V
	CPM1A-20CDR-D	继电器	DC 24 V
	CPM1A-20CDT-D	晶体管(NPN)	DC 24 V
	CPM1A-20CDT1-D	晶体管(PNP)	
30点I/O 输入:18点 输出:12点	CPM1A-30CDR-A	继电器	AC 100~240 V
	CPM1A-30CDR-D	继电器	DC 24 V
	CPM1A-30CDT-D	晶体管(NPN)	DC 24 V
	CPM1A-30CDT1-D	晶体管(PNP)	
40点I/O 输入:24点 输出:16点	CPM1A-40CDR-A	继电器	AC 100~240 V
	CPM1A-40CDR-D	继电器	DC 24 V
	CPM1A-40CDT-D	晶体管(NPN)	DC 24 V
	CPM1A-40CDT1-D	晶体管(PNP)	

5.1.4 CPM1A系列PLC的编程元件

与所有PLC一样,CPM1A内部的“软继电器”可以将用户数据区按继电器的类型分为7大类区域,即I/O继电器区、内部辅助继电器区、专用继电器区、暂存继电器区、定时/计数继电器区、保持继电器区和数据存储继电器区。区域中的每一位继电器都有“0”或“1”两种状态,而且这些继电器是可以通过程序被寻址访问的,所以把这类继电器称为“软继电器”。

OMRON公司的系列PLC采用“通道”(CH)的概念来标示数据存储区中的各类继电器及其区域,即将各类继电器及其区域划分为若干个连续的通道,PLC则是按通道号对各类继电器进行寻址访问的。CPM1A型PLC的数据区继电器通道号分配见表5-5。每一个通道包含16个位(即二进制位),相当于16个继电器。用5位十进制数字就表示一个具体的继电器及其触点号。例如,00001表示000通道的第01号继电器,01001表示010通道的第01号继电器,等等。其中的通道号表示了继电器的类别。CPM1A的继电器类型及通道号区表示如下。

5.1.4.1 输入/输出继电器区(I/O继电器区)

输入/输出继电器区实际上就是外部I/O设备状态的映像区,PLC通过输入/输出继电器区中的各个位与外部输入/输出建立联系。它们与I/O端子之间的关系可见表5-5、表5-6。CPM1A规定00000~00915为输入继电器区的工作位,000CH~009CH为其输入通道号,共有160个输入继电器;01000~01915为输出继电器区的工作位,010CH~019CH为其输出通道号,共有160个输出继电器。CPM1A输入/输出继电器编号见表5-6。

表 5-5　数据区继电器通道号分配

名称	位数	通道号	继电器地址	功能
输入继电器	160 位(10 字)	000CH ~ 009CH	00000 ~ 00915	能分配给外部输入/输出端子的继电器(没有使用的输入/输出通道可用作内部辅助继电器使用)
输出继电器	160 位(10 字)	010CH ~ 019CH	01000 ~ 01915	
内部辅助继电器	512 位(32 字)	200CH ~ 231CH	20000 ~ 23115	程序中能自由使用的继电器
特殊辅助继电器	384 位(24 字)	232CH ~ 255CH	23200 ~ 25515	具有特定功能的继电器
暂存继电器	8 位	TR0 ~ TR7		在回路的分支点上，暂时记忆 ON/OFF 状态的继电器
保持继电器	320 位(20 字)	HR00 ~ HR19	HR0000 ~ HR1915	程序中能自由使用，且断电时也能保持断电前的 ON/OFF 状态的继电器
辅助记忆继电器	256 位(16 字)	AR00 ~ AR15	AR0000 ~ AR1515	具有特定功能的继电器
链接继电器	256 位(16 字)	LR00 ~ LR15	LR0000 ~ LR1515	1 : 1 链接中作为输入/输出用的继电器(也可用作内部辅助继电器)
定时/计数器	128 位	TIM/CNT 000 ~ 127		定时器、计数器共用相同号
数据存储区(DM) 可读/写	1 002 字	DM0000 ~ DM0999 DM1022 ~ DM1023		以字为单位(16 位)使用，断电时保持数据； DM1000 ~ DM1021 不作为存放异常历史时可作为常规的 DM 自由使用； DM6144 ~ 6599、DM6600 ~ 6655 不能在程序中写入(可用外围设备设定)
数据存储区(DM) 异常历史存放区	22 字	DM1000 ~ DM1021		
数据存储区(DM) 只读	456 字	DM6144 ~ DM6599		
数据存储区(DM) PC 系统设置区	56 字	DM6600 ~ DM6655		

表 5-6　CPM1A 输入/输出继电器编号

项目	CPU 单元		扩展 I/O 单元(每个单元 I/O 点数为 12 点/8 点)		
输入号	10 点 I/O 6 点/4 点	00000 ~ 00005	—	—	—
输出号		01000 ~ 01003	—	—	—
输入号	20 点 I/O 12 点/8 点	00000 ~ 00011	—	—	—
输出号		01000 ~ 01007	—	—	—
输入号	30 点 I/O 18 点/12 点	00000 ~ 00011 00100 ~ 00105	00200 ~ 00211	00300 ~ 00311	00400 ~ 00411
输出号		01000 ~ 01007 01100 ~ 01103	01200 ~ 01207	01300 ~ 01307	01400 ~ 01407
输入号	40 点 I/O 24 点/16 点	00000 ~ 00011 00100 ~ 00111	00200 ~ 00211	00300 ~ 00311	00400 ~ 00411
输出号		01000 ~ 01007 01100 ~ 01107	01200 ~ 01207	01300 ~ 01307	01400 ~ 01407

表5-6中所列出的是根据PLC的主机类型及带扩展情况下输入/输出继电器的最大范围。各输入/输出继电器均有I/O端子与之相对应,并在主机面板上配有指示灯显示。

5.1.4.2 内部继电器

除上述输入/输出继电器外,其余的均属内部继电器。内部继电器实质上是一些存储器单元,它们不能直接控制外部负载,只能在PLC内部起各种控制作用,或直接受外部信号控制。在梯形图中它们也可用线圈和触点来表示,线圈的状态由逻辑关系控制,触点相当于读继电器的状态,因此可在梯形图程序中被无限次使用。CPM1A系列PLC的内部继电器及其通道号表示可分为以下几类。

1. 内部辅助继电器(AR)

内部辅助继电器的作用是在PLC内部起信号的控制和扩展作用,相当于接触器-继电器线路中的中间继电器。CPM1A型机共有512个内部辅助继电器,其编号为20000~23115,所占的通道号为200CH~231CH。内部辅助继电器没有掉电保持状态的功能。

2. 暂存继电器(TR)

暂存继电器用于具有分支点的梯形图程序的编程,它可把分支点的数据暂时储存起来。CPM1A型机提供了8个暂存继电器,其编号为TR0~TR7。在具体使用暂存继电器时,其编号前的"TR"一定要标写以便区别。TR继电器只能与LD、OUT指令联用,其他指令不能使用TR作数据位。

3. 保持继电器(HR)

保持继电器用于各种数据的存储和操作,它具有停电记忆功能,可以在PLC掉电时保持其数据不变。保持作用是通过PLC内的锂电池实现的。保持继电器的用途与内部辅助继电器基本相同。CPM1A系列PLC中的保持继电器共有320个,其编号为HR0000~HR1915,所占的通道号为HR00~HR19。在编程中使用保持继电器时,除标明其编号外,还要在编号前加上"HR"字符以示区别,例如"HR0001"。

4. 定时/计数器(TIM/CNT)

在CPM1A系列PLC中提供128个定时/计数器,使用时,某一编号只能用作定时器或计数器,不能同时既用作定时器又用作计数器,如已使用了TIM001,就不能再出现CNT001,反之亦然。

此外,在CPM1A系列PLC中,对于上述继电器编号,也可以用来进行高速定时(又称高速定时器TIMH)和可逆计数(又称可逆计数器CNTR),它们在使用时需要用特殊指令代码来指定。

5. 专用继电器(SR)

内部专用继电器用于监视PLC的工作状态,自动产生时钟脉冲对状态进行判断等。其特点是用户不能对其进行编程,而只能在程序中读取其触点状态。

CPM1A系列PLC中常用的15个专用继电器及它们的具体编号和功能如下:

25200继电器:高速计数复位标志(软件复位)。

25208继电器:外设通信口复位时仅一个扫描周期为ON,然后回到OFF状态。

25211 继电器:强制置位/复位的保持标志。在编程模式与监视模式互相切换时,ON 为保持强制置位/复位的接点,OFF 为解除强制置位/复位的接点。

25309 继电器:扫描时间出错报警。当 PLC 的扫描周期超过 100 ms 时,25309 变 ON 并报警,但 CPU 仍继续工作;当 PLC 的扫描周期超过 130 ms 时,CPU 将停止工作。

25313 继电器:常 ON 继电器。

25314 继电器:常 OFF 继电器。

25315 继电器:第一次扫描标志。PLC 开始运行时,25315 为 ON 一个扫描周期,然后变 OFF。

25500 ~ 25502 继电器:时钟脉冲标志。这 3 个继电器用于产生时钟脉冲,可用于定时或构成闪烁电路。其中,25500 产生 0.1 s 脉冲(0.05 s ON/0.05 s OFF),在电源中断时能保持当前值;25501 产生 0.2 s 脉冲(0.1 s ON/0.1 s OFF),具有断电保持功能;25502 产生 1 s 脉冲(0.5 s ON/0.5 s OFF),具有断电保持功能。

25503 ~ 25507 继电器:这五个继电器为算术运算标志。其中,25503 为出错标志,若算术运算不是 BCD 码输出时,则 25503 为 ON;25504 为进位标志 CY,若算术运算结果有进位/借位时,则 25504 为 ON;25505 为大于标志 GT,在执行 CMP 指令时,若比较结果为“ > ”,则 25505 为 ON;25506 为相等标志 EQ,在执行 CMP 指令时,若比较结果为“ = ”,则 25506 为 ON;25507 为小于标志 LT,在执行 CMP 指令时,若比较结果为“ < ”,则 25507 为 ON。

6. 数据存储继电器(DM)

数据存储继电器实际是 RAM 中的一个区域,又称数据存储区(简称 DM 区),它只能以通道的形式访问。CPM1A 系列 PLC 提供的读/写数据存储器寻址范围为 DM0000 ~ DM1023(共 1 024 字),只读数据存储器寻址范围为 DM6144 ~ DM6655(共 512 字)。编程时需要在通道号前标注“DM”,DM 区具有掉电保持功能。

5.2 CPM1A 系列 PLC 指令系统的应用

CPM1A 系列 PLC 具有比较丰富的指令集,按其功能可分为两大类:基本指令和功能指令。其指令功能与 FX 系列 PLC 大同小异,这里不再详述。

CPM1A 系列 PLC 指令一般由助记符和操作数两部分组成(例如:LD 00000),助记符表示 CPU 执行此命令所要完成的功能,而操作数则指出 CPU 的操作对象。操作数既可以是前面介绍的通道号和继电器编号,也可以是 DM 区或是立即数。立即数可以用十进制数表示,也可以用十六进制数表示。

5.2.1 基本指令

CPM1A 系列 PLC 的基本逻辑指令与三菱 FX 系列 PLC 较为相似,梯形图表达方式也大致相同,这里列表表示 CPM1A 系列 PLC 的基本指令,见表 5-7。

表 5-7 CPM1A 系列 PLC 的基本指令

指令名称	助记符	功能	操作数
取	LD	读入逻辑行或电路块的第一个常开接点	00000 ~ 01915 20000 ~ 25507 HR0000 ~ HR1915 AR0000 ~ AR1515 LR0000 ~ LR1515 TIM/CNT 000 ~ 127 TR0 ~ TR7 (TR 仅用于 LD 指令)
取反	LD NOT	读入逻辑行或电路块的第一个常闭接点	
与	AND	串联一个常开接点	
与非	AND NOT	串联一个常闭接点	
或	OR	并联一个常开接点	
或非	OR NOT	并联一个常闭接点	
电路块与	AND LD	串联一个电路块	无
电路块或	OR LD	并联一个电路块	
输出	OUT	输出逻辑行的运算结果	00000 ~ 01915 20000 ~ 25507 HR0000 ~ HR1915 AR0000 ~ AR1515 LR0000 ~ LR1515 TIM/CNT 000 ~ 127 TR0 ~ TR7 (TR 仅用于 OUT 指令)
输出求反	OUT NOT	求反输出逻辑行的运算结果	
置位	SET	置继电器状态为接通	
复位	RSET	使继电器复位为断开	
定时	TIM	接通延时定时器(减算) 设定时间 0 ~ 999.9 s	TIM/CNT 000 ~ 127 设定值 0 ~ 9 999 定时单位为 0.1 s 计数单位为 1 次
计数	CNT	减法计数器 设定值 0 ~ 9 999 次	

【例 5-1】 基本指令的应用。

对上述基本指令的编程方法和应用,如图 5-5、表 5-8 所示。

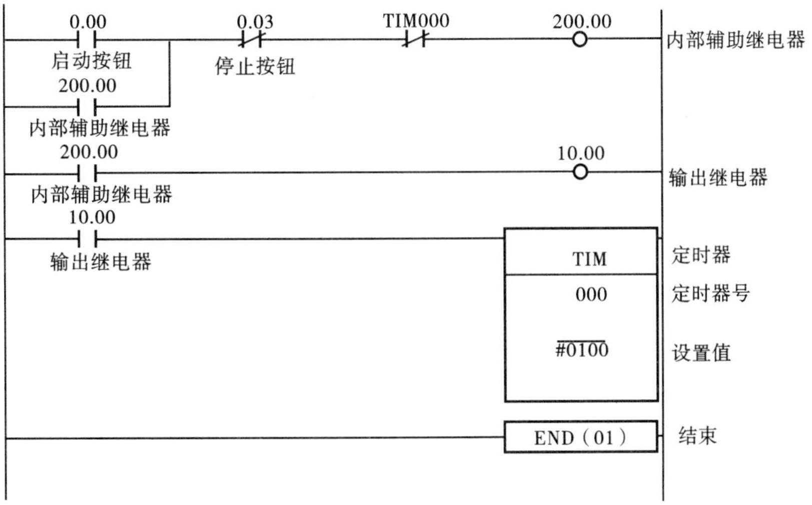

图 5-5 基本逻辑指令的梯形图

表 5-8　基本指令的助记符和操作数

步序	操作码(助记符)	操作数	说明
1	LD	00000	动合触点 00000 接在母线上
2	OR	20000	并联动合触点 20000
3	AND NOT	00003	停止按钮输入信号
4	AND NOT	TIM000	定时器触点
5	OUT	20000	内部辅助继电器 20000(线圈)
6	LD	20000	内部辅助继电器 20000(触点)
7	OUT	01000	输出继电器 01000(线圈)
8	LD	01000	输出继电器 01000(触点)
9	TIM000	#0100	定时器 000
10	END(01)		结束指令

注:表中 00000 与图 5-5 中的 0.00 含义相同,均表示 0 通道的第 0 位。表中其余操作数均与图 5-5 中一一对应。后同。

【例 5-2】　使用基本指令设计一个 PLC 单台异步电动机控制系统。

要求绘制出以下图纸资料:

(1)设备材料清单;

(2)主电路电气原理图、I/O 接线图;

(3)I/O 分配表;

(4)绘制梯形图并翻译成指令助记符;

(5)操作说明。

参考资料见表 5-9、图 5-6、表 5-10、图 5-7、图 5-8。

表 5-9　主要设备及材料表

序号	名称	型号与规格	数量(个)	价格	备注(说明)
1	低压断路器	根据实际情况选择型号	1		
2	交流接触器	CJX2 - 0910 AC 220 V	1		
3	热继电器	JR16 - 20/3	1		
4	三相笼型异步电动机	根据负载选择具体型号	1		
5	可编程控制器(PLC)	CPM1A - 10CDR - A	1		
6	按钮	LA19 - 5	2		红、绿各一只
7	指示灯		2		红、绿各一盏
8	操作控制箱(柜)	定做	1		
9	导线	黄、绿、红、蓝	若干		
10	线扎		若干		固定导线
11	异型管		若干		标记线号
12	导轨	设备导轨、端子排导轨	若干		固定设备
13	接线端子		若干		
14	线槽		若干		

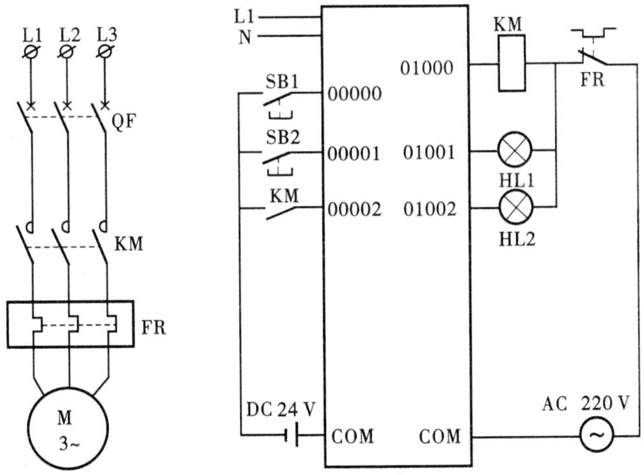

图 5-6　主电路及 I/O 接线图

表 5-10　I/O 分配表

序号	设备	输入触点	输出触点	说明
1	SB1	00000		启动按钮
2	SB2	00001		停止按钮
3	KM 常开触点	00002		硬件自锁
4	KM 线圈		01000	接通电机
5	HL1		01001	绿色
6	HL2		01002	红色

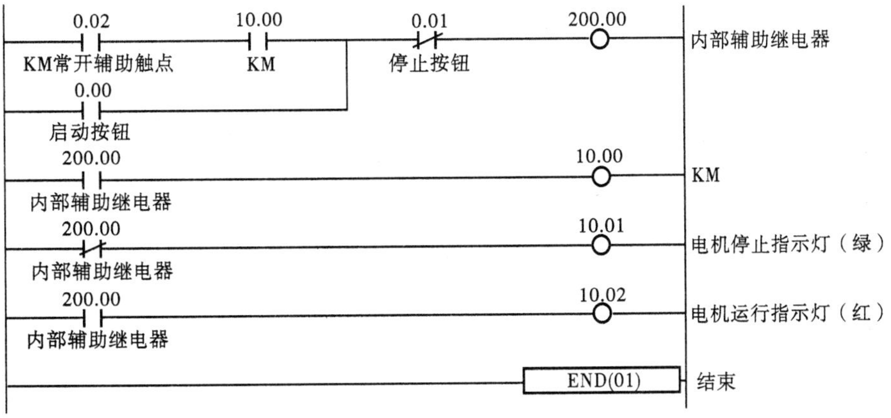

图 5-7　梯形图

条	步	指令	操作数	注释
0	0	LD	0.02	KM常开辅助触点
	1	AND	10.00	KM
	2	OR	0.00	启动按钮
	3	AND NOT	0.01	停止按钮
	4	OUT	200.00	内部辅助继电器
1	5	LD	200.00	内部辅助继电器
	6	OUT	10.00	KM
2	7	LD NOT	200.00	内部辅助继电器
	8	OUT	10.01	电机停止指示灯（绿）
3	9	LD	200.00	内部辅助继电器
	10	OUT	10.02	电机运行指示灯（红）
4	11	END (01)		

图 5-8　指令表

操作说明：

（1）待机状态：接通断路器 QF 后系统通电，绿色指示灯亮，电机不工作。

（2）启动状态：待机状态下按下红色按钮 SB1，电机工作，同时红色指示灯亮，绿色指示灯灭。

（3）停止状态：系统运行状态下，按下绿色按钮 SB2，电机停止工作，绿色指示灯亮，红色指示灯灭。

（4）安全保护：本系统具备短路、过载、过电流保护。

课后训练一：某仓库门开关需要电机正反转来实现控制（即手动实现正反转控制），请使用 PLC 实现对其控制，并完成项目技术资料。

5.2.1.1　电路块串联的编程

电路块串联的编程如图 5-9 所示，当串联的电路块多于两个时，电路块连接的指令语句方法有两种：方法 1 是电路块的逐块连接（即一般编程方法），方法 2 是电路块编写后总连接（即集中编程方法），两种编写法的指令条数相同。

在使用方法 2 时要注意以下两点：

（1）总连接时，使用 AND LD 指令的条数比实际电路块数少 1。

（2）使用 AND LD 指令的条数≤8，即最多只能有 9 个电路块相连接。而方法 1 没有此限制。

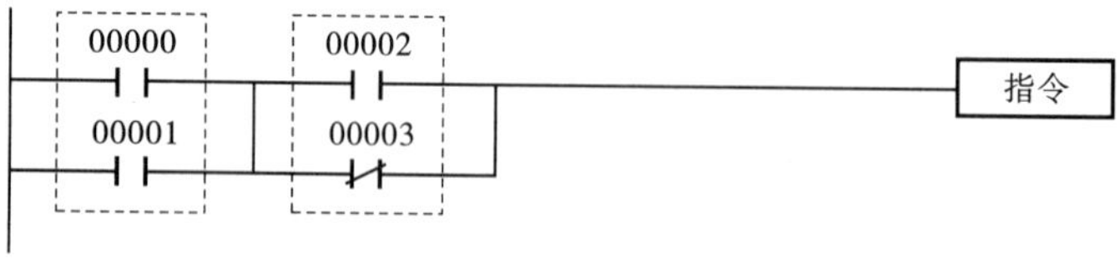

地址	指令	操作数
00000	LD	00000
00001	OR	00001
00002	LD	00002
00003	OR NOT	00003
00004	AND LD	—

图 5-9　电路块串联的编程

【例 5-3】　分别用一般编程方法和集中编程方法翻译图 5-10(a)所示梯形图。

指令翻译见图 5-10(b)、(c)。

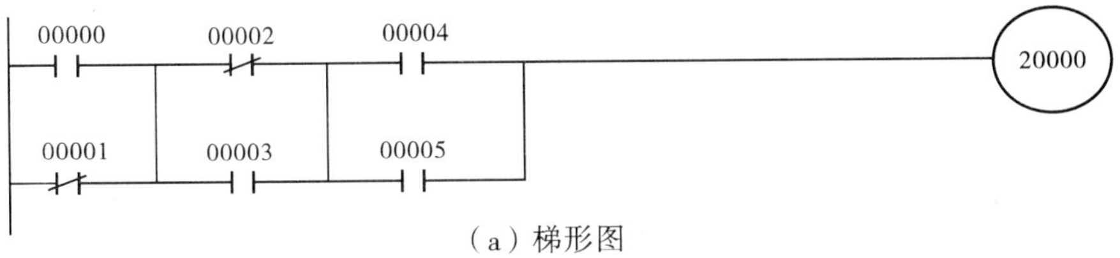

(a) 梯形图

地址	指令	操作数
00000	LD	00000
00001	OR NOT	00001
00002	LD NOT	00002
00003	OR	00003
00004	AND LD	—
00005	LD	00004
00006	OR	00005
00007	AND LD	—
00008	OUT	20000

(b) 一般编程方法

地址	指令	操作数
00000	LD	00000
00001	OR NOT	00001
00002	LD NOT	00002
00003	OR	00003
00004	LD	00004
00005	OR	00005
00006	AND LD	—
00007	AND LD	—
00008	OUT	20000

(c) 集中编程方法

图 5-10　例 5-3 图

5.2.1.2　电路块并联的编程

电路块并联的编程如图 5-11 所示。与 AND LD 指令相同,当并联的电路块多于两个时,电路块连接的指令语句方法有两种:方法 1 是电路块的逐块连接,方法 2 是电路块编写后总连接,两种编写法的指令条数相同。在使用方法 2 时要注意以下两点:

(1) 总连接时,使用 OR LD 指令的条数比实际电路块数少 1。

(2) 使用 OR LD 指令的条数 ≤ 8,即最多只能有 9 个电路块相连接。而方法 1 无此限制。

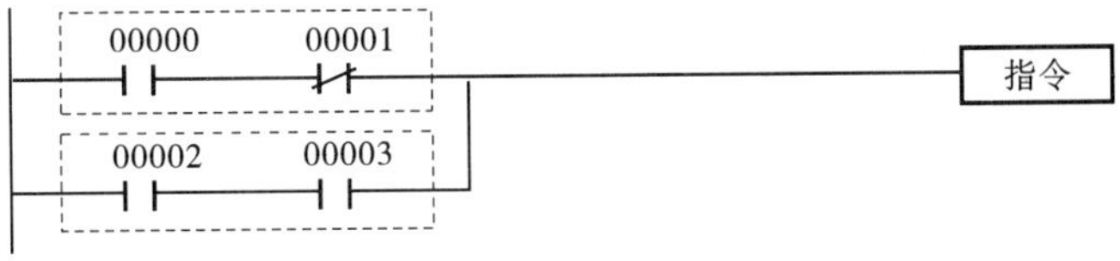

地址	指令	操作数
00000	LD	00000
00001	AND NOT	00001
00002	LD	00002
00003	AND	00003
00004	OR LD	—

图 5-11　电路块并联的编程

【例 5-4】 分别用一般编程方法和集中编程方法翻译图 5-12(a)所示梯形图。

指令翻译见图 5-12(b)、(c)。

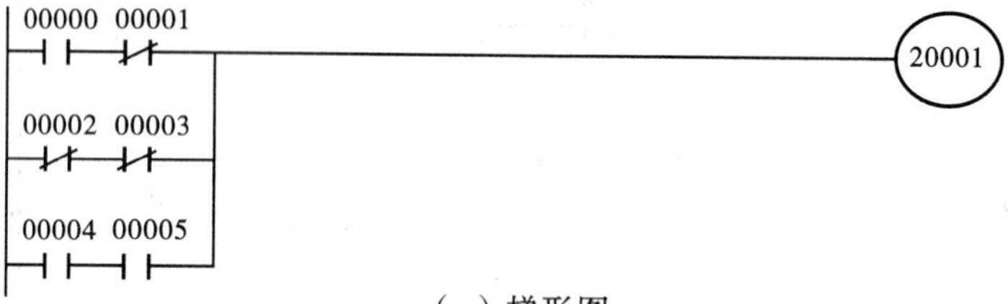

(a) 梯形图

地址	指令	操作数
00000	LD	00000
00001	AND NOT	00001
00002	LD NOT	00002
00003	AND NOT	00003
00004	OR LD	—
00005	LD	00004
00006	AND	00005
00007	OR LD	—
00008	OUT	20001

(b) 一般编程方法

地址	指令	操作数
00000	LD	00000
00001	AND NOT	00001
00002	LD NOT	00002
00003	AND NOT	00003
00004	LD	00004
00005	AND	00005
00006	OR LD	—
00007	OR LD	—
00008	OUT	20001

(c) 集中编程方法

图 5-12　例 5-4 图

5.2.1.3　TR 指令的应用

在梯形图程序中如果有几个分支输出,并且分支后面还有触点串联时,前面的逻辑指令就不能直接写出其指令程序,这时要用暂存继电器 TR 来暂时保存分支点的状态后再进行编程。TR 不是独立的编程指令,它必须与 LD 或 OUT 指令配合使用,如图 5-13 所示。

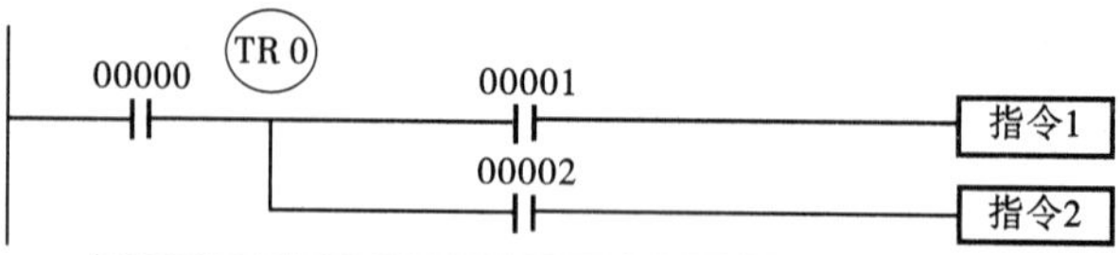

地址	指令	操作数
00000	LD	00000
00001	OUT	TR　0
00002	AND	00001
00003	指令1	
00004	LD	TR　0
00005	AND	00002
00006	指令2	

图 5-13　TR 指令的应用

【例 5-5】 两个 TR 指令的应用。

程序如图 5-14 所示。

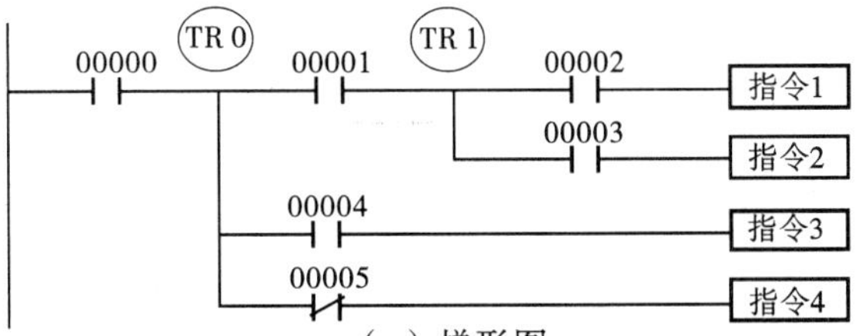

(a) 梯形图

地址	指令	操作数	
00000	LD		00000
00001	OUT	TR	0
00002	AND		00001
00003	OUT	TR	1
00004	AND		00002
00005	指令 1		
00006	LD	TR	1
00007	AND		00003
00008	指令 2		
00009	LD	TR	0
00010	AND		00004
00011	指令 3		
00012	LD	TR	0
00013	AND NOT		00005
00014	指令 4		

(b) 指令表

图 5-14　两个 TR 指令的应用

注意:只有在使用助记符编程时才使用 TR 位。当直接输入梯形图时,不必使用 TR 位。此外,要注意在分支点所需要 TR 位的最大数目限制(8 个),也要注意采用适当的方法减少程序所用的指令数。

5.2.1.4　定时器指令的应用

CPM1A 系列 PLC 定时器的定时方式为递减型,当输入条件为 ON 时,开始减 1 定时,每经过 0.1 s,定时器的当前值减 1,定时设定时间到(即定时当前值减为 0000 时),定时器触点动作并保持。当输入条件为 OFF 时,定时器立即复位,当前值恢复到设定值,其触点也复位。定时器的作用相当于时间继电器。PLC 电源掉电时,定时器复位。

TIM——普通定时器,定时时间为 0 ~ 999.9 s。

格式: TIM　N　(定时器编号)

　　　　　SV　(设定值)

定时器指令的应用如图 5-15 所示。

思考:如果一个定时器无法完成大于 999.9 s 的定时,那么如何设计梯形图?

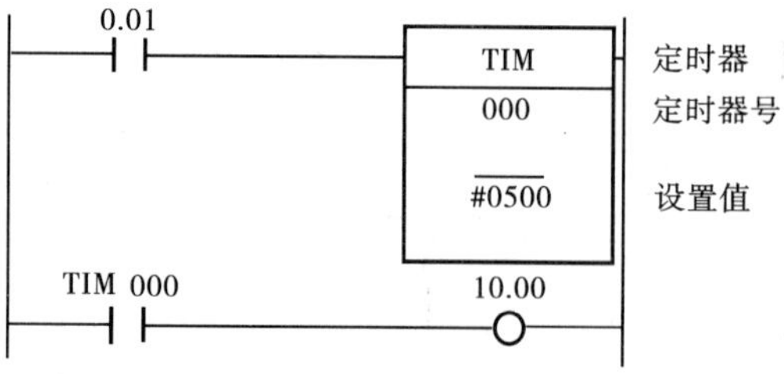

（a）梯形图

步	指令	操作数
0	LD	0.01
1	TIM	000 #0500
2	LD	TIM000
3	OUT	10.00

（b）指令表

图 5-15 定时器指令的应用

【例 5-6】 某电机使用 PLC 控制，需要完成启动后 10 min 的定时运行任务，然后自动停止工作。

本例要求绘制出以下图纸资料（见图 5-16、表 5-11、图 5-17）：

（1）主电路电气原理图、I/O 接线图；

（2）I/O 分配表；

（3）梯形图；

（4）操作说明。

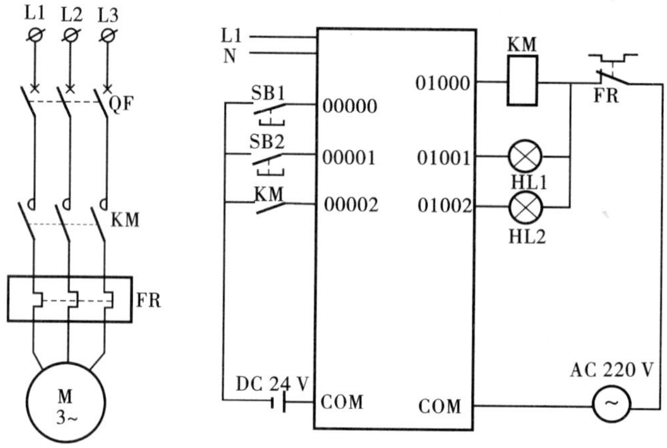

图 5-16 主电路及 I/O 接线图

表 5-11 例 5-6 I/O 分配表

序号	设备	输入触点	输出触点	说明
1	SB1	00000		启动按钮
2	SB2	00001		停止按钮
3	KM 常开触点	00002		自锁
4	KM 线圈		01000	接通电机
5	HL1		01001	绿色
6	HL2		01002	红色

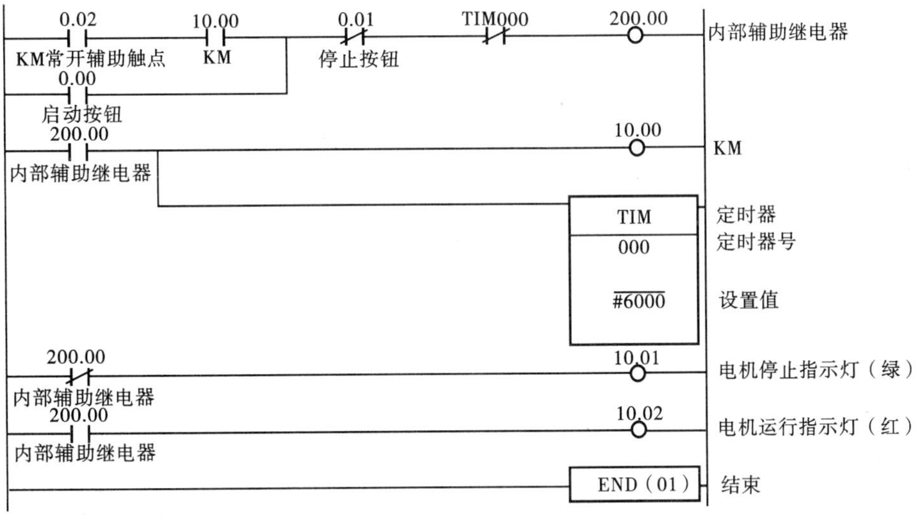

图 5-17　例 5-6 梯形图

操作说明：

（1）待机状态：接通断路器 QF 后系统通电，绿色指示灯亮，电机不工作。

（2）启动状态：待机状态下按下红色按钮 SB1，电机工作，同时红色指示灯亮，绿色指示灯灭。

（3）工作状态：系统进入启动后，电机运行 10 min 后将会自动停止工作，红色指示灯灭，绿色指示灯亮，系统进入待机状态并等待下次启动信号。

（4）紧急停止：系统在工作状态下，需要紧急停止时，按下绿色按钮 SB2，电机立即停止工作，绿色指示灯亮，红色指示灯灭，系统进入待机状态。

（5）安全保护：本系统具备短路、过载、过电流保护。

【例 5-7】　某电机使用 PLC 控制，需要完成启动后 20 min 的定时运行任务，然后自动停止工作。

分析：一个定时器无法完成 20 min 的定时，可采用 2 个定时器级联的方法来完成定时，参考程序如图 5-18 所示。

【例 5-8】　对任意脉冲方波发生器，设计一个周期为 5 s、占空比为 2∶3 的方波（ON 2 s、OFF 3 s）信号发生器，先输出为 ON。设计出程序。

分析：可利用定时器循环使用的方法来完成不同时序的定时，实际使用中比较灵活，参考程序如图 5-19 所示。

课后训练二：请设计一个 PLC 控制电机正反转系统，要求无论是正转启动还是反转启动，电机都将运行 2 min 后，自动停止工作。

课后训练三：请设计一个 PLC 自动控制电机正反转系统，要求正转启动运行 2 min 后电机能够自动停止工作，停 1 min 后自行启动反转并运行 2 min 自动停止，停 1 min 后又启动正转……如此循环工作。

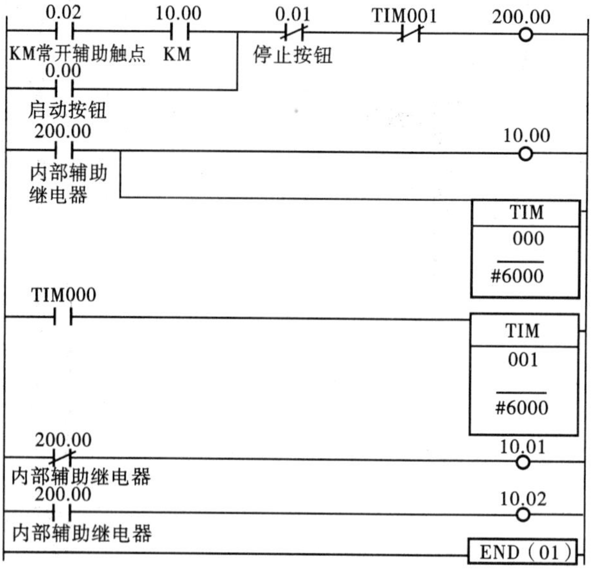

图 5-18　例 5-7 梯形图

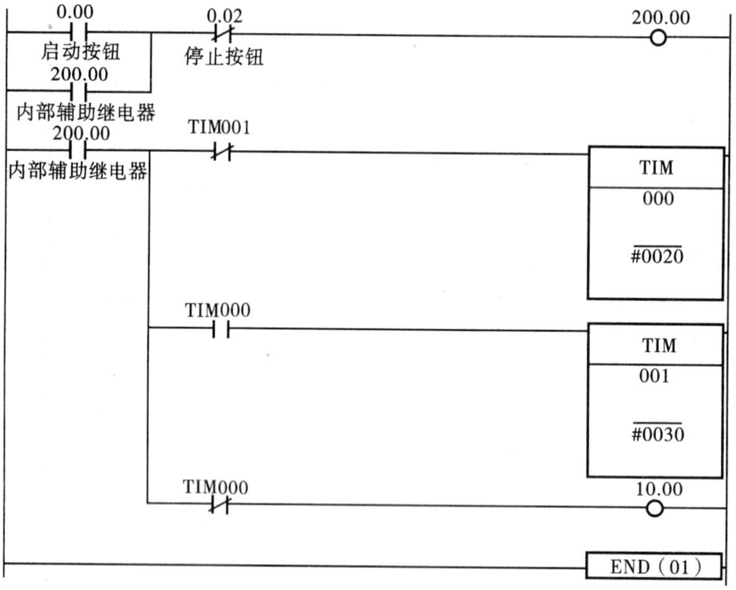

图 5-19　例 5-8 梯形图

5.2.1.5　计数器指令编程应用

CPM1A 系列 PLC 计数器工作方式为递减型，当其输入端（IN）的信号每出现一次由 OFF 到 ON 的跳变时，计数器的当前数值减 1。当计数值减为零时，便产生一个输出信号，使计数器的触点接通并保持。当复位端（R）输入 ON 时，计数器复位，当前值立即恢复到设定值，同时其触点断开。PLC 电源掉电时，计数器当前值保持不变。当 R 端复位信号和 IN 端计数信号同时到达时,复位信号优先。CNT 指令的编程应用如图 5-20 所示。

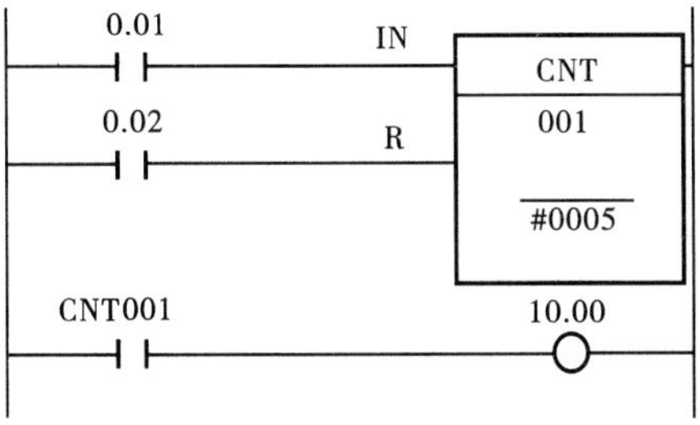

(a)梯形图

步	指令	操作数
0	LD	0.01
1	LD	0.02
2	CNT	001
		#0005
3	LD	CNT001
4	OUT	10.00

(b)指令表

图 5-20　CNT 指令的编程应用

思考:一个计数器可计数 9 999 次,如果一个计数器无法完成更大的计数次数,可以利用计数器级联来扩大计数范围,也可以利用定时器和计数器的组合来扩大计数范围。

【例 5-9】　某检测生产线上,需要检测出产品数量,每 12 000 次为一个检测周期并发出控制信号驱动设备工作。试设计出控制程序。

分析:检测器(光电传感器)发出通断信号,每通断一次为一个信号,共需要 12 000 次信号,来驱动设备工作。一个计数器无法满足 12 000 次,那么就需要使用 2 个计数器来完成。参考程序如图 5-21 所示。

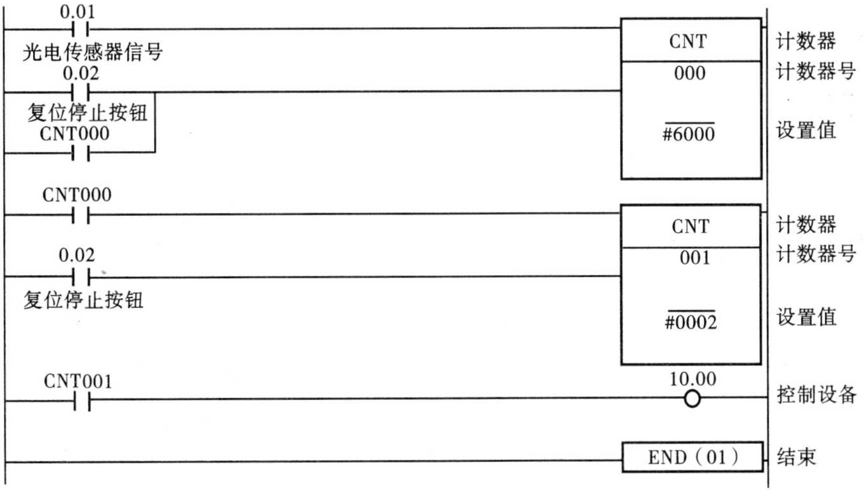

图 5-21　例 5-9 梯形图

5.2.2　功能指令

功能指令又称专用指令,CPM1A 系列 PLC 提供的功能指令主要用来实现程序控制、数据处理和算术运算等。这类指令在简易编程器上一般没有对应的指令键,只是为每个指令规定了一个功能代码,用两位数字表示。在输入这类指令时先按下"FUN"键,再按下相应的代码。下面将介绍部分常用的功能指令。

5.2.2.1　空操作指令 NOP(FUN00)

本指令不作任何的逻辑操作,故称空操作,也不使用继电器,无须操作数。该指令应用在程序中用来留出一个地址,以便调试程序时插入指令,还可用于微调扫描时间。

5.2.2.2　结束指令 END(FUN01)

本指令单独使用,无须操作数,是程序的最后一条指令,表示程序到此结束。PLC 在执行用户程序时,当执行到 END 指令时就停止执行程序阶段,转入执行输出刷新阶段。如果程序中遗漏 END 指令,编程器执行时则会显示出错信号"NO END INSET"。当加上 END 指令后,PLC 才能正常运行。本指令也可用来分段调试程序。

FUN01 的含义是在使用手持编程器输入该指令时,需要依次按 FUN 键、0 键、1 键、WRITE 键才能将该指令输入 PLC。

【例 5-10】 END 指令的应用。程序见图 5-22。

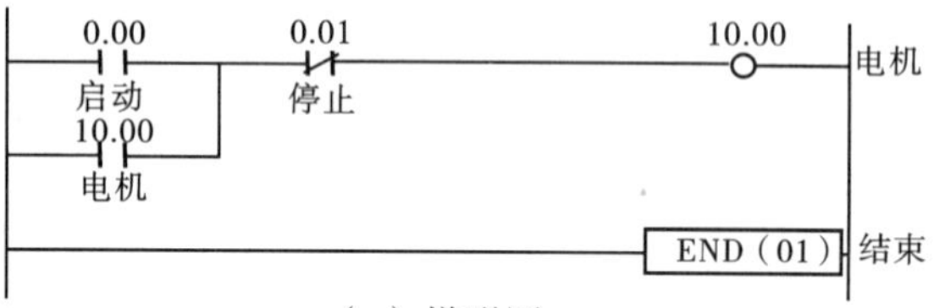

(a) 梯形图

步	指令	操作数
0	LD	0.00
1	OR	10.00
2	AND NOT	0.01
3	OUT	10.00
4	END (01)	

(b) 指令表

图 5-22　END 指令的应用

5.2.2.3　保持指令 KEEP(FUN11)

保持指令形式如下:

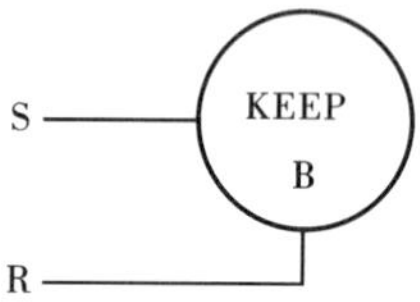

其中:B 为操作对象。

S 为置位端。

R 为复位端。

本指令使用的操作数有 01000 ~ 01915、20000 ~ 25515、HR0000 ~ HR1915,其功能相当于锁存器,当置位端(S 端)条件为 ON 时,KEEP 继电器一直保持 ON 状态,即使 S 端条件变为 OFF,KEEP 继电器也还保持 ON,直到复位端(R 端)条件为 ON 时,才使之变 OFF。KEEP 指令主要用于线圈的保持,即继电器的自锁电路可用 KEEP 指令实现。若 S 端和 R 端同时为 ON,则 KEEP 继电器优先变为 OFF。锁存继电器指令编写必须按置位行(S 端)、复位行(R 端)和 KEEP 继电器的顺序来编写。KEEP 指令应用见图 5-23。

5.2.2.4　分支指令 IL(FUN02)和分支清除指令 ILC(FUN03)

这两条指令不带操作数。当 IL 的输入条件(即选通触点)为 ON 时,IL 和 ILC 之间的程序正常执行。当 IL 的输入条件为 OFF 时,IL 和 ILC 之间的程序不执行,此时 IL 和 ILC 之间各内部器件的状态各不相同:OUT 指令的输出位为 OFF,所有的定时器都复位;具有保持功能的指令,如 KEEP 指令的操作位,计数器、移位寄存器及 SET 和 RSET 指令的操作位都保持 IL 为 OFF 以前的状态。

IL/ILC 指令应用如图 5-24 所示。

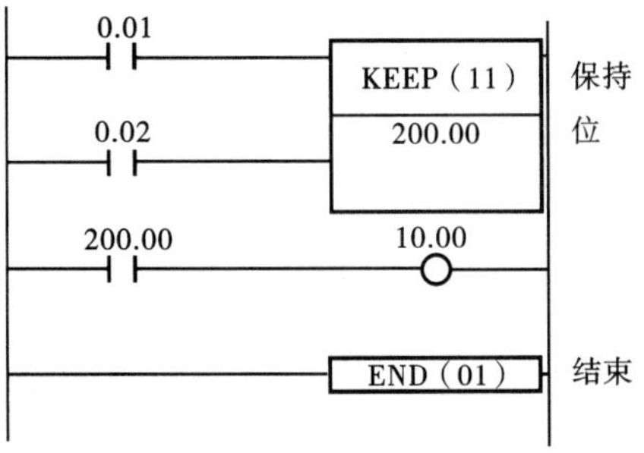

（a）梯形图

步	指令	操作数
0	LD	0.01
1	LD	0.02
2	KEEP（11）	200.00
3	LD	200.00
4	OUT	10.00
5	END（01）	

（b）指令表

图 5-23　KEEP 指令的应用

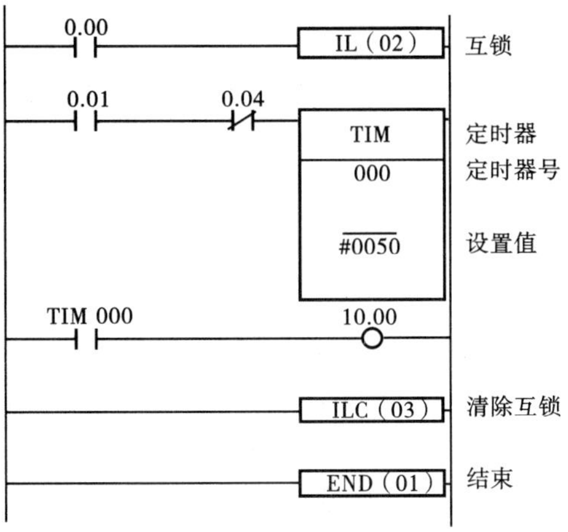

（a）梯形图

步	指令	操作数
0	LD	0.00
1	IL（02）	
2	LD	0.01
3	AND NOT	0.04
4	TIM	000 #0050
5	LD	TIM000
6	OUT	10.00
7	ILC（03）	
8	END（01）	

（b）指令表

图 5-24　IL/ILC 指令的应用

在图 5-24 中，当外接输入触点 0.00 闭合（即 ON）时，IL/ILC 互锁条件满足，指令顺序执行。若互锁条件不满足，不执行互锁程序段，输出继电器 10.00 则不能被执行。

使用 IL 和 ILC 指令时应注意以下几点：

(1) IL 指令以后的触点都以 LD 或 LD NOT 指令开始。

(2) IL 和 ILC 指令必须在一段程序的首尾。

(3) 使用 ILC 指令标志着分支程序段结束。

(4) IL 和 ILC 指令允许嵌套使用，使用次数不受限制，但不能交叉使用，如图 5-25 所示。

(5) 当 IL 指令前的逻辑关系接通时，IL 和 ILC 指令之间的程序执行。当 IL 指令前的逻辑关系断开时，IL 和 ILC 指令之间的程序不执行。

(6) 在 IL 和 ILC 之间的程序不执行时，它们之间的继电器状态是不同的，即输出继电器、内部辅助继电器断开，定时器复位，计数器、移位寄存器、保持继电器保持当前状态。

5.2.2.5　跳转开始指令 JMP（FUN04）和跳转结束指令 JME（FUN05）

这两条指令不带操作数，JMP 指令表示程序转移的开始，JME 指令表示程序转移的结束；JMP/JME 指令组用于控制程序分支。当 JMP 条件为 OFF 时，程序转去执行 JME 后面的第一条指令；当 JMP 的条件为 ON 时，则整个梯形图按顺序执行，如同 JMP/JME 指令不存在一样。

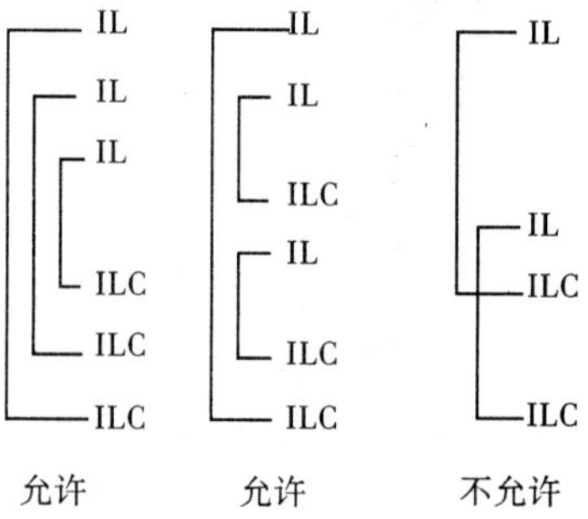

图 5-25　IL/ILC 允许嵌套

如图 5-26 所示，当开关 0.00 为 ON 时，程序可顺序执行，再接通 0.01，输出继电器 10.00 工作，5 s 后输出继电器 10.01 工作。当 0.00 为 OFF 时，程序跳转，并保持当前状态（定时器暂停，即使 0.01 断开，输出继电器 10.00 保持接通）。

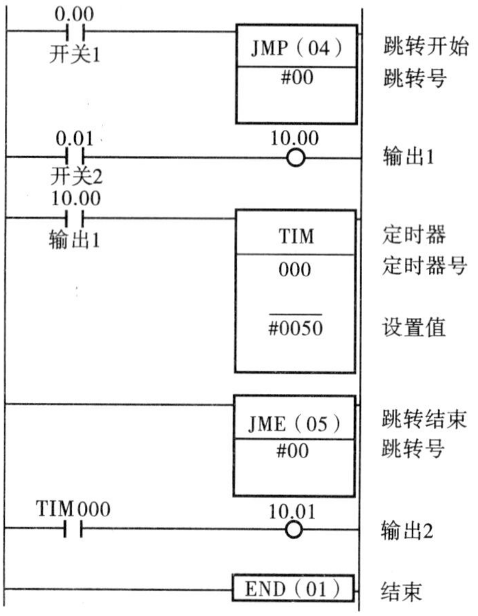

（a）梯形图

步	指令	操作数
0	LD	0.00
1	JMP（04）	#00
2	LD	0.01
3	OUT	10.00
4	LD	10.00
5	TIM	000 #0050
6	JME（05）	#00
7	LD	TIM000
8	OUT	10.01
9	END（01）	

（b）指令表

图 5-26　JMP/JME 指令的应用

使用 JMP 和 JME 指令时应注意以下几点：

（1）接在 JMP 指令以后的触点都使用 LD（或 LD NOT）指令。

（2）JMP 和 JME 指令在用户程序（即在梯形图或指令表）中最多可重复使用 8 次。

（3）一般要求 JMP 和 JME 成对出现，否则程序检查时会有 JMP/JME 错误信息出现，但它不影响程序的正常执行。

（4）JMP 和 JME 之间不能使用高速计数指令。

（5）对同一个跳转号，只能在程序中使用一次，但当跳转号使用 00 时，在程序中可多次使用。

（6）要注意 JMP/JME 和 IL/ILC 指令之间的区别。

【例 5-11】 三灯循环,试编制一个程序实现以下要求:按下启动按钮后,灯 1 亮,1 s 后灯 2 亮,2 s 后灯 3 亮,3 s 后灯 1 灭,4 s 后灯 2 灭,5 s 后灯 3 灭,6 s 后灯 1 亮……如此循环;按下暂停按钮后,各灯状态保持不变,再按下启动按钮后继续工作;按下停止按钮后,各灯立即熄灭,再按下启动按钮后重新开始如上循环。

分析:使用 6 个定时器分别定时 1 ~6 s,利用定时器循环工作的方法来实现灯的循环亮灭。试分析第 6 个定时器可否省掉,如果只使用 5 个定时器,3 个灯的状态是如何变化的? 参考程序见图 5-27。

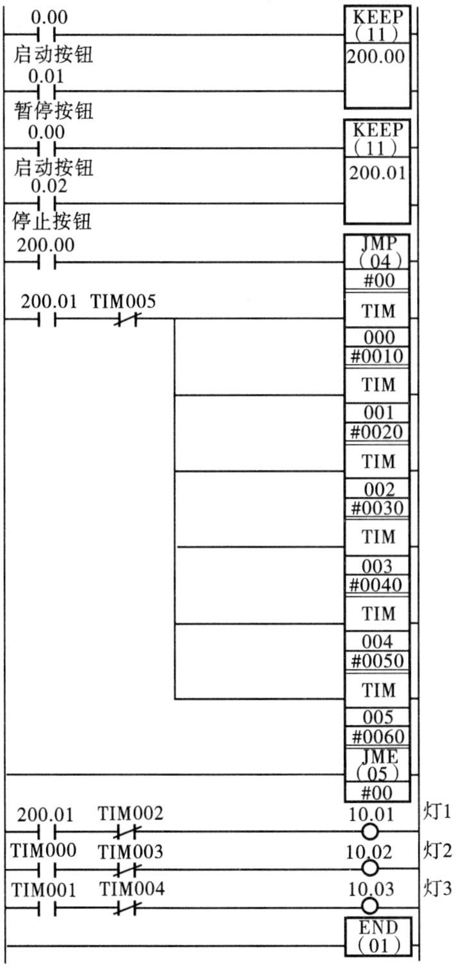

(a)梯形图

步	指令	操作数
0	LD	0.00
1	LD	0.01
2	KEEP(11)	200.00
3	LD	0.00
4	LD	0.02
5	KEEP(11)	200.01
6	LD	200.00
7	JMP(04)	#00
8	LD	200.01
9	AND NOT	TIM005
10	TIM	000
		#0010
11	TIM	001
		#0020
12	TIM	002
		#0030
13	TIM	003
		#0040
14	TIM	004
		#0050
15	TIM	005
		#0060
16	JME(05)	#00
17	LD	200.01
18	AND NOT	TIM002
19	OUT	10.01
20	LD	TIM000
21	AND NOT	TIM003
22	OUT	10.02
23	LD	TIM001
24	AND NOT	TIM004
25	OUT	10.03
26	END(01)	

(b)指令表

图 5-27 例 5-11 梯形图及指令表

5.2.2.6 逐位移位指令 SFT(FUN10)

逐位移位指令的格式及功能见图 5-28。

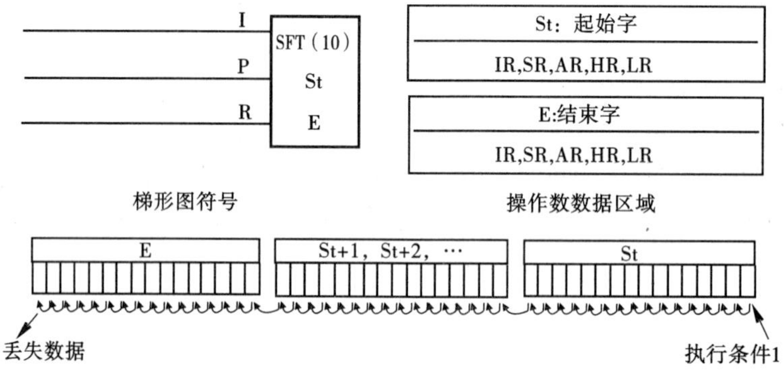

图 5-28　逐位移位指令的格式及功能

移位指令又称移位寄存器指令，本指令带两个操作数，以通道为单位，第一个操作数为首通道号 D1，第二个操作数为末通道号 D2。所使用的继电器有：000CH ~ 019CH，200CH ~ 252CH，HR00 ~ HR19。其功能相当于一个串行输入移位寄存器。

移位寄存器有数据输入端（IN）、移位时钟端（CP）及复位端（R），必须按照输入（IN）、时钟（CP）、复位（R）和 SFT 指令的顺序进行编程。当移位时钟由 OFF 变为 ON 时，将（D1 ~ D2）通道的内容，按照从低位到高位的顺序移动一位，最高位溢出丢失，最低位由输入数据填充。当复位端输入 ON 时，参与移位的所有通道数据均复位，即都为 OFF。

图 5-29 中使用的是 1 s 时钟脉冲位（25502），因此每秒将 00000 产生的执行条件移入 HR00 中。只要“1”移位入 HR0007，输出 20000 置 ON。

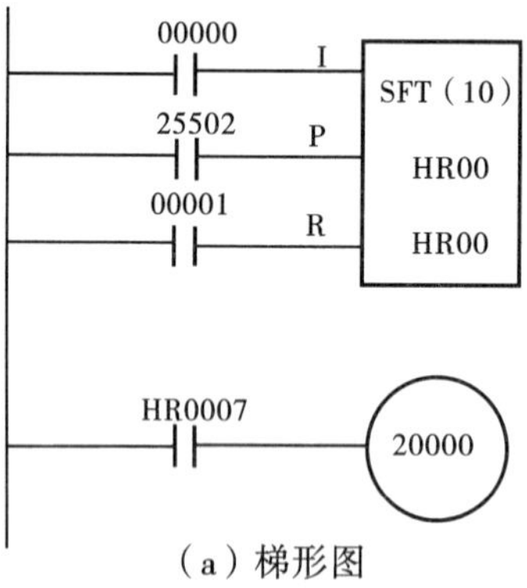

（a）梯形图

地址	指令	操作数	
00000	LD		00000
00001	LD		25502
00002	LD		00001
00003	SFT（10）	HR	00
		HR	00
00004	LD	HR	0007
00005	OUT		20000

（b）指令表

图 5-29　SFT 指令的编程举例

使用 SFT 指令时应注意以下几点：

（1）一个 SFT 指令指定的继电器必须是同一通道、编号相连的继电器。指令允许几个通道串联使用。被移位的继电器通道号必须由小到大设定。

（2）任何情况下，复位端（R）信号优先执行，即复位端有输入的情况下，移位寄存器不接收 CP 端的输入数据。

（3）输入数据在时钟脉冲（CP）前沿移位，每个 CP 移位一个寄存器。

(4)数据输入端(IN)为接通时,移位串行输入为“1”。数据输入端(IN)为断开时,移位串行输入为“0”。

5.2.2.7 **前沿微分脉冲指令** DIFU(FUN13)**和后沿微分脉冲指令** DIFD(FUN14)

本指令使用操作数有 01000~01915、20000~25515、HR0000~HR1915,DIFU 的功能是在输入脉冲的前(上升)沿使指定的继电器接通一个扫描周期之后释放,而 DIFD 的功能是在输入脉冲的后(下降)沿使指定的继电器接通一个扫描周期之后释放。其编程应用见图 5-30。

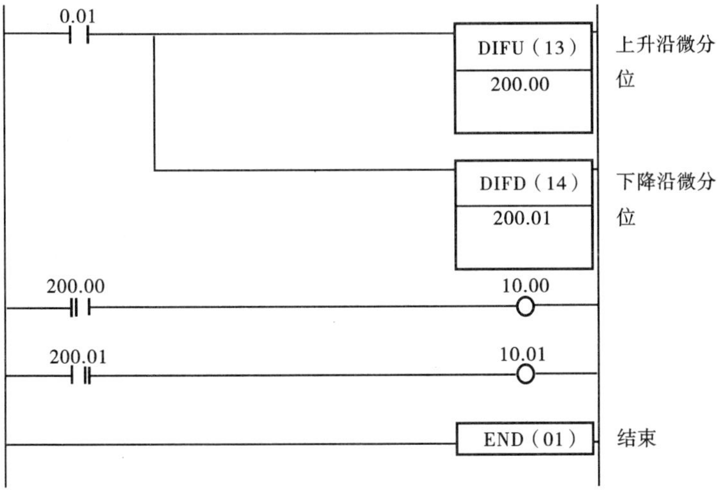

(a)梯形图

步	指令	操作数
0	LD	0.01
1	DIFU(13)	200.00
2	DIFD(14)	200.01
3	LD	200.00
4	OUT	10.00
5	LD	200.01
6	OUT	10.01
7	END(01)	

(b)指令表

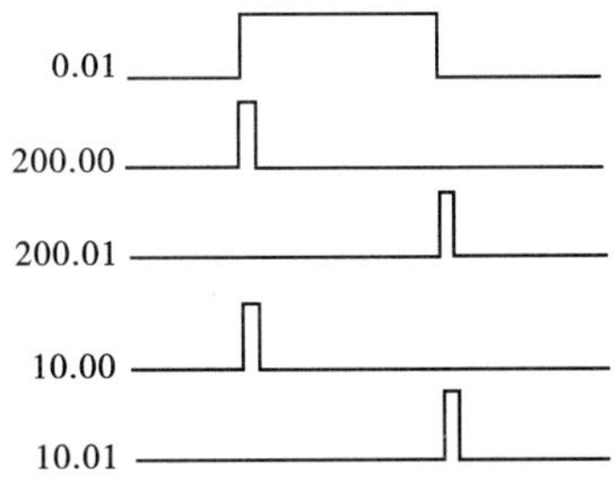

(c)波形图

图 5-30 DIFU/DIFD 指令的应用

图 5-30 中当输入触点 0.01 接通时,DIFU 所指定的继电器 200.00 接通一个扫描周期(即瞬间通断一次),同时 10.00 也接通一个扫描周期;当输入触点 0.01 断开时,DIFD 所指定的继电器 200.01 接通一个扫描周期,同时 10.01 也接通一个扫描周期。

【例 5-12】 仓库自动门 PLC 控制系统。设计一个汽车库自动门控制系统,其示意图如图 5-31 所示。具体控制要求是:当汽车到达车库门前时,超声波开关接收到来车的信号,门电动机正转,门上升,当门升到顶点碰到上限位开关时,门停止上升。汽车驶入车库后,光电开关发出信号,门电动机反转,门下降,当下降到下限位开关后门电动机停止。试画出 PLC 的 I/O 接线图，设计出梯形图程序并加以调试。

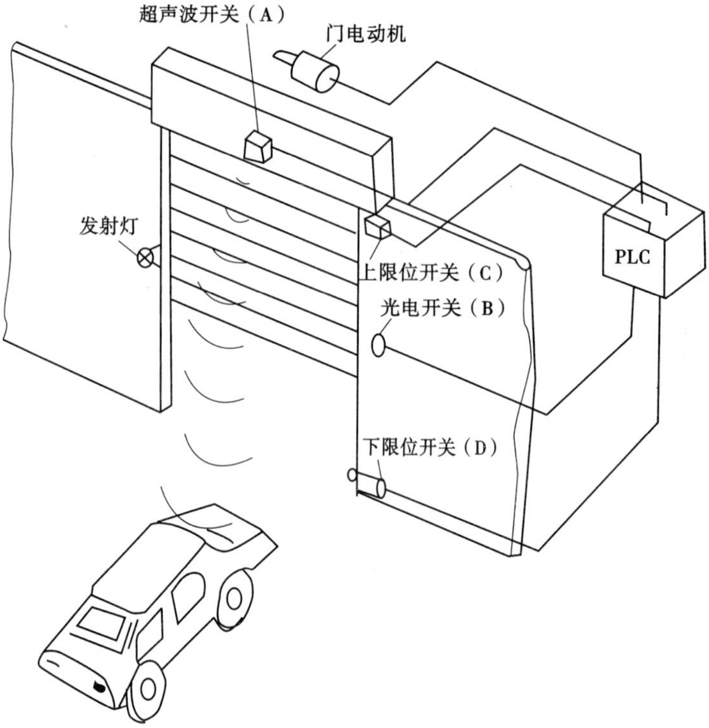

图 5-31 自动门的 PLC 控制示意图

参考资料见表 5-12、图 5-32、图 5-33。

表 5-12 例 5-12 I/O 分配表

序号	设备	输入触点	输出触点	说明
1	超声波开关	00000		开门信号
2	光电开关	00001		关门信号
3	上限位开关	00002		开门停止信号
4	下限位开关	00003		关门停止信号
5	KM1		01000	控制电动机正转开门
6	KM2		01001	控制电动机反转关门

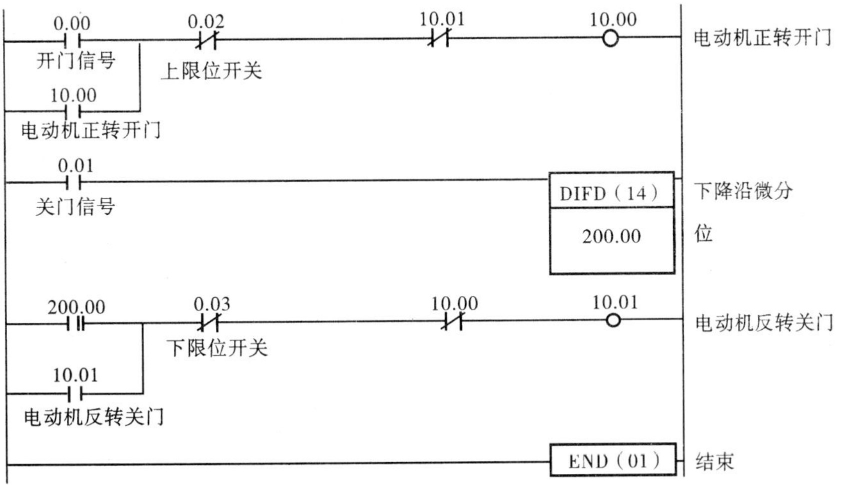

图 5-32 例 5-12 梯形图

步	指令	操作数	注释
0	LD	0.00	开门信号
1	OR	10.00	电动机正转开门
2	AND NOT	0.02	上限位开关
3	AND NOT	10.01	
4	OUT	10.00	电动机正转开门
5	LD	0.01	关门信号
6	DIFD (14)	200.00	
7	LD	200.00	
8	OR	10.01	电动机反转关门
9	AND NOT	0.03	下限位开关
10	AND NOT	10.00	
11	OUT	10.01	电动机反转关门
12	END (01)		

图 5-33 例 5-12 指令表

5.2.2.8 高速定时器指令 TIMH(FUN15)

本指令操作数占两行,一行为定时器号 000 ~ 127(不得与 TIM 或 CNT 重复使用同编号),另一行为设定时间。设定的定时时间可以是常数,也可以由通道 000CH ~ 019CH、20000CH ~ 25515CH、HR0000 ~ HR1915 中的内容决定,但必须为 4 位 BCD 码。其功能与基本指令中的普通定时器指令作用相似,唯一区别是 TIMH 定时精度为 0.01 s,定时范围为 0 ~ 99.99 s。

5.2.2.9 通道移位指令 WSFT(FUN16)

本指令又称字移位指令,是以字(通道)为单位的串行移位。操作数为首通道号 D1、末通道号 D2。可取 000CH ~ 019CH, 200CH ~ 252CH, HR00 ~ HR19。通道移位指令执行时,当移位条件为 ON 时,WSFT 从首通道向末通道依次移动一个字,原首通道 16 位内容全部复位,原末通道中的 16 位内容全部溢出丢失。

如图 5-34 所示,由于使用了微分指令,当 0.01 由 OFF 变为 ON 时,200.05 接通一个扫描周期,在 WSFT 指令作用下进行移位:200 通道中的内容移到 201 通道,201 通道中的内容移到 202 通道,202 通道中的原有内容全部溢出丢失,200 通道中的 16 位全部复位。因为使用微分指令,故仅执行一次通道移位。

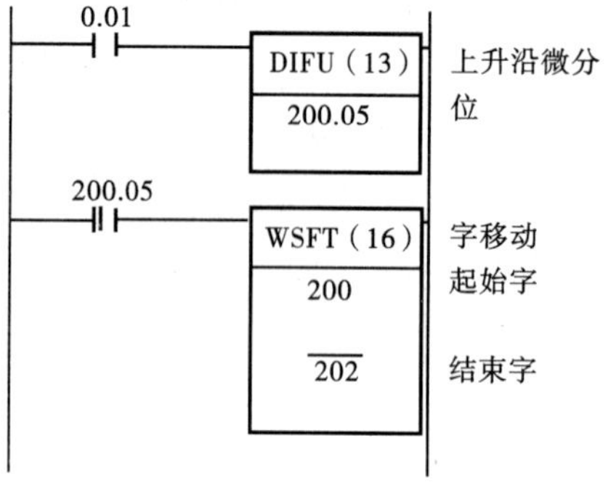

(a) 梯形图

步	指令	操作数
0	LD	0.01
1	DIFU (13)	200.05
2	LD	200.05
3	WSFT (16)	200
		202

(b) 指令表

图 5-34　WSFT 指令的编程

WSFT 指令在使用时须注意:

(1)首通道和末通道必须是同一类型的继电器,首通道号≤末通道号。

(2)当移位条件为 ON 时,CPU 每扫描一次程序就执行一次 WSFT 指令。如只要程序执行一次,则应该用微分指令。

5.2.2.10　**可逆计数器指令** CNTR(FUN12)

本指令的功能是对外部信号进行加 1 或减 1 的环形计数,格式见图 5-35,带两个操作数:计数器号 000 ~ 127,设定值范围 0000 ~ 9999。设定值可以用常数,也可以用通道号,用通道号时,设定值为通道中的内容。

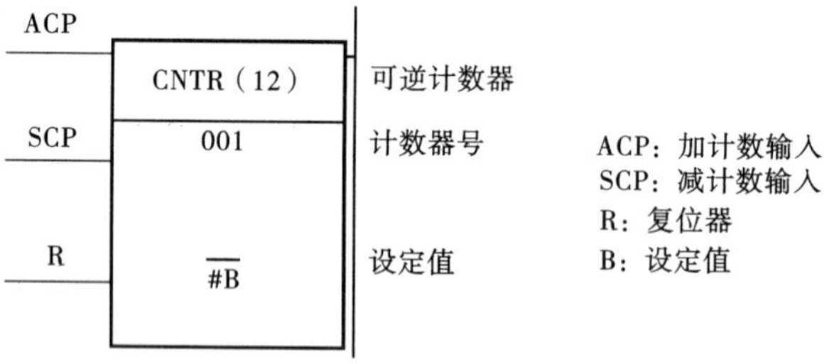

图 5-35　CNTR 指令格式

如图 5-36 所示,当计数器的当前值为设定值(即为 5000)时,ACP 端再输入一个正跳变(正向加 1),则当前值变为 0000,计数器输出为 ON:若计数器的当前值为 0000 时,SCP 端再输入一个正跳变(反向减 1),则当前值变为了设定值,计数器输出为 ON。在使用 CNTR 指令编程时须注意,若 ACP 和 SCP 端同时为 ON,则不能进行计数操作。当 R 端为 ON 时,计数器的当前值变为 0000,并不接收输入信号。另外,若 CNTR 位于 IL/ILC 指令之间,当 IL 条件为 OFF 时,则 CNTR 将保持当前值。

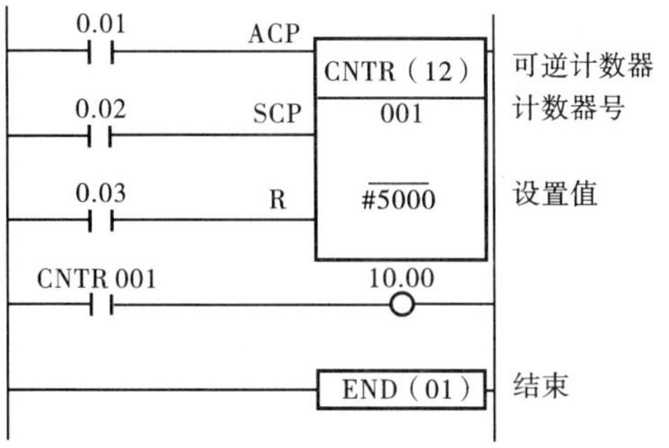

（a）梯形图

步	指令	操作数
0	LD	0.01
1	LD	0.02
2	LD	0.03
3	CNTR（12）	001 #5000
4	LD	CNTR001
5	OUT	10.00
6	END（01）	

（b）指令表

图 5-36　CNTR 指令的编程及功能

5.2.2.11　比较指令 CMP(FUN20)

本指令的功能是将 S(源通道)中的内容与 D(目标通道)中的内容进行比较,将比较结果送到 PLC 的内部专用继电器 25505、25506、25507 中进行处理后输出,输出状态见表 5-13。

表 5-13　比较结果输出专用继电器状态表

条件	25505	25506	25507
S＞D	ON	OFF	OFF
S＝D	OFF	ON	OFF
S＜D	OFF	OFF	ON

比较指令 CMP 用于将通道 S 与通道 D 中的十六进制数或四位常数进行比较,S 和 D 中至少有一个是通道数据。

图 5-37 所示是一个用 200 通道中的数据与一个常数进行比较的编程示例。图中若输入信号 0.01 为 ON,200CH 中的数又大于 B6D8,则专用继电器 25505 为 ON 输出,从而使输出继电器 10.00 为 ON。

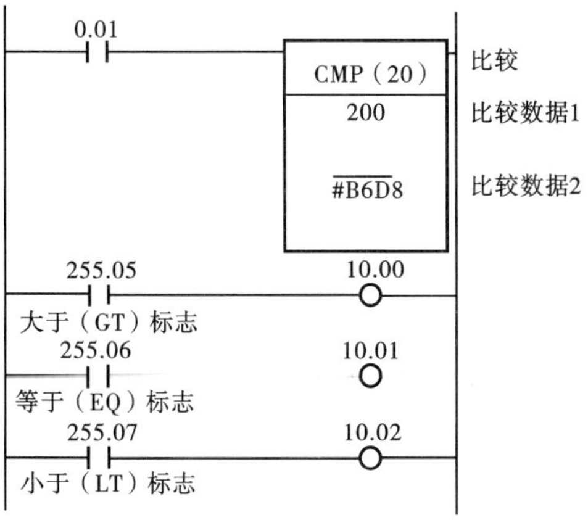

（a）梯形图

步	指令	操作数
0	LD	0.01
1	CMP（20）	200 #B6D8
2	LD	P_GT
3	OUT	10.00
4	LD	P_EQ
5	OUT	10.01
6	LD	P_LT
7	OUT	10.02

（b）指令表

图 5-37　CMP 指令的编程方法

5.2.2.12　**数据传送指令** MOV(FUN21)**和数据求反传送指令** MVN(FUN22)

这两条指令都用于数据的传送。当 MOV 前面的状态为 ON 时,执行 MOV 指令,在每个扫描周期中把 S 中的源数据传送到目标 D 所指定的通道中去。当 MOV 前面的状态为 OFF 时,执行 MVN 指令,在每个扫描周期中把 S 中的源数据求反后传送到目标 D 所指定的通道中去。执行传送指令后,如果目标通道 D 中的内容全为零,则标志位 25506 为 ON。

传送指令的编程应用如图 5-38 所示。当 0.00 和 0.01 为 ON 时,CPU 每扫描程序一次,MOV/MVN 指令就被执行一次。若要求传送过程只进行一次,则应当使用 DIFU 或 DIFD 指令。

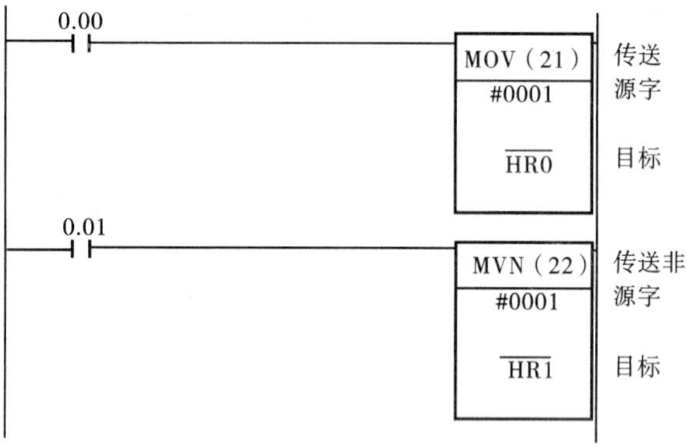

(a) 梯形图

步	指令	操作数
0	LD	0.00
1	MOV (21)	#0001
		HR0
2	LD	0.01
3	MVN (22)	#0001
		HR1

(b) 指令表

图 5-38　MOV/MVN 指令的应用

可以利用 MOV 指令改变 TIM/CNT 指令的设定值,如图 5-39 所示。

5.2.2.13　**进位置位指令** STC(FUN40)**和进位复位指令** CLC(FUN41)

这两条指令的功能是将进位标志继电器 25504 置位(即置 ON)或强制将进位标志继电器 25504 复位(即置 OFF)。当这两条指令前面状态为 ON 时,执行指令,否则不执行。通常在执行加、减运算操作之前,先执行 CLC 指令来清进位位,以确保运算结果的正确。

5.2.2.14　**加法指令** ADD(FUN30)

本指令是将两个通道的内容或一个通道的内容与一个常数相加(带进位位),再把结果送至目标通道 D。操作数中被加数 S1、加数 S2、运算结果 D 的内容见表 5-14。ADD 指令的应用见图 5-40。

说明:执行加法运算前必须加一条清进位标志指令 CLC(41)参加运算;被加数和加数必须是 BCD 数,否则 25503 置 ON,不执行 ADD 指令;若相加后结果有进位,则进位标志继电器 25504 为 ON;若和为零,则专用继电器 25506 变为 ON。

5.2.2.15　**减法指令** SUB(FUN31)

本指令与 ADD 指令相似,是把 2 个四位 BCD 数作带借位减法,差值送入指定通道,其操作数同 ADD 指令。在编写 SUB 指令语言时,必须指定被减数、减数和差值的存放通道,其指令应用如图 5-41 所示。

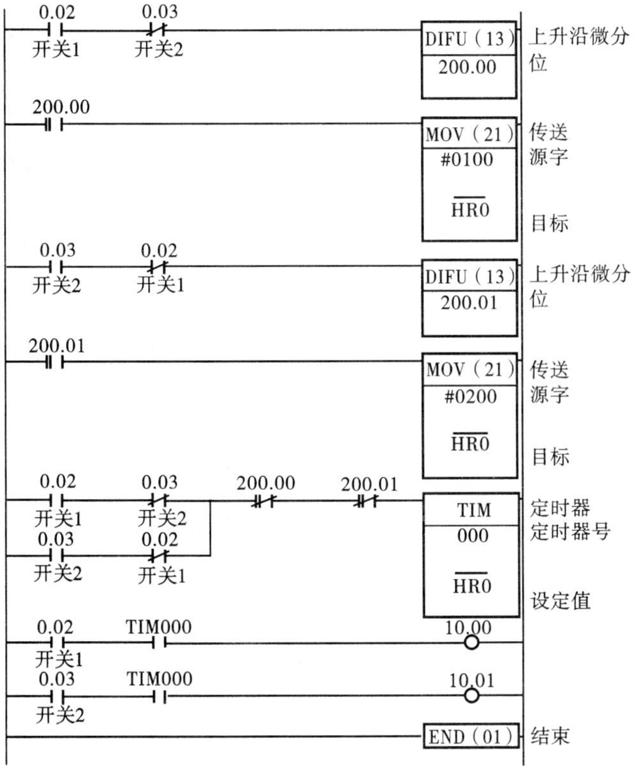

（a）梯形图

步	指令	操作数
0	LD	0.02
1	AND NOT	0.03
2	DIFU（13）	200.00
3	LD	200.00
4	MOV（21）	#0100
		HR0
5	LD	0.03
6	AND NOT	0.02
7	DIFU（13）	200.01
8	LD	200.01
9	MOV（21）	#0200
		HR0
10	LD	0.02
11	AND NOT	0.03
12	LD	0.03
13	AND NOT	0.02
14	OR LD	
15	AND NOT	200.00
16	AND NOT	200.01
17	TIM	000
		HR0
18	LD	0.02
19	AND	TIM000
20	OUT	10.00
21	LD	0.03
22	AND	TIM000
23	OUT	10.01
24	END（01）	

（b）指令表

图 5-39 利用 MOV 指令改变 TIM/CNT 指令的设定值

表 5-14 加法指令的操作数内容

S1/S2	000CH～019CH	200CH～231CH	HR00～HR19	TIM/CNT 000～127	DM0000～DM1023 DM6144～DM6655	四位常数
D	010CH～019CH	200CH～231CH	HR00～HR19	—	DM0000～DM1023	—

注：DM6144～DM6655 不能用程序写入(只能用外围设备设定)。

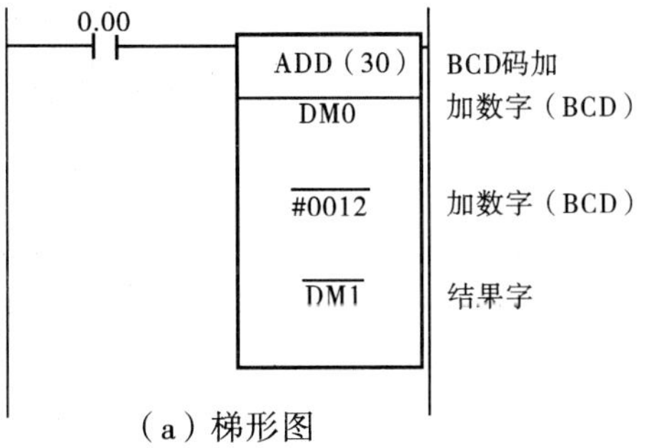

（a）梯形图

步	指令	操作数
0	LD	0.00
1	ADD（30）	DM0
		#0012
		DM1

（b）指令表

图 5-40 ADD 指令的应用

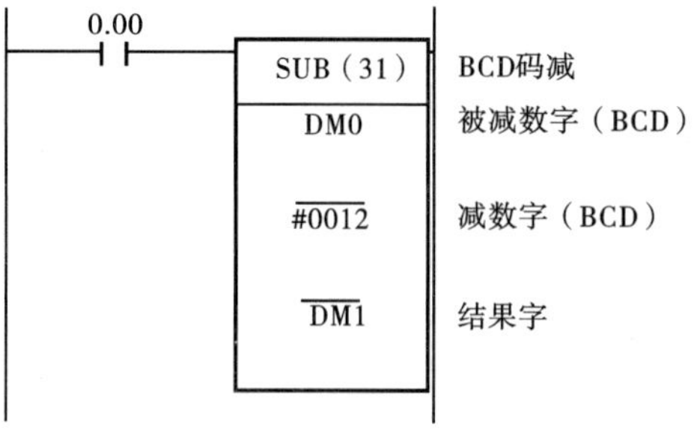

（a）梯形图

步	指令	操作数
0	LD	0.00
1	SUB（31）	DM0
		#0012
		DM1

（b）指令表

图 5-41　SUB 指令的应用

说明：执行减法运算前必须加一条清进位标志指令 CLC（41）；被减数和减数必须是 BCD 数，否则 25503 置 ON，不执行 SUB 指令；若运算结果有借位，则进位/借位标志继电器 25504 为 ON；若运算结果为零，则专用继电器 25506 变为 ON。

以上介绍的是 CPM1A 系列 PLC 一些常用的专用指令，还有很多未作介绍。欧姆龙其他系列 PLC 除基本指令和 CPM1A 系列 PLC 相同外，很多功能指令也相同，另外又多增加了一些新的功能指令，读者可以根据不同型号的 PLC 按其使用功能的不同参阅使用手册加以学习和掌握。

小　结

CPM1A 系列 PLC 的编程指令共有 153 条，按指令的不同可分为基本指令和功能指令两类。常用的功能指令等许多指令和大多数其他品牌的 PLC 基本相同。

CPM1A 系列 PLC 的编程指令主要有基本指令、常用的应用指令、数据传送和数据比较指令、移位指令、数据运算指令等。

在使用指令编写程序时，要特别注意指令的格式、逻辑符号、功能及指令指定继电器编号的内容，否则所编写的程序会因出错而无法正常工作。另外，在绘制梯形图时尽量遵循“上重下轻，左重右轻”的原则，可使程序更简化。

思考题与习题

5-1　绘出下列指令程序的梯形图，并比较其功能，指出哪个更加合理。

（1）LD	20000	（2）LD	00002
LD	00000	AND	00003
AND NOT	00001	AND	00004
OR LD		LD	00000
LD	00002	AND NOT	00001
AND	00003	OR LD	
AND	00004	OR	10000

OR LD　　　　　　　　　　　　　　　　OUT　　　　　10000

OUT　　　　　20000

5-2　举例说明 AND LD 和 OR LD 的集中编程法。

5-3　IL/ILC 和 JMP/JME 指令的区别是什么?

5-4　3 个队进行智力竞赛。每队所在桌上有 3 个按钮(SB11,SB12,SB13;SB21,SB22,SB23;SB31,SB32,SB33),1 个指示灯(分别为 L1,L2,L3),主持人桌上有抢答开始按钮 SBB 和复位按钮 SBE,3 队分别为小学、中学、大学队,要求如下,编一 PLC 程序实现:

(1)主持人按下抢答开始按钮 SBB 后才能抢答成功,任何一队抢答成功其桌上灯亮,其余队再抢无效。主持人按复位按钮 SBE 后灯灭。

(2)小学队抢答成功的条件是3 个按钮任何一个按下;中学队抢答成功的条件是3 个按钮都按下;大学队抢答成功的条件是 3 个按钮都在主持人按下抢答开始按钮后 10 s 内按下。

5-5　编制一实现电动机点动、长动、正转、反转的控制梯形图。

5-6　编制一 PLC 程序控制 3 台电机,要求:启动时顺序启动(M1—M2—M3),间隔 10 s;停止时顺序停止(M3—M2—M1),间隔 5 s。

第 6 章　可编程控制器的应用系统设计

在对 PLC 的基本工作原理和编程技术有了一定的了解之后,我们就可以用 PLC 来构成一个实际的控制系统。PLC 控制系统的设计主要包括系统设计、程序设计、施工设计和安装调试等四方面的内容。本章主要介绍 PLC 控制系统的设计步骤和内容、设计与实施过程中应该注意的事项,使读者初步掌握 PLC 控制系统设计方法。要达到能顺利地完成 PLC 控制系统设计的目的,还需要不断地实践。

6.1　PLC 控制系统设计的基本原则与内容

6.1.1　PLC 控制系统设计的基本原则

任何一种控制系统都是为了实现对被控对象的控制要求,以提高生产效率和产品质量。因此,在设计 PLC 控制系统时,应遵循以下基本原则。

6.1.1.1　最大限度地满足被控对象的控制要求

充分发挥 PLC 的功能,最大限度地满足被控对象的控制要求,是设计 PLC 控制系统的首要前提,这也是设计中最重要的一条原则。这就要求设计人员在设计前深入现场进行调查研究,收集控制现场的资料,收集相关先进的国内、国外资料。同时,要注意和现场的工程管理人员、工程技术人员、操作人员紧密配合,拟定控制方案,共同解决设计中出现的重点问题和疑难问题。

6.1.1.2　保证 PLC 控制系统安全可靠

保证 PLC 控制系统能够长期安全、可靠、稳定运行,是设计控制系统的重要原则。这就要求设计者在系统设计、元器件选择、软件编程上全面考虑,以确保控制系统安全可靠。例如,应该保证 PLC 程序不仅在正常条件下运行,而且在非正常情况下(如突然掉电再上电、按钮按错等),也能正常工作。

6.1.1.3　力求简单、经济、使用及维修方便

一个新的控制工程固然能提高产品的质量和数量,带来巨大的经济效益和社会效益,但新工程的投入、技术的培训、设备的维护也将导致运行资金的增加。因此,在满足控制要求的前提下,一方面要注意不断地扩大工程的效益,另一方面也要注意不断地降低工程的成本。这就要求设计者不仅能使控制系统简单、经济,而且要使控制系统的使用和维护方便、成本低,不宜盲目追求自动化和高指标。

6.1.1.4　适应发展的需要

由于技术的不断发展,控制系统的要求也将会不断地提高,设计时要适当考虑到今后控制系统发展和完善的需要。这就要求在选择 PLC、输入/输出模块、I/O 点数和内存容量时,适当留有裕量,以满足今后生产的发展和工艺的改进。

6.1.2　PLC 控制系统设计与调试的步骤

图 6-1 所示为 PLC 控制系统设计与调试的一般步骤。

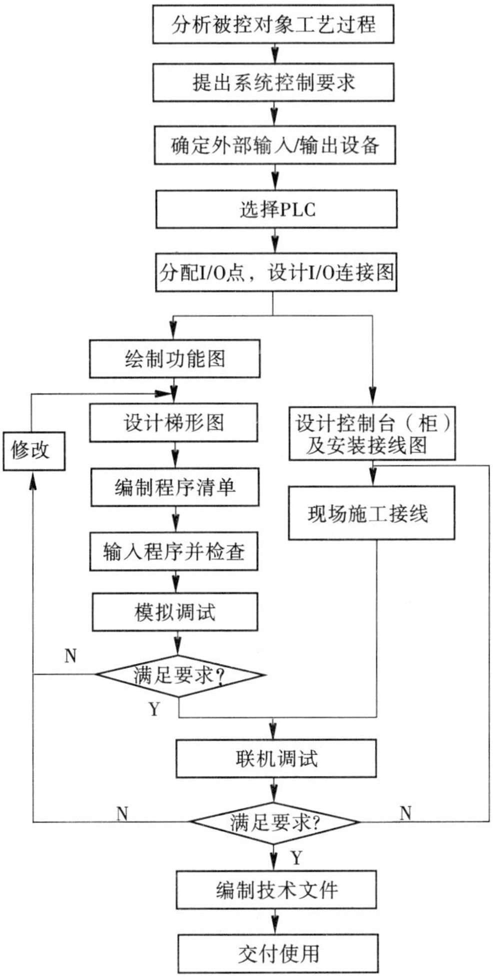

图 6-1　PLC 控制系统设计与调试的一般步骤

6.1.2.1　分析被控对象并提出控制要求

深入了解被控系统是设计控制系统的基础。设计人员必须深入现场,认真调查研究,收集资料,并与相关技术人员和操作人员一起分析讨论,相互配合,共同解决设计过程中出现的问题。这一阶段必须对被控对象所有功能作全面细致的了解,如对象的各种动作及动作时序、动作条件、必要的互锁与保护,电气系统与机械、液压、气动及各仪表等系统间的关系,PLC 与其他智能设备间的关系,PLC 之间是否联网通信,突发性电源掉电（停电）及紧急事故处理,系统的工作方式及人机界面,需要显示的物理量及显示方式等。

在这一阶段应明确哪些信号需送给 PLC,PLC 的输出需要驱动的负载性质(模拟量或数字量,交流或直流,电压、电流等级等)。

提出被控对象对 PLC 控制系统的控制要求，确定控制方案，拟定设计任务书。

6.1.2.2 确定输入/输出设备

根据系统的控制要求，确定系统所需的全部输入设备（如按钮、位置开关、转换开关及各种传感器等）和输出设备（如接触器、电磁阀、信号指示灯及其他执行器等），从而确定与 PLC 有关的输入/输出设备，以确定 PLC 的 I/O 点数。

6.1.2.3 选择 PLC

PLC 选择包括对 PLC 的机型、容量、I/O 模块、电源等的选择，详见本章 6.2 节。

6.1.2.4 分配 I/O 点并设计 PLC 外围硬件线路

1. 分配 I/O 点

画出 PLC 的 I/O 点与输入/输出设备的连接图或对应关系表，该部分也可在第 2 步中进行。

2. 设计 PLC 外围硬件线路

画出系统其他部分的电气线路图，包括主电路和未进入 PLC 的控制电路等。由 PLC 的 I/O 连接图和 PLC 外围电气线路图组成系统的电气原理图。到此为止，系统的硬件电气线路已经确定。

6.1.2.5 程序设计

1. 设计程序

根据系统的控制要求，采用合适的设计方法来设计 PLC 程序。程序要以满足系统控制要求为主线，逐一编写实现各控制功能或各子任务的程序，逐步完善系统指定的功能。除此之外，程序通常还应包括以下内容：

（1）初始化程序。在 PLC 上电后，一般都要做一些初始化的操作，为启动作必要的准备，避免系统发生误动作。初始化程序的主要内容有：对某些数据区、计数器等进行清零，对某些数据区所需数据进行恢复，对某些继电器进行置位或复位，对某些初始状态进行显示等。

（2）检测、故障诊断和显示等程序。这些程序相对独立，一般在程序设计基本完成时再添加。

（3）保护和连锁程序。保护和连锁是程序中不可缺少的部分，必须认真加以考虑。它可以避免由于非法操作而引起的控制逻辑混乱。

2. 程序模拟调试

程序模拟调试的基本思想是，以方便的形式模拟产生现场实际状态，为程序的运行创造必要的环境条件。根据产生现场信号的方式不同，模拟调试有硬件模拟法和软件模拟法两种形式。

（1）硬件模拟法是使用一些硬件设备（如用另一台 PLC 或一些输入器件等）模拟产生现场的信号，并将这些信号以硬接线的方式连到 PLC 系统的输入端，其时效性较强。

（2）软件模拟法是在 PLC 中另外编写一套模拟程序，模拟提供现场信号，其简单易行，但时效性不易保证。

模拟调试过程中，可采用分段调试的方法，并利用编程器的监控功能。

6.1.2.6 硬件实施

硬件实施方面主要是进行控制台(柜)等硬件的设计及现场施工。主要内容有:

(1)设计控制柜和操作台等部分的电气布置图及安装接线图。

(2)设计系统各部分之间的电气互连图。

(3)根据施工图纸进行现场接线,并进行详细检查。

由于程序设计与硬件实施可同时进行,因此 PLC 控制系统的设计周期可大大缩短。

6.1.2.7 系统调试

系统调试分为两个阶段,第一阶段为模拟调试,第二阶段为联机调试。

(1)模拟调试。先检查设计好的程序并纠正语法和拼写上的错误,然后下载到 PLC。在模拟调试时,实际的输入元件和输出负载一般都不接,通常用输入开关来模拟输入,而输出可以通过输出端发光二极管来判断。

模拟调试要检验程序是否符合预定要求,所以必须考虑各种可能的情况。要对控制系统的流程图或功能表的所有分支以及各种可能的流程进行测试,发现问题及时修正控制程序,直至完全符合控制要求。

(2)联机调试。联机调试是将通过模拟调试的程序进一步进行在线统调。联机调试过程应循序渐进,从 PLC 只连接输入设备,到连接输出设备,再到接上实际负载等逐步进行调试。当控制台(柜)及现场施工完毕,程序模拟调试完成后,就可以进行联机调试,如不符合要求,则对硬件和程序作调整。通常只需修改部分程序即可。系统调试完成以后,为防止程序遭到破坏和丢失,要注意程序的保存和固化。

6.1.2.8 整理和编写技术文件

技术文件包括设计说明书、硬件原理图、安装接线图、电气元件明细表、PLC 程序以及使用说明书等。

6.1.2.9 交付使用

全部调试完毕后,交付运行。经过一段时间运行,如果工作正常、程序不需要修改,应将程序固化到 EPROM 中,以防程序丢失。

6.2 如何选择 PLC

随着 PLC 技术的发展,PLC 产品的种类也越来越多。不同型号的 PLC,其结构形式、性能、容量、指令系统、编程方式、价格等也各有不同,适用的场合也各有侧重。因此,合理选用 PLC,对于提高 PLC 控制系统的技术经济指标有着重要意义。

PLC 的选择主要应从 PLC 的机型、容量、I/O 模块、电源模块、特殊功能模块、通信联网能力等方面加以综合考虑。

6.2.1 PLC 机型的选择

PLC 机型选择的基本原则是在满足功能要求及保证可靠、维护方便的前提下,力争最佳的性能价格比。选择时主要考虑以下几点。

6.2.1.1 合理的结构形式

从物理结构来讲,PLC 可分为整体式和模块式。对于工作过程比较固定、环境条件较好(维修量较小)的场合,可选用整体式 PLC,这样可以降低成本。而模块式 PLC 的功能扩展灵活方便,便于灵活地扩展 I/O 点数,有更多特殊 I/O 模块可供选择,维修更换模块方便,判断故障范围也很方便,一般用于较复杂的控制系统,缺点是价格稍高。

根据系统的控制要求,详细列出 PLC 所有输入量和输出量的情况,包括如下内容:

(1)有哪些开关量输入信号?电压分别是多少?尽量选择 DC 24 V 或 AC 220 V 。

(2)有哪些开关量输出信号?要求驱动功率为多少?一般的 PLC 输出驱动能力为直流负载约 2 A,交流负载约 220 V。如果容量不够,可以考虑输出功率扩展,如在输出端接功率放大器、继电器等。

(3)有哪些模拟量 I/O 信号?具体参数如何?PLC 的模拟量处理能力一般为 1 ~ 5 V、0 ~ 10 V 或 4 ~ 20 mA。

在确定了 PLC 的控制规模后,一般还要考虑一定的裕量,以适应工艺流程的变动及系统功能的扩充,一般可按 10% 的裕量来考虑。另外,要考虑 PLC 的结构,如果规模较大,以选用模块式 PLC 为好。如果被控对象以开关量控制为主,另需少量模拟量控制,就可选用带有 A/D 和 D/A 转换、数据传送及简单运算功能的小型 PLC,或者再选用模拟量控制模块。对于控制复杂、要求更高的被控系统,如含有较多的 I/O 点,对模拟量控制要求也较高,要求实现 PID 运算、闭环控制等功能,可选用中、高档的 PLC。

6.2.1.2 安装方式的选择

PLC 系统的安装方式分为集中式、远程 I/O 式以及多台 PLC 联网的分布式。

集中式不需要设置驱动远程 I/O 硬件,系统反应快、成本低;远程 I/O 式适用于大型系统,系统的装置分布范围很广,远程 I/O 可以分散安装在现场装置附近,连线短,但需要增设驱动器和远程 I/O 电源;多台 PLC 联网的分布式适用于多台设备分别独立控制、又要相互联系的场合,可以选用小型 PLC,但必须要附加通信模块。

6.2.1.3 相应的功能要求

一般小型(低档)PLC 具有逻辑运算、定时、计数等功能,对于只需要开关量控制的设备都可满足。对于以开关量控制为主,带少量模拟量控制的系统,可选用带 A/D 和 D/A 转换单元,具有加减算术运算、数据传送功能的增强型低档 PLC。对于控制较复杂,要求实现 PID 运算、闭环控制、通信联网等功能的系统,可视控制规模大小及复杂程度,选用中档或高档 PLC。但是中、高档 PLC 价格较贵,一般用于大规模过程控制和集散控制系统等场合。

6.2.1.4 响应速度要求

PLC 是为工业自动化设计的通用控制器,不同档次 PLC 的响应速度一般都能满足其应用范围内的需要。如果要跨范围使用 PLC,或者某些功能或信号有特殊的速度要求,则应该慎重考虑 PLC 的响应速度,可选用具有高速 I/O 处理功能的 PLC,或选用具有快速响应模块和中断输入模块的 PLC 等。

6.2.1.5 系统可靠性的要求

对于一般系统,PLC 的可靠性均能满足。对可靠性要求很高的系统,应考虑是否采用冗余系统或热备用系统。

6.2.1.6 机型尽量统一

一个企业,应尽量做到PLC的机型统一。主要考虑到以下三方面问题:

(1)机型统一,其模块可互为备用,便于备品备件的采购和管理。

(2)机型统一,其功能和使用方法类似,有利于技术力量的培训和技术水平的提高。

(3)机型统一,其外部设备通用,资源可共享,易于联网通信,配上位计算机后易于形成一个多级分布式控制系统。

6.2.2 PLC容量的选择

6.2.2.1 I/O点数的选择

PLC I/O点的价格比较高,应该合理选用PLC的I/O点的数量,在满足控制要求的前提下力争使用的I/O点最少,但必须留有一定的裕量。

I/O点数的选择除要满足当前控制系统的要求外,还要考虑到以后生产工艺的可能变化及可靠性的要求,可适当预留10% ~15%的裕量。

6.2.2.2 存储容量的选择

用户程序存储器的容量以地址(或步)为单位,每个地址可以存储一条指令。用户所需程序存储器的容量在程序编好后可以准确地计算出来,但在设计刚刚开始时往往办不到,通常需要进行估算。

应用程序存储器容量的估算与许多因素有关,例如I/O点数、运算处理量、控制要求、程序结构等。

如果系统中含有模拟量,可以按每个模拟量通道相当于16个I/O点来考虑比较复杂的系统,应适当增加存储器的容量,以免造成麻烦。

用户程序所需的存储容量大小不仅与PLC系统的功能有关,而且还与功能实现的方法、程序编写水平有关。一个有经验的程度员和一个初学者,在完成同一复杂功能时,其程序量可能相差25%之多,所以对于初学者应该在估算存储容量时多留裕量。

需要注意的是,一般小型用户程序存储器容量是固定的,不能随意扩充和调整。

PLC的I/O点数的多少,在很大程度上反映了PLC系统的功能要求,因此可在I/O点数确定的基础上,按下式估算存储容量后,再加20% ~30%的裕量。

存储容量(字节) = 开关量I/O点数 ×10 + 模拟量I/O通道数 ×100

另外,在存储容量选择的同时,注意对存储器类型的选择。

6.2.2.3 I/O模块的选择

一般I/O模块的价格占PLC价格的一半以上。PLC的I/O模块有开关量I/O模块、模拟量I/O模块及各种特殊功能模块等。不同的I/O模块,其电路及功能也不同,直接影响PLC的应用范围和价格,应当根据实际需要加以选择。

1. 开关量输入模块的选择

开关量输入模块用来接收现场输入设备的开关信号,将信号转换为PLC内部可接受的低电压信号,并实现PLC内外信号的电气隔离。选择时主要应考虑以下几个方面:

(1)输入信号的类型及电压等级。开关量输入模块有直流输入、交流输入和交流/直流输入三种类型。选择时主要根据现场输入信号和周围环境因素等。直流输入模块的延迟时间较短，还可以直接与接近开关、光电开关等电子输入设备连接；交流输入模块可靠性好，适合于有油雾、粉尘的恶劣环境下使用。

开关量输入模块的输入信号的电压等级有：直流 5 V、12 V、24 V、48 V、60 V 等，交流 110 V、220 V 等。选择时主要根据现场输入设备与输入模块之间的距离来考虑。一般 5 V、12 V、24 V 用于传输距离较近的场合，如 5 V 输入模块最远不得超过 10 m。距离较远的应选用输入电压等级较高的模块。

(2)输入接线方式。开关量输入模块主要有汇点式和分组式两种接线方式，如图 6-2 所示。

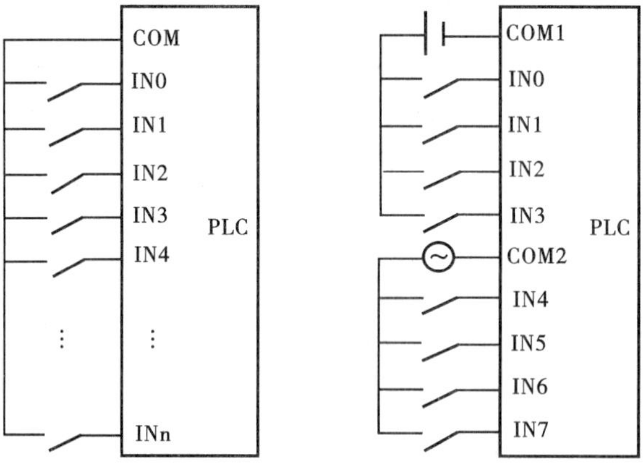

(a) 汇点式输入　(b) 分组式输入

图 6-2　开关量输入模块的接线方式

汇点式开关量输入模块所有输入点共用一个公共端(COM)；而分组式开关量输入模块是将输入点分成若干组，每一组(几个输入点)有一个公共端，各组之间是分隔的。分组式的开关量输入模块价格较汇点式的高，如果输入信号之间不需要分隔，一般选用汇点式的。

(3)同时接通的输入点数量。对于高密度的输入模块(如 32 点、48 点等)，应考虑该模块同时接通的点数一般不要超过输入点数的 60%。

(4)输入门槛电平。为了提高系统的可靠性，必须考虑输入门槛电平的大小。门槛电平越高，抗干扰能力越强，传输距离也越远，具体可参阅 PLC 说明书。

2. 开关量输出模块的选择

开关量输出模块将 PLC 内部低电压信号转换成驱动外部输出设备的开关信号，并实现 PLC 内外信号的电气隔离。选择时主要应考虑以下几个方面：

(1)输出方式。开关量输出模块有继电器输出、晶闸管输出和晶体管输出三种方式。

继电器输出的价格便宜，既可以用于驱动交流负载，又可用于驱动直流负载，而且适用的电压范围较宽、导通压降小，同时承受瞬时过电压和过电流的能力较强，但其属于有触点元件，动作速度较慢(驱动感性负载时，触点动作频率不得超过 1 Hz)、寿命较短、可靠性较差，只能适用于不频繁通断的场合。

对于频繁通断的负载,应该选用晶闸管输出或晶体管输出,它们属于无触点元件。但晶闸管输出只能用于交流负载,而晶体管输出只能用于直流负载。

(2)输出接线方式。开关量输出模块主要有分组式和分隔式两种接线方式,如图 6-3 所示。

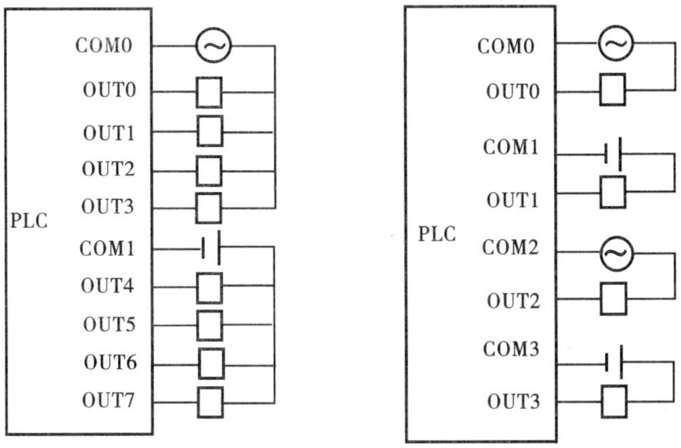

(a) 分组式输出　　(b) 分隔式输出

图 6-3　开关量输出模块的接线方式

分组式输出模块是几个输出点为一组,一组有一个公共端,各组之间是分隔的,可分别用于驱动不同电源的外部输出设备;分隔式输出是每一个输出点就有一个公共端,各输出点之间相互隔离。选择时主要根据 PLC 输出设备的电源类型和电压等级而定。一般整体式 PLC 既有分组式输出,也有分隔式输出。

(3)驱动能力。开关量输出模块的输出电流(驱动能力)必须大于 PLC 外接输出设备的额定电流。用户应根据实际输出设备的电流大小来选择输出模块的输出电流。如果实际输出设备的电流较大,输出模块无法直接驱动,可增加中间放大环节。

(4)同时接通的输出点数量。选择开关量输出模块时,还应考虑能同时接通的输出点数量。同时接通输出设备的累计电流值必须小于公共端所允许通过的电流值,如一个 220 V/2 A 的 8 点输出模块,每个输出点可承受 2 A 的电流,但输出公共端允许通过的电流并不是 16 A(8×2 A),通常要比此值小得多。一般来讲,同时接通的点数不要超出同一公共端输出点数的 60%。

(5)输出的最大电流与负载类型、环境温度等因素有关。开关量输出模块的技术指标与不同的负载类型密切相关,特别是输出的最大电流。另外,晶闸管的最大输出电流随环境温度升高会有所降低,在实际使用中也应注意。

3. 模拟量 I/O 模块的选择

模拟量 I/O 模块的主要功能是数据转换,并与 PLC 内部总线相连,同时为了安全也有电气隔离功能。模拟量输入(A/D)模块是将现场由传感器检测而产生的连续的模拟量信号转换成 PLC 内部可接受的数字量;模拟量输出(D/A)模块是将 PLC 内部的数字量转换为模拟量信号输出。

典型模拟量 I/O 模块的量程为 -10 ~ +10 V、0 ~ +10 V、4 ~ 20 mA 等，可根据实际需要选用，同时还应考虑其分辨率和转换精度等因素。

一些 PLC 制造厂家还提供特殊模拟量输入模块，可用来直接接收低电平信号（如 RTD、热电偶等信号）。

6.2.2.4 特殊功能模块的选择

目前，PLC 制造厂家相继推出了一些具有特殊功能的模块，有的还推出了自带 CPU 的智能型模块，如高速计数器、凸轮模拟器、位置控制模块、PID 控制模块、通信模块等。

6.2.2.5 电源模块及其他外设的选择

1. 电源模块的选择

电源模块选择仅对于模块式结构的 PLC 而言，对于整体式 PLC 不存在电源模块的选择。

电源模块的选择主要考虑电源输出额定电流和电源输入电压。电源模块的输出额定电流必须大于 CPU 模块、I/O 模块和其他特殊功能模块等消耗电流的总和，同时还应考虑今后 I/O 模块的扩展等因素；电源输入电压一般根据现场的实际需要而定。

2. 编程器的选择

对于小型控制系统或不需要在线编程的系统，一般选用价格便宜的简易编程器。对于由中、高档 PLC 构成的复杂系统或需要在线编程的 PLC 系统，可以选配功能强、编程方便的智能编程器，但智能编程器价格较贵。如果有现成的个人计算机，也可以选用 PLC 的编程软件，在个人计算机上实现编程器的功能。

3. 写入器的选择

为了防止由于干扰或锂电池电压不足等原因破坏 RAM 中的用户程序，可选用 EPROM 写入器，通过它将用户程序固化在 EPROM 中。有些 PLC 或其编程器本身就具有 EPROM 写入的功能。

6.3 如何减少 I/O 点数的使用

PLC 在实际应用中常碰到这样两个问题：一是 PLC 的 I/O 点数不够，需要扩展，然而增加 I/O 点数将提高成本；二是已选定的 PLC 可扩展的 I/O 点数有限，无法再增加。因此，在满足系统控制要求的前提下，合理使用 I/O 点数，尽量减少所需的 I/O 点数是很有意义的。下面将介绍几种常用的减少 I/O 点数的措施。

6.3.1 减少输入点数的措施

6.3.1.1 分组输入

一般系统都存在多种工作方式，但系统同时又只能选择其中一种工作方式运行，也就是说，各种工作方式的程序不可能同时执行。因此，可将系统输入信号按其对应的工作方式不同分成若干组，PLC 运行时只会用到其中的一组信号，所以各组输入可共用 PLC 的输入点，这样就使所需的输入点减少。

如图 6-4 所示，系统有“自动”和“手动”两种工作方式，其中 S1 ~ S8 为自动工作方式用到的输入信号,Q1 ~ Q8 为手动工作方式用到的输入信号。两组输入信号共用 PLC 的输入点 X0 ~ X7,如 S1 与 Q1 共用输入点 X0。用“工作方式”选择开关 SA 来切换“自动”和“手动”信号的输入电路,并通过 X10 让 PLC 识别是“自动”,还是“手动”,从而执行自动程序或手动程序。

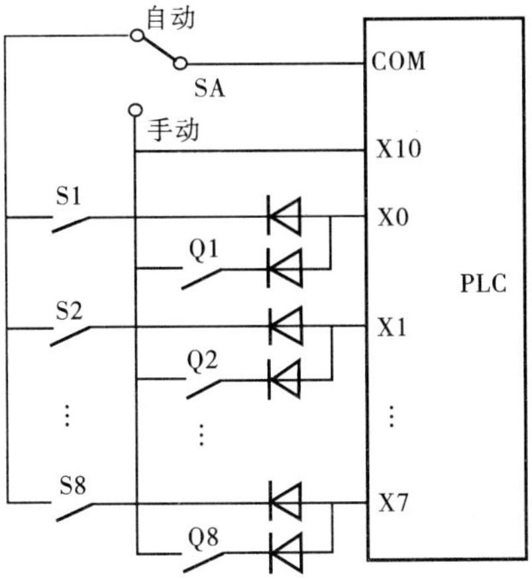

图 6-4 分组输入

图 6-4 中,二极管是为了防止出现寄生回路,产生错误输入信号而设置的。例如当 SA 扳到“自动”位置时,若 S1 闭合,S2 断开,虽然 Q1、Q2 闭合,也应该是 X0 有输入,而 X1 无输入,但如果无二极管隔离,则电流从 X0 流出,经 Q2→Q1→S1→COM 形成寄生回路,从而使得 X1 错误地接通。因此,必须串入二极管切断寄生回路,避免错误输入信号的产生。

6.3.1.2 输入设备多功能化

在传统的继电器电路中,一个主令电器(开关、按钮等)只产生一种功能的信号。而在 PLC 系统中,可借助于 PLC 强大的逻辑处理功能,来实现一个输入设备在不同条件下产生的信号作用不同。下面通过一个简单的例子来说明。

如图 6-5 所示的梯形图只用一个按钮通过输入 X0 去控制输出 Y0 的通与断。

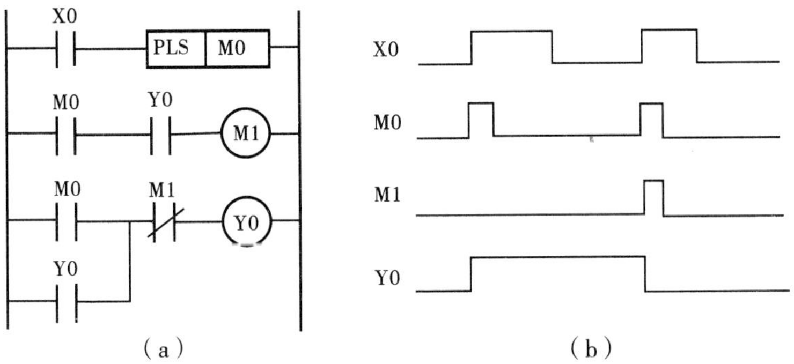

图 6-5 用一个按钮控制的启动、保持、停止电路

图6-5中,当Y0断开时,按下按钮(X0接通),M0得电,使Y0得电并自锁;再按一下按钮,M0得电,由于此时Y0已得电,所以M1也得电,其常闭触点使Y0断开。即按一下按钮,X0接通一下,Y0得电;再按一下按钮,X0又接通一下,Y0失电,改变了传统继电器控制中要用两个按钮(启动按钮和停止按钮)的做法,从而减少了PLC的输入点数。

同样道理,我们可以用这种思路来实现一个输入具有三种或三种以上的功能。

6.3.1.3　合并输入

将某些功能相同的开关量输入设备合并输入。如果是几个常闭触点,则串联输入;如果是几个常开触点,则并联输入。因此,几个输入设备就可共用PLC的一个输入点。

6.3.1.4　某些输入设备可不进PLC

系统中有些输入信号功能简单、涉及面很窄,如某些手动按钮、电动机过载保护的热继电器触点等,有时就没有必要作为PLC的输入,将它们放在外部电路中同样可以满足要求,如图6-6所示。

6.3.2　减少输出点数的措施

6.3.2.1　分组输出

当两组输出设备或负载不同时工作时,可通过外部转换开关或通过受PLC控制的电器触点进行切换,所以PLC的每个输出点可以控制两个不同时工作的负载。如图6-7所示,KM1、KM3、KM5与KM2、KM4、KM6两组不会同时接通,用转换开关SA进行切换。

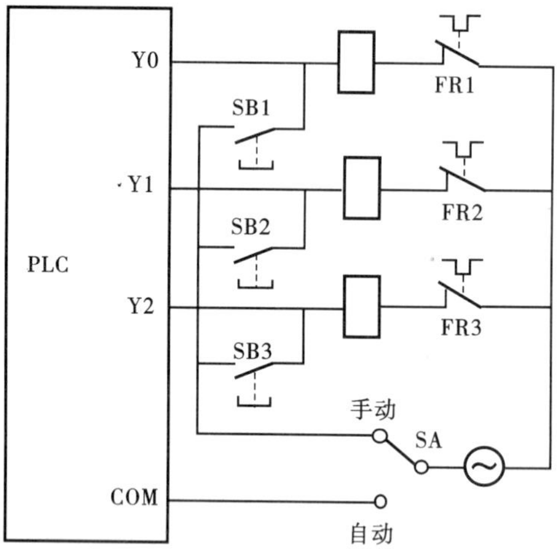

图6-6　输入信号设在PLC外部

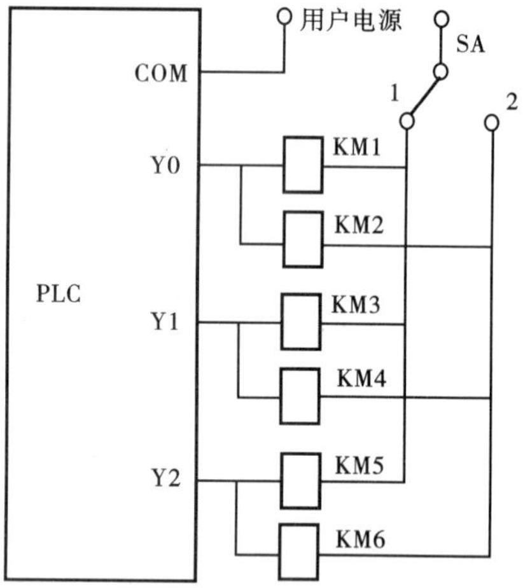

图6-7　分组输出

6.3.2.2　并联输出

两个通断状态完全相同的负载,可并联后共用PLC的一个输出点。但要注意PLC输出点同时驱动多个负载时,应考虑PLC输出点的驱动能力是否足够。

6.3.2.3　输出设备多功能化

利用PLC的逻辑处理功能,一个输出设备可实现多种用途。例如,在继电器系统中,一个指示灯指示一种状态,而在 PLC 系统中,很容易实现用一个输出点控制指示灯的常亮和闪烁,这样一个指示灯就可指示两种状态,既节省了指示灯,又减少了输出点数。

6.3.2.4 某些输出设备可不进 PLC

系统中某些相对独立、比较简单的控制部分,可直接采用 PLC 外部硬件电路实现控制。

以上一些常用的减少 I/O 点数的措施,仅供读者参考,实际应用中应该根据具体情况,灵活使用。同时,应该注意不要过分去减少 PLC 的 I/O 点数,而使外部附加电路变得复杂,从而影响系统的可靠性。

6.4 如何提高 PLC 控制系统的可靠性

虽然 PLC 具有很高的可靠性,并且有很强的抗干扰能力,但在过于恶劣的环境或安装使用不当等情况下,都有可能引起 PLC 内部信息的破坏而导致控制混乱,甚至造成内部元件损坏。为了提高 PLC 系统运行的可靠性,使用时应注意以下几个方面的问题。

6.4.1 适合的工作环境

6.4.1.1 环境温度适宜

各生产厂家对 PLC 的环境温度都有一定的规定。通常 PLC 允许的环境温度在 0 ~ 55 °C。因此,安装时不要把发热量大的元件放在 PLC 的下方;PLC 四周要有足够的通风散热空间;不要把 PLC 安装在阳光直接照射或离暖气、加热器、大功率电源等发热器件很近的场所;安装 PLC 的控制柜最好有通风的百叶窗,如果控制柜温度太高,应该在柜内安装风扇强迫通风。

6.4.1.2 环境湿度适宜

PLC 工作环境的空气相对湿度一般要求小于 85%,以保证 PLC 的绝缘性能。湿度太大也会影响模拟量输入/输出装置的精度。因此,不能将 PLC 安装在结露、雨淋的场所。

6.4.1.3 注意环境污染

不宜把 PLC 安装在有大量污染物(如灰尘、油烟、铁粉等)、腐烛性气体和可燃性气体的场所,尤其是有腐蚀性气体的地方,易造成元件及印刷线路板的腐蚀。如果只能安装在这种场所,在温度允许的条件下,可以将 PLC 封闭,或将 PLC 安装在密闭性较高的控制室内,并安装空气净化装置。

6.4.1.4 远离振动和冲击源

安装 PLC 的控制柜应当远离有强烈振动和冲击的场所,尤其是连续、频繁的振动。必要时可以采取相应措施来减轻振动和冲击的影响,以免造成接线或插件的松动。

6.4.1.5 远离强干扰源

PLC 应远离强干扰源,如大功率晶闸管装置、高频设备和大型动力设备等,同时 PLC 还应该远离强电磁场和强放射源,以及易产生强静电的地方。

6.4.2 合理的安装与布线

6.4.2.1 注意电源安装

电源是干扰进入PLC的主要途径。PLC系统的电源有两类:外部电源和内部电源。外部电源是用来驱动PLC输出设备(负载)和提供输入信号的,又称用户电源,同一台PLC的外部电源可能有多种规格。外部电源的容量与性能由输出设备和PLC的输入电路决定。由于PLC的I/O电路都具有滤波、隔离功能,所以外部电源对PLC性能影响不大。因此,对外部电源的要求不高。

内部电源是PLC的工作电源,即PLC内部电路的工作电源。它的性能好坏直接影响到PLC的可靠性。因此,为了保证PLC的正常工作,对内部电源有较高的要求。一般PLC的内部电源都采用开关式稳压电源或原边带低通滤波器的稳压电源。

在干扰较强或可靠性要求较高的场合,应该用带屏蔽层的隔离变压器,对PLC系统供电。还可以在隔离变压器二次侧串接LC滤波电路。同时,在安装时还应注意以下问题:

(1)隔离变压器与PLC和I/O电源之间最好采用双绞线连接,以控制串模干扰;

(2)系统的动力线应足够粗,以降低大容量设备启动时引起的线路压降;

(3)PLC输入电路用外接直流电源时,最好采用稳压电源,以保证正确的输入信号,否则可能使PLC接收到错误的信号。

6.4.2.2 远离高压

PLC不能在高压电器和高压电源线附近安装,更不能与高压电器安装在同一个控制柜内。在柜内PLC应远离高压电源线,二者间距离应大于200 mm。

6.4.2.3 合理的布线

(1)I/O线、动力线及其他控制线应分开走线,尽量不要在同一线槽中布线。

(2)交流线与直流线、输入线与输出线最好分开走线。

(3)开关量与模拟量的I/O线最好分开走线。传送模拟量信号的I/O线最好用屏蔽线,且屏蔽线的屏敝层应一端接地。

(4)PLC的基本单元与扩展单元之间电缆传送的信号小、频率高,很容易受干扰,不能与其他的连线敷埋在同一线槽内。

(5)PLC的I/O回路配线,必须使用压接端子或单股线,不宜用多股绞合线直接与PLC的接线端子连接,否则容易出现火花。

(6)与PLC安装在同一控制柜内,虽不是由PLC控制的感性元件,也应并联RC或二极管消弧电路。

6.4.3 正确的接地

良好的接地是PLC安全可靠运行的重要条件。为了抑制干扰,PLC最好单独接地,与其他设备分别使用各自的接地装置,如图6-8(a)所示;也可以采用公共接地,如图6-8(b)所示;但禁止使用如图6-8(c)所示的串联接地方式,因为这种接地方式会产生PLC与设备之间的电位差。

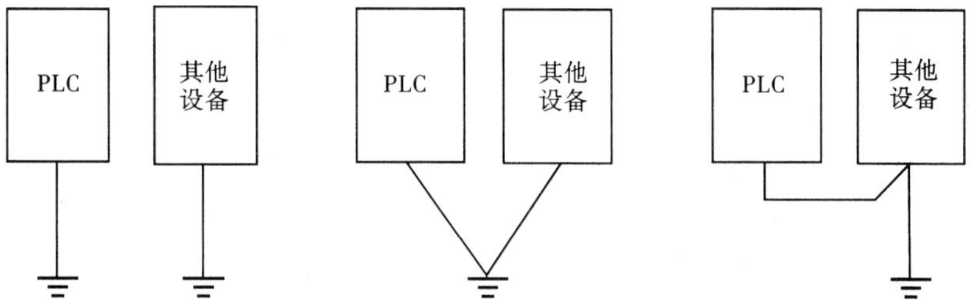

(a)分别接地　(b)公共接地　(c)串联接地

图6-8　PLC的接地

PLC的接地线应尽量短,使接地点尽量靠近PLC。同时,接地电阻要小于100 Ω,接地线的截面面积应大于2 mm^2。

另外,PLC的CPU单元必须接地,若使用了I/O扩展单元等,则CPU单元应与它们具有共同的接地体,而且从任一单元的保护接地端到地的电阻都不能大于100 Ω。

6.4.4　必需的安全保护环节

安全回路起保护人身安全和设备安全的作用,安全回路应能独立于PLC工作,并采用非半导体的机电元件以硬接线方式构成。

6.4.4.1　安全回路设计的原则

设计对人身安全至关重要的安全回路,在很多国家和国际组织发表的技术标准中均有明确的规定。例如美国国家电气制造商协会(NEMA)的ICS3—304可编程控制器标准中对确保操作人员人身安全的推荐意见为:应考虑使用独立于可编程控制器的紧急停机功能。在操作人员易受机器影响的地方,例如在装卸机器工具时,或者机器自动转动的地方,应考虑使用一个机电式过载器或其他独立于可编程控制器的冗余工具,用于启动和中止转动。确保系统安全的硬接线逻辑回路,在以下几种情况下将发挥安全保护作用:

(1)PLC或机电元件检测到设备发生紧急异常状态时。

(2)PLC失控时。

(3)操作人员需要紧急干预时。

安全回路的典型设计,是将每个执行器均连接到一特别紧急停止区,构成矩阵结构,该矩阵即为设计硬件安全电路的基础。

6.4.4.2　安全回路设计的任务

(1)确定控制回路之间逻辑和操作上的互锁关系。

(2)设计硬回路以提供对过程中重要设备的手动安全性干预手段。

(3)确定其他与安全和完善运行有关的要求。

(4)为PLC定义故障形式和重新启动特性。

6.4.4.3　常见的安全保护方式

1.短路保护

当PLC输出设备短路时,为了避免PLC内部输出元件损坏,应该在PLC外部输出回路中装上熔断器，进行短路保护。最好在每个负载的回路中都装上熔断器。

2. 互锁与连锁措施

除在程序中保证电路的互锁关系，PLC 外部接线中还应该采取硬件的互锁措施，以确保系统安全可靠地运行，如电动机正、反转控制，要利用接触器 KM1、KM2 常闭触点在 PLC 外部进行互锁。在不同电机或电器之间有连锁要求时，最好也在 PLC 外部进行硬件连锁。采用 PLC 外部的硬件进行互锁与连锁，这是 PLC 控制系统中常用的做法。

3. 失压保护与紧急停车措施

PLC 外部负载的供电线路应具有失压保护措施，当临时停电再恢复供电时，不按下“启动”按钮，PLC 的外部负载就不能自行启动。这种接线方法的另一个作用是，当特殊情况下需要紧急停机时，按下“停止”按钮就可以切断负载电源，而与 PLC 毫无关系。

6.5　如何维护和诊断 PLC 控制系统

6.5.1　PLC 控制系统的维护

PLC 的可靠性很高，但环境的影响及内部元件的老化等因素，也会造成 PLC 不能正常工作。如果等到 PLC 报警或故障发生后再去检查、修理，总归是被动的。如果能经常定期地做好维护、检修，就可以做到系统始终工作在最佳状态下。因此，定期检修与做好日常维护是非常重要的。一般情况下，检修时间以每 6 个月至 1 年 1 次为宜，当外部环境条件较差时，可根据具体情况缩短检修间隔时间。

PLC 日常维护检修的一般内容如表 6-1 所示。

表 6-1　PLC 维护检修项目、内容

序号	检修项目	检修内容
1	供电电源	在电源端子处测电压变化是否在标准范围内
2	外部环境	环境温度（控制柜内）是否在规定范围内 环境湿度（控制柜内）是否在规定范围内 积尘情况（一般不能积尘）
3	输入/输出电源	在输入、输出端子处测电压变化是否在标准范围内
4	安装状态	各单元是否可靠固定、有无松动 连接电缆的连接器是否完全插入旋紧 外部配件的螺钉是否松动
5	元件寿命	锂电池寿命等

6.5.2　PLC 的故障诊断

任何 PLC 都具有自诊断功能，当 PLC 异常时应该充分利用其自诊断功能以分析故障原因。一般当 PLC 发生异常时，首先应检查电源电压、PLC 及 I/O 端子的螺丝和接插件是否松动，以及有无其他异常，然后再根据 PLC 基本单元上设置的各种 LED 指示灯状况，检查 PLC 自身和外部有无异常。

下面以 FX 系列 PLC 为例,来说明根据 LED 指示灯状况诊断 PLC 故障原因的方法。

6.5.2.1 电源指示([POWER]LED 指示)

当向 PLC 基本单元供电时,基本单元表面上设置的[POWER]LED 指示灯会亮。如果电源合上但[POWER]LED 指示灯不亮,请确认电源接线。另外,若同一电源有驱动传感器等,请确认有无负载短路或过电流。若不是上述原因,则可能是 PLC 内混入导电性异物或其他异常情况,使基本单元内的保险丝熔断,此时可通过更换保险丝来解决。

6.5.2.2 出错指示([EPROR]LED 闪烁)

当程序语法错误(如忘记设定定时器或计数器的常数等),或有异常噪声、导电性异物混入等原因而引起程序内存的内容变化时,[EPROR]LED 指示灯会闪烁,PLC 处于 STOP 状态,同时输出全部变为 OFF。在这种情况下,应检查程序是否有错,检查有无导电性异物混入和高强度噪声源。

发生错误时,8009、8060 ~ 8068 其中之一的值被写入特殊数据寄存器 D8004 中,假设这个写入 D8004 中的内容是 8064,则通过查看 D8004 的内容便可知道出错代码。与出错代码相对应的实际出错内容参见 PLC 使用手册的错误代码表。

若 PLC 内部混入导电性异物或受外部异常噪声的影响,导致 CPU 失控或运算周期超过 200 ms,则监视定时器 WDT 出错,[EPROR]LED 灯亮,PLC 处于 STOP 状态,同时输出全部都变为 OFF。此时可进行断电复位,若 PLC 恢复正常,应检查一下有无异常噪声发生源和导电性异物混入。另外,应检查 PLC 的接地是否符合要求。

检查过程如果出现[EPROR]LED 灯亮→闪烁的变化,请进行程序检查。如果[EPROR]LED 依然一直保持灯亮状态,应确认一下程序运算周期是否过长(监视 D8012 可知最大扫描时间)。

如果进行了全部的检查之后,[EPROR]LED 灯亮状态仍不能解除,应考虑 PLC 内部发生了某种故障,请与厂商联系。

6.5.2.3 输入指示

不管输入单元的 LED 灯亮还是灭,应检查输入信号开关是否确实在 ON 或 OFF 状态。如果输入开关的额定电流容量过大或油侵入,容易产生接触不良。当输入开关与 LED 灯用电阻并联时,即使输入开关 OFF 但并联电路仍导通,仍可对 PLC 进行输入。如果使用光传感器等输入设备,由于发光/受光部位粘有污垢等,引起灵敏度变化,有可能不能完全进入 ON 状态,在比 PLC 运算周期短的时间内,不能接收到 ON 和 OFF 的输入。如果在输入端子上外加不同的电压,会损坏输入回路。

6.5.2.4 输出指示

不管输出单元的 LED 灯亮还是灭,如果负载不能进行 ON 或 OFF,主要是由于过载、负载短路或容量性负载的冲击电流等,引起继电器输出接点黏合,或接点接触面不好导致接触不良。

小 结

本章主要阐述 PLC 控制系统在实际的工程项目中的设计方法、步骤和应注意的事项,使读者对PLC的使用和系统设计有一个比较全面的了解。要达到能顺利地完成PLC控制系统设计的目的,还需要不断地实践。

思考题与习题

6-1　PLC控制系统与继电器控制系统的设计过程相比,有何特点?

6-2　选择PLC的主要依据是什么?

6-3　PLC的开关量输出单元一般有哪几种输出方式?各有什么特点?

6-4　PLC控制系统安装布线时应注意哪些问题?

6-5　如何提高PLC控制系统的可靠性?

第7章 PLC应用系统的项目设计实例

综合项目一 机床工作台的PLC控制

用PLC对机床工作台进行控制,控制要求如下:

试设计一个双速电机驱动的工作台的PLC控制程序,工艺过程如图7-1所示,要求能够实现单周期和连续自动两种运行方式。

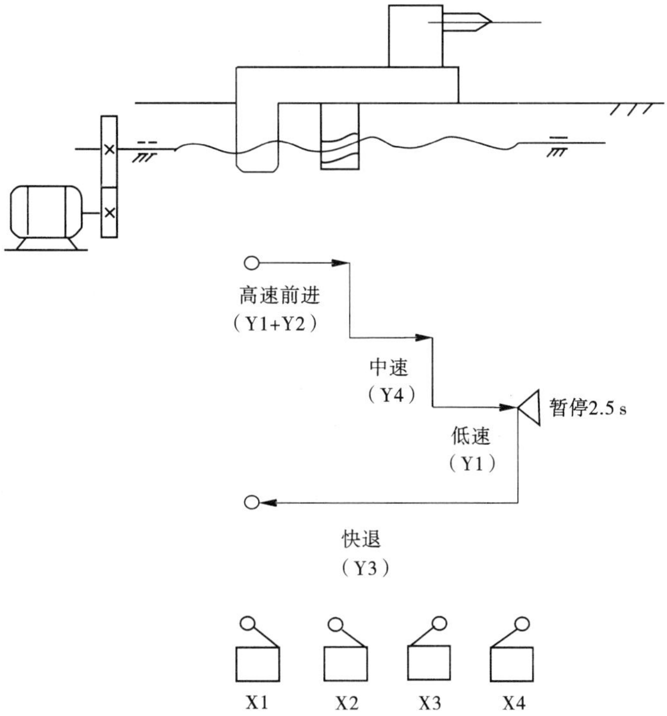

图7-1 PLC对机床工作台进行控制的工艺过程

要求:画出I/O连接图,编制PLC程序,并调试直至符合要求。

参考资料如下:

(1)先画出PLC的I/O连接图,如图7-2所示。

(2)梯形图如图7-3所示。

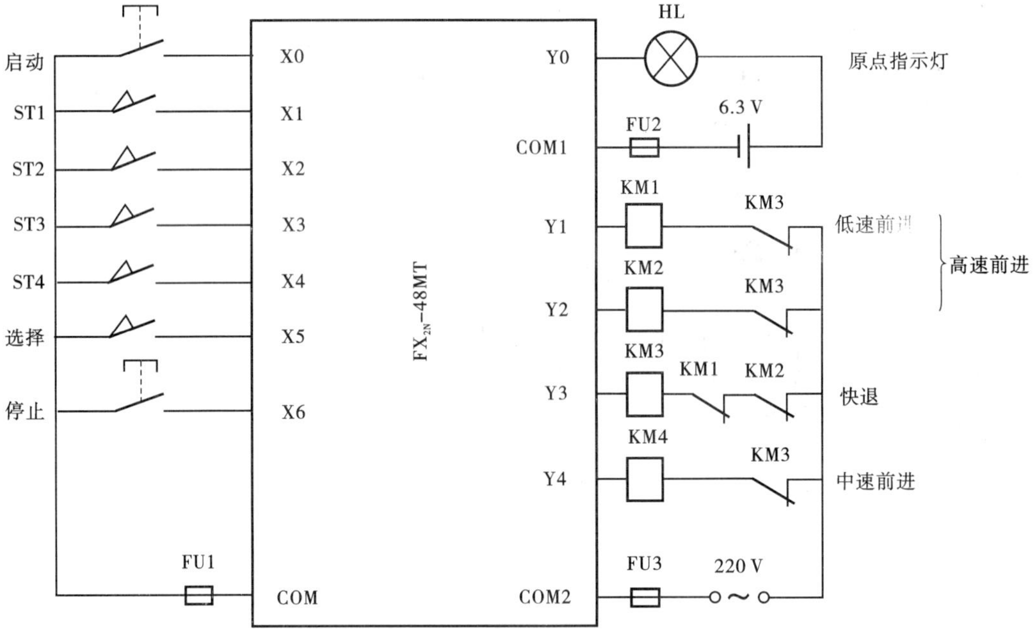

图 7-2　用 PLC 控制机床工作台的 I/O 连接图

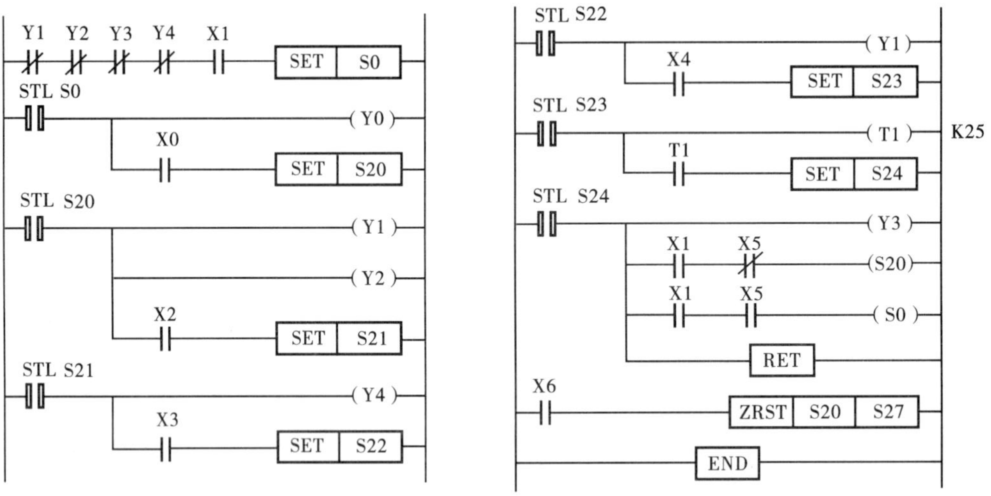

图 7-3　用 PLC 控制机床工作台的梯形图

(3)指令如下：

LDI	Y1	LD	X4
ANI	Y2	SET	S23
ANI	Y3	STL	S23
ANI	Y4	OUT	T1　K25
AND	X1	LD	T1
SET	S0	SET	S24
STL	S0	STL	S24
OUT	Y0	OUT	Y3
LD	X0	LD	X1
SET	S20	ANI	X5
STL	S20	OUT	S20
OUT	Y1	LD	X1
OUT	Y2	AND	X5
LD	X2	OUT	S0
SET	S21	RET	
STL	S21	LD	X6
OUT	Y4	ZRST	
LD	X3	S20	
SET	S22	S27	
STL	S22	END	
OUT	Y1		

综合项目二　交通信号灯的 PLC 控制

图 7-4、图 7-5 所示是城市十字路口交通灯的示意图和动作时序图，交通灯的控制要求如下：

(1)当启动开关接通时，交通灯系统开始工作，红、黄、绿灯按一定时序轮流发亮。先南北红灯亮，东西绿灯亮，南北红灯亮维持 35 s，在南北红灯亮的同时，东西绿灯也亮，并维持 30 s，到 30 s 时，东西绿灯闪亮，闪亮周期为 1 s(亮 0.5 s，灭 0.5 s)。绿灯闪亮 3 s 后熄灭，东西黄灯亮，并维持 2 s，到 2 s 时，东西黄灯熄灭，红灯亮，同时南北红灯熄灭，绿灯亮。东西红灯亮维持 25 s，南北绿灯亮维持 20 s，到 20 s 时，南北绿灯闪亮 3 s 后熄灭，南北黄灯亮，并维持 2 s，到 2 s 时，南北黄灯熄灭，红灯亮，同时东西绿灯亮，开始第一周期的动作，此后周而复始地循环。

(2)当启动开关断开时，所有交通灯都熄灭。

要求：编制程序并上机调试。

参考资料如下：

(1)先画出 PLC 的 I/O 连接图，如图 7-6 所示。

(2)画出 PLC 的梯形图，如图 7-7 所示。

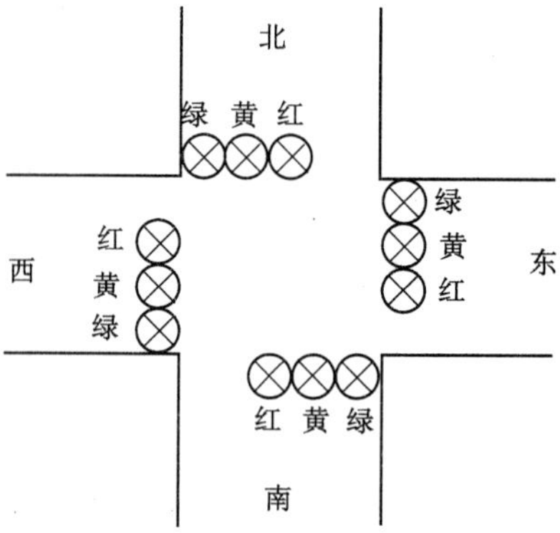

图 7-4　十字路口交通灯示意图

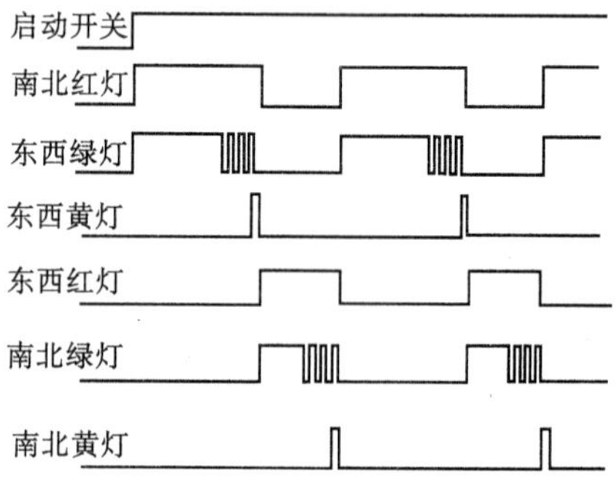

图 7-5　十字路口交通灯动作时序图

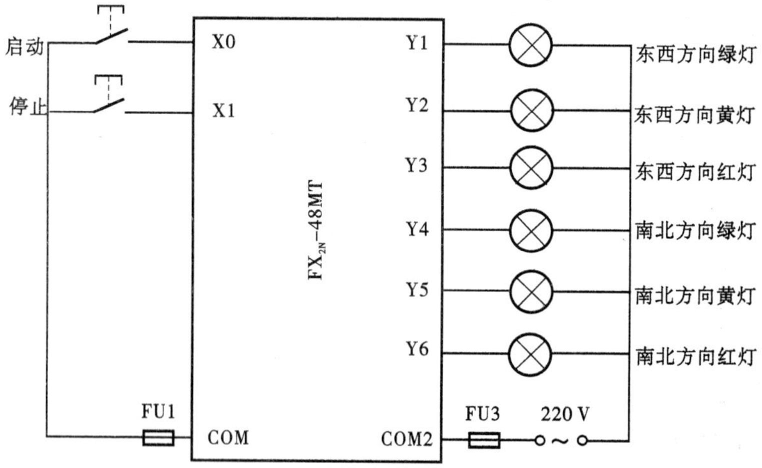

图 7-6　交通信号灯 PLC 控制的 I/O 接线图

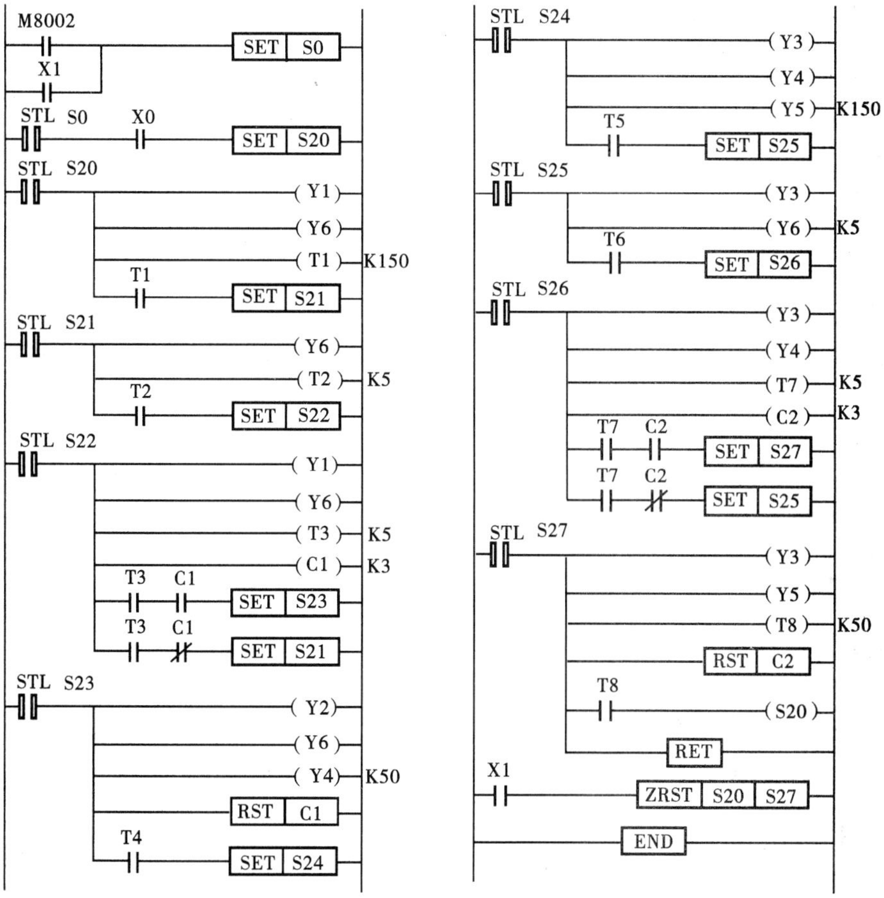

图 7-7 交通信号灯 PLC 控制的梯形图

综合项目三 深孔钻的 PLC 控制

根据下列工艺过程(如图 7-8 所示),设计某深孔钻的 PLC 控制程序。其中,钻头从原点(位于 X1 处)出发,完成加工任务后,回到原点停下,即单周期运行。同时,也可以按照连续自动运行方式工作,即按下启动按钮后,工作台不断地循环运行,直到按下停止按钮才停止。

参考资料如下:

(1)I/O 连接图如图 7-9 所示。

(2)梯形图如图 7-10 所示。

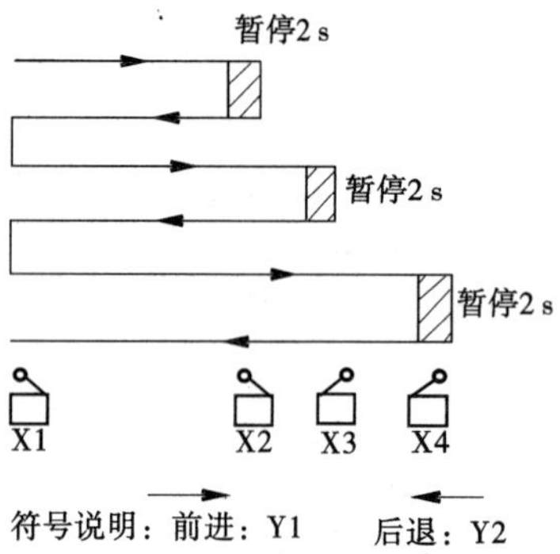

图 7-8　深孔钻的工艺过程

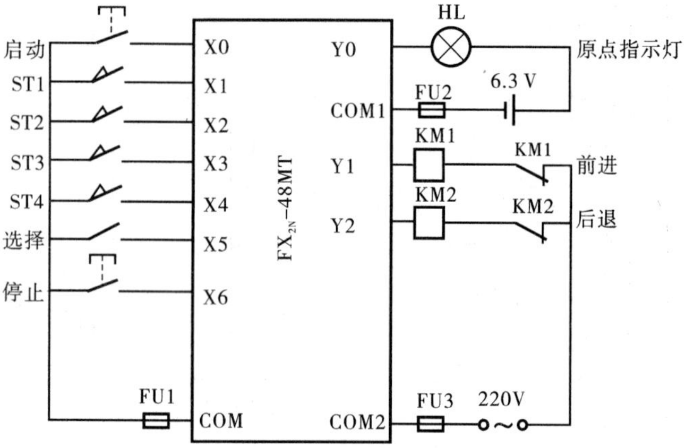

图 7-9　以 PLC 控制深孔钻的 I/O 连接图

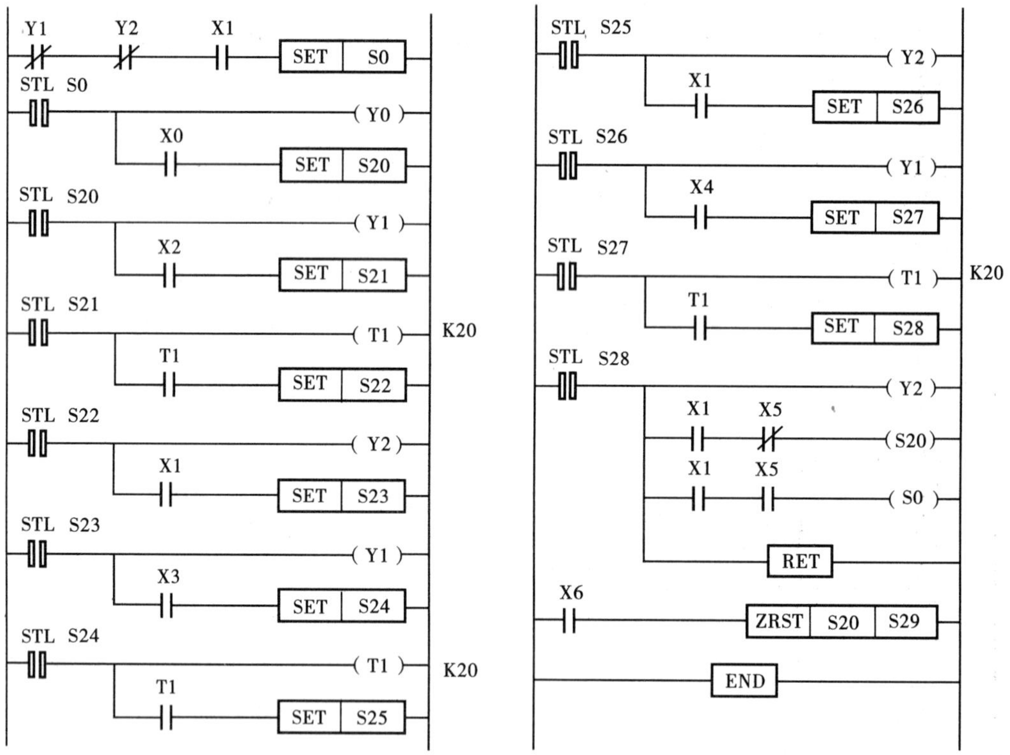

图 7-10　以 PLC 控制深孔钻的梯形图

综合项目四　两台电动机的 PLC 控制

两台电动机先后启动,控制要求如下:第一台先启动,5 s 后第一台电动机停止,第二台启动,运行 3 s 后停止,暂停 2 s 后第一台重新启动,如此循环运行。试设计出 PLC 的

I/O连接图、梯形图,并编写指令。

参考资料如下:

(1)PLC 的 I/O 连接图如图 7-11 所示。

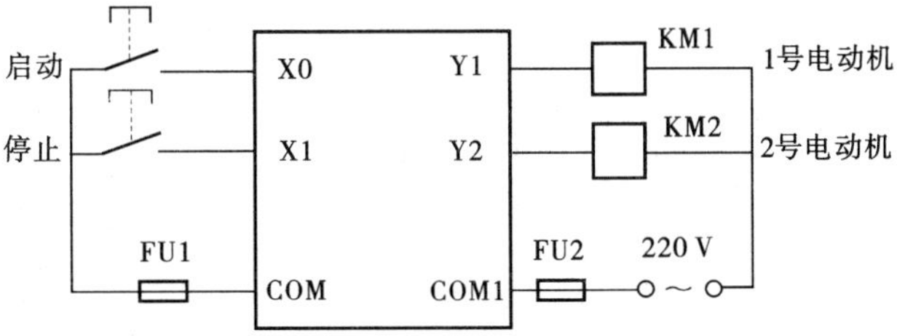

图 7-11　用 PLC 控制两台电动机的 I/O 连接图

(2)梯形图、指令表如图 7-12 所示。

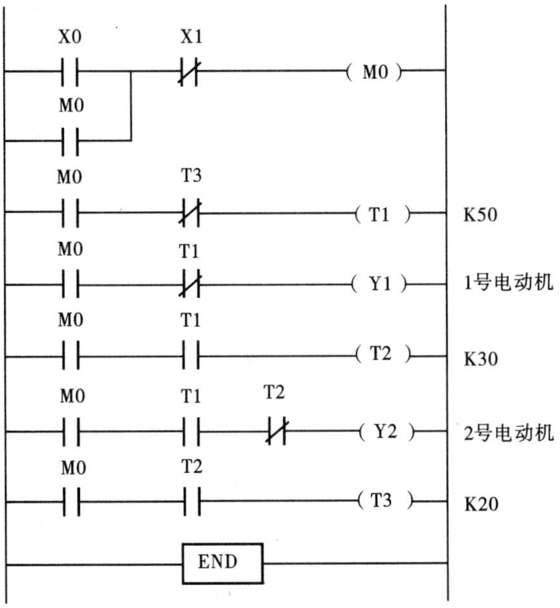

(a)梯形图

LD	X0		AND	T1	
OR	M0		OUT	T2	K30
ANI	X1		LD	M0	
OUT	M0		AND	T1	
LD	M0		ANI	T2	
ANI	T3		OUT	Y2	
OUT	T1	K50	LD	M0	
LD	M0		AND	T2	
ANI	T1		OUT	T3	K20
OUT	Y1		END		
LD	M0				

(b)指令表

图 7-12　用 PLC 控制两台电动机的梯形图

综合项目五　机械手的 PLC 控制

如图 7-13 所示是一台工件传送的气动机械手的动作示意图,其作用是将工件从 A 点传递到 B 点。气动机械手的升降和左右移动分别由两个具有双线圈的两位电磁阀驱动汽缸来完成,其中上升与下降对应的电磁阀线圈分别为 YV1 与 YV2,左行、右行对应的电磁阀线圈分别为 YV3 与 YV4。一旦电磁阀线圈通电,就一直保持现有的动作,直到相对的另一线圈通电。气动机械手的夹紧、松开的动作由只有一个线圈的两位电磁阀驱动的汽缸完成,线圈(YV5)断电夹住工件,线圈(YV5)通电松开工件,以防止停电时的工件跌落。机械手的工作臂都设有上、下限位和左、右限位的位置开关 SQ1、SQ2 和 SQ3、SQ4，夹持装置不带限位开关，它是通过一定的延时来表示其夹持动作的完成。机械手在最上面、最左边且除电磁线圈（YV5）通电外其他线圈全部断电的状态为机械手的原位。

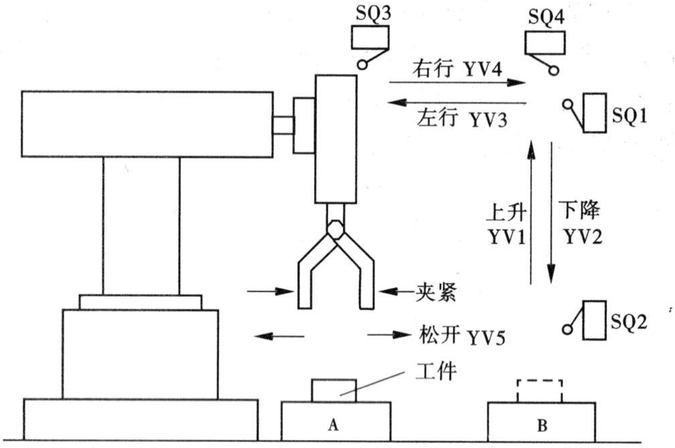

图 7-13　机械手示意图

机械手的操作面板分布情况如图 7-14 所示，机械手具有手动、单步、单周期、连续和回原位五种工作方式，用开关 SA 进行选择。手动工作方式时，用各操作按钮（SB5、SB6、SB7、SB8、SB9、SB10、SB11）来点动执行相应的各动作；单步工作方式时，每按一次启动按钮 SB3，向前执行一步动作；单周期工作方式时，机械手在原位，按下启动按钮 SB3，自动地执行一个工作周期的动作，最后返回原位（如果在动作过程中按下停止按钮 SB4，机械手停在该工序上，再按下启动按钮 SB3，则又从该工序继续工作，最后停在原位）；连续工作方式时，机械手在原位，按下启动按钮 SB3，机械手就连续重复进行工作（如果按下停止按钮 SB4，机械手运行到原位后停止）；回原位工作方式时，按下“回原位”按钮 SB11，机械手自动回到原位状态。

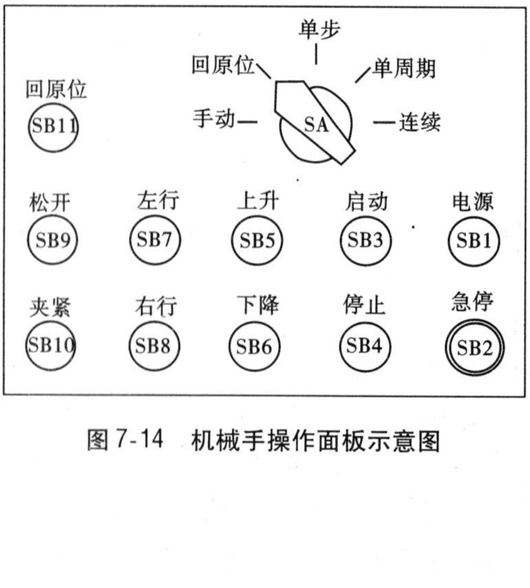

图 7-14　机械手操作面板示意图

1. PLC 的 I/O 分配

如图 7-15 所示为 PLC 的 I/O 接线图，选用 FX_{2N}-48MR 的 PLC，系统共有 18 个输入设备和 5 个输出设备分别占用 PLC 的 18 个输入点和 5 个输出点，请读者考虑是否可以用本书第 6 章 6.3 节介绍的方法来减少占用 PLC 的 I/O 点数。为了保证在紧急情况下（包括 PLC 发生故障时），能可靠地切断 PLC 的负载电源，设置了交流接触器 KM。在 PLC 开始运行时按下"电源"按钮 SB1，使 KM 线圈得电并自锁，KM 的主触点接通，给输出设备提供电源；出现紧急情况时，按下"急停"按钮 SB2，KM 触点断开电源。

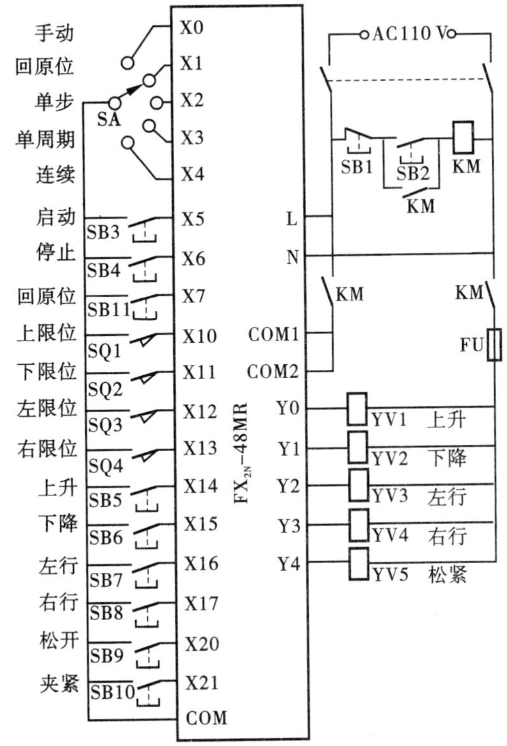

图 7-15　机械手控制系统 PLC 的 I/O 接线图

2. PLC 程序设计

1）程序的总体结构

如图 7-16 所示为机械手控制系统 PLC 梯形图程序的总体结构，将程序分为公用程序、自动程序、手动程序和回原位程序四个部分，其中自动程序包括单步、单周期和连续工作程序，这是因为它们的工作都是按照同样的顺序进行的，所以将它们合在一起编程更加简单。梯形图中使用跳转指令使得自动程序、手动程序和回原位程序不会同时执行。假设选择"手动"方式，则 X0 为 ON、X1 为 OFF，此时 PLC 执行完公用程序后，将跳过自动程序到 P0 处，由于 X0 常闭触点为断开，故执行手动程序，执行到 P1 处，由于 X1 常闭触点为闭合，所以又跳过回原位程序到 P2 处；假设选择"回原位"方式，则 X0 为 OFF、X1 为 ON，跳过自动程序和手动程序执行回原位程序；假设选择"单步"或"单周期"或"连续"方式,则 X0、X1 均为 OFF,此时执行完自动程序后,跳过手动程序和回原位程序。

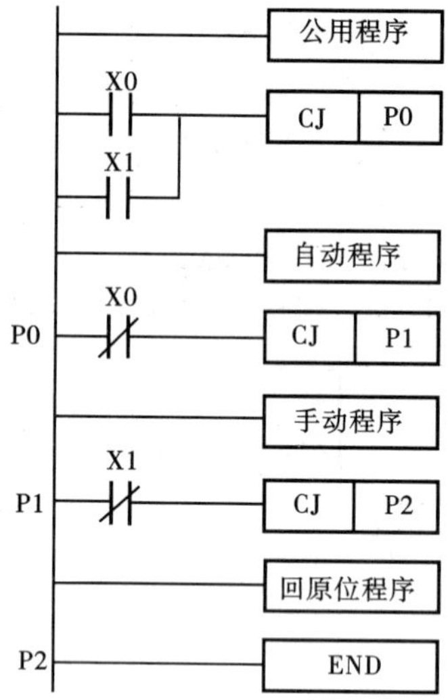

图 7-16　机械手控制系统 PLC 梯形图的总体结构

2)各部分程序的设计

(1)公用程序:公用程序如图 7-17 所示,左限位开关 X12、上限位开关 X10 的常开触点和表示机械手松开的 Y4 的常开触点的串联电路接通时,辅助继电器 M0 变为 ON,表示机械手在原位。

公用程序用于自动程序和手动程序相互切换的处理,当系统处于手动工作方式时,必须将除初始步以外的各步对应的辅助继电器(M11 ~ M18)复位,同时将表示连续工作状态的 M1 复位,否则当系统从自动工作方式切换到手动工作方式,然后又返回自动工作方式时,可能会出现同时有两个活动步的异常情况,引起错误的动作。

当机械手处于原位状态(M0 为 ON),在开始执行用户程序(M8002 为 ON)、系统处于手动状态或回原位状态(X0 或 X1 为 ON)时,初始步对应的 M10 将被置位,为进入单步、单周期和连续工作方式作好准备。如果此时 M0 为 OFF 状态,M10 将被复位,初始步为不活动步,系统不能在单步、单周期和连续工作方式下工作。

(2)手动程序:手动程序如图 7-18 所示,手动工作时用 X14 ~ X21 对应的 6 个按钮控制机械手的上升、下降、左行、右行、松开和夹紧。为了保证系统的安全运行,在手动程序中设置了一些必要的连锁,例如上升与下降之间、左行与右行之间的互锁,上升、下降、左行、右行的限位,上限位开关 X10 的常开触点与控制左、右行的 Y2 和 Y3 的线圈串联,使得机械手升到最高位置才能左右移动,以防止机械手在较低位置运行时与别的物体碰撞。

(3)自动程序:如图 7-19 所示为机械手系统自动程序的功能表图。使用通用指令的编程方式设计出的自动程序如图 7-20 所示,也可采用其他编程方式编程,在此不再赘述。

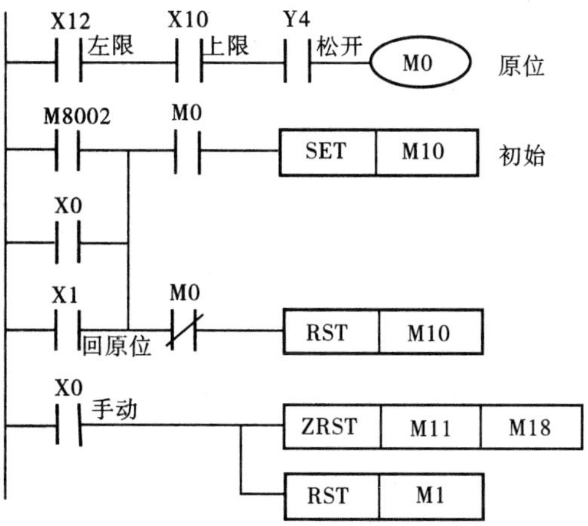

图 7-17 公用程序

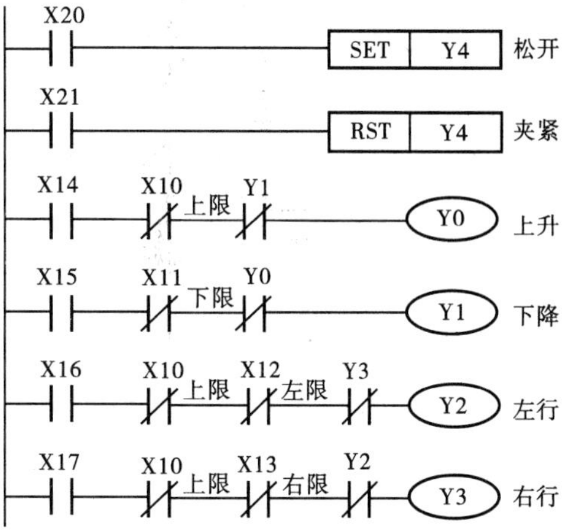

图 7-18 手动程序

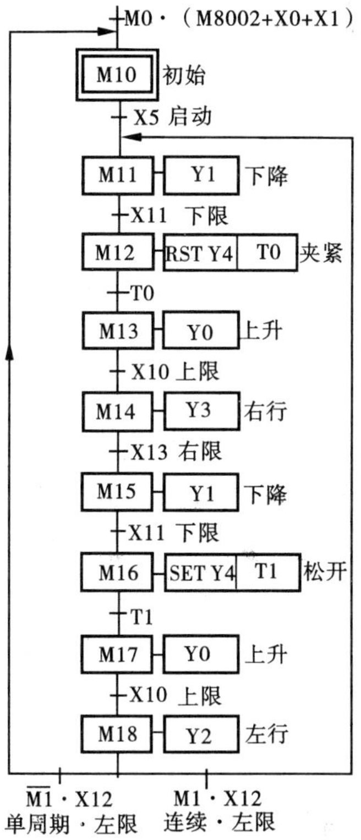

图 7-19 自动程序的功能表图

系统工作在连续、单周期(非单步)工作方式时,X2 的常闭触点接通,使 M2(转换允许)为 ON,串联在各步电路中的 M2 的常开触点接通,允许步与步之间的转换。

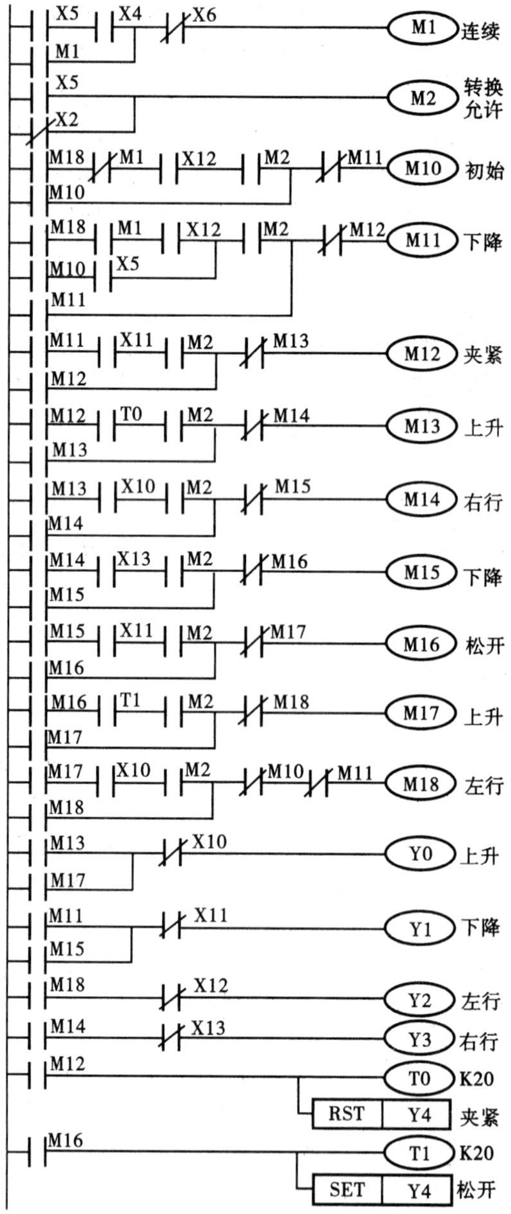

图7-20　自动程序

假设选择的是单周期工作方式,此时X3为ON,X1和X2的常闭触点闭合,M2为ON,允许转换。在初始步时按下启动按钮X5,在M11的电路中,M10、X5、M2的常开触点和X12的常闭触点均接通,使M11为ON,系统进入下降步,Y1为ON,机械手下降;机械手碰到下限位开关X11时,M12变为ON,转换到夹紧步,Y4被复位,工件被夹紧;同时T0得电,2 s以后T0的定时时间到,其常开触点接通,使系统进入上升步。系统将这样一步一步地往下工作,当机械手在步M18返回最左边时,X4为ON,因为此时不是连续工作方式，M1 处于 OFF 状态，转换条件$\overline{M1}$ · X12 满足，系统返回并停留在初始步 M10。

在连续工作方式，X4 为 ON，在初始状态按下启动按钮 X5，与单周期工作方式时相同，M11 变为 ON，机械手下降，与此同时，控制连续工作的 M1 为 ON，往后的工作过程与单周期工作方式相同。当机械手在步 M18 返回最左边时，X12 为 ON，因为 M1 为 ON，转换条件 M1 · X12 满足，系统将返回步 M11，反复连续地工作下去。按下停止按钮 X6 后，M1 变为 OFF，但是系统不会立即停止工作，在完成当前工作周期的全部动作后，在步 M18 返回最左边，左限位开关 X12 为 ON，转换条件$\overline{M1}$ · X12 满足，系统才返回并停留在初始步。

如果系统处于单步工作方式，X2 为 ON，它的常闭触点断开，“转换允许”辅助继电器 M2 在一般情况下为 OFF，不允许步与步之间的转换。设系统处于初始状态，M10 为 ON，按下启动按钮 X5，M2 变为 ON，使 M11 为 ON，系统进入下降步。放开启动按钮后，M2 马上变为 OFF。在下降步，Y0 得电，机械手降到下限位开关 X11 处时，与 Y0 的线圈串联的 X11 的常闭触点断开，使 Y0 的线圈断电，机械手停止下降。X11 的常开触点闭合后，如果没有按启动按钮，X5 和 M2 处于 OFF 状态，一直要等到按下启动按钮，X5 和 M2 变为 ON，M2 的常开触点接通，才能使 M12 接通，M12 得电并自保持，系统才能由下降步进入夹紧步。以后在完成某一步的操作后，都必须按一次启动按钮，系统才能进入下一步。

在输出程序部分，X10 ~ X13 的常闭触点是为单步工作方式设置的。以下降为例，当小车碰到下限位开关 X11 后，与下降步对应的辅助继电器 M11 不会马上变为 OFF，如果 Y0 的线圈不与 X11 的常闭触点串联，机械手不能停在下限位开关 X11 处，还会继续下降，这种情况下可能造成事故。

(4) 回原位程序：如图 7-21 所示为机械手自动回原位程序的梯形图。在回原位工作方式(X1 为 ON)下，按下“回原位启动”按钮 X7，M3 变为 ON，机械手松开和上升，升到上限位开关时 X10 为 ON，机械手左行，到左限位处时，X12 变为 ON，左行停止并将 M3 复位。这时回原位条件满足，M0 为 ON，在公用程序中，初始步 M0 被置位，为进入单周期、连续和单步工作方式作好了准备。

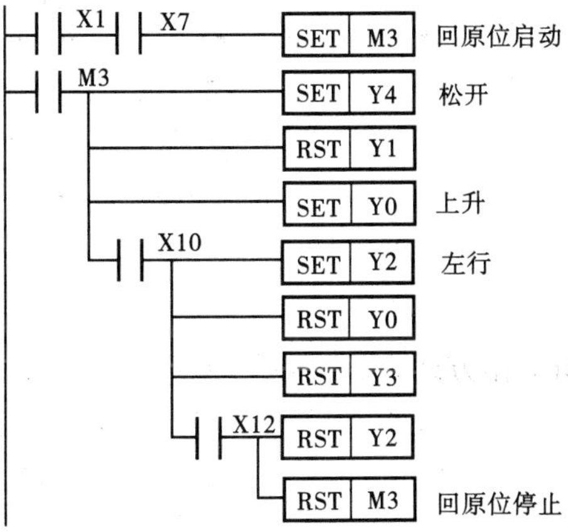

图 7-21 回原位程序梯形图

3. 程序综合与模拟调试

由于在分部程序设计时已经考虑各部分之间的相互关系，因此只要将公用程序、手动程序、自动程序和回原位程序按照机械手程序总体结构综合起来即为机械手控制系统的 PLC 程序。

模拟调试时各部分程序可先分别调试，然后再进行全部程序的调试，也可直接进行全部程序的调试。

小　结

本章通过几个 PLC 自动控制系统的设计实例，介绍了 PLC 自动控制系统的设计方法、设计要点。通过这些应用实例能使读者对应用指令的使用有更深刻的理解。

思考题与习题

7-1　试编运算式(70Y－10)/25＋15 的程序，Y 为输出口 Y0～Y7 的二进制数。

7-2　试设计三层楼电梯控制程序的梯形图。

7-3　设计一个控制系统，对某车间的成品和次品进行计数统计。当产品数达到 1 000件时，若次品数大于50 件，则报警并显示灯亮，同时生产产品的机床主电机停止运行(用 CMP 指令)。

参 考 文 献

[1] 程周.电气控制与PLC原理及应用[M].北京:电子工业出版社,2005.
[2] 廖常初.可编程控制器的编程方法与工程应用[M].重庆:重庆大学出版社,2002.
[3] 李仁.电器控制[M].北京:机械工业出版社,2000.
[4] 王兆明.电气控制与PLC技术[M].北京:机械工业出版社,2005.
[5] 孙振强.可编程控制器原理及应用教程[M].北京:清华大学出版社,2005.
[6] 王成富.可编程控制器原理及应用[M].北京:机械工业出版社,2005.
[7] 林明星.电气控制及可编程控制器[M].北京:机械工业出版社,2004.